蜱螨与健康

PIMAN YU JIANKANG

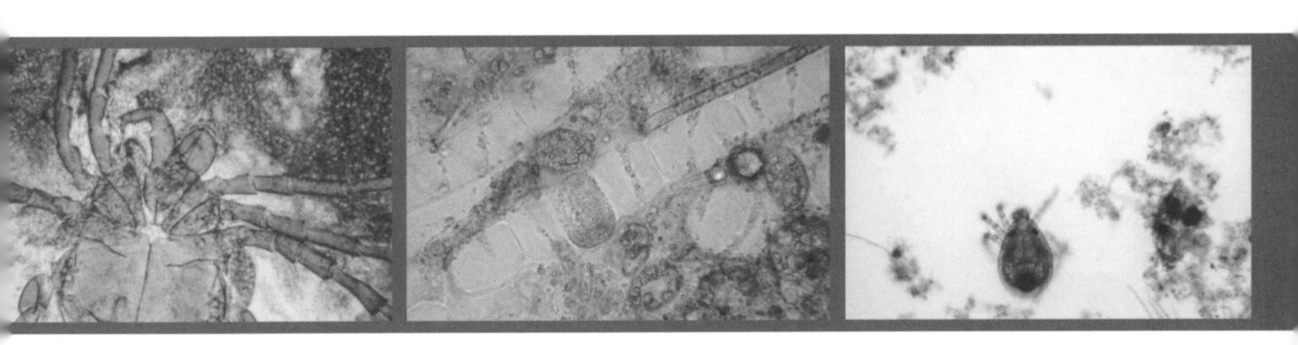

裴　伟◎主编

·广州·

图书在版编目（CIP）数据

蜱螨与健康/裴伟主编．—广州：中山大学出版社，2019．12
ISBN 978－7－306－06697－8

Ⅰ．①蜱…　Ⅱ．①裴…　Ⅲ．①蜱螨学　Ⅳ．①Q969．91

中国版本图书馆 CIP 数据核字（2019）第 196305 号

出 版 人：王天琪
策划编辑：曾育林
责任编辑：曾育林
封面设计：曾　斌
责任校对：马霄行
责任技编：何雅涛
出版发行：中山大学出版社
电　　话：编辑部 020－84111996，84113349，84111997，84110779
　　　　　发行部 020－84111998，84111981，84111160
地　　址：广州市新港西路 135 号
邮　　编：510275　　　　传　真：020－84036565
网　　址：http://www.zsup.com.cn　　E-mail:zdcbs@mail.sysu.edu.cn
印 刷 者：广州市友盛彩印有限公司
规　　格：787mm×1092mm　1/16　17.625 印张　480 千字
版次印次：2019 年 12 月第 1 版　2019 年 12 月第 1 次印刷
定　　价：128.00 元

编委会

裴　伟

医学博士、高级工程师，广东产品质量监督检验研究院家具生物室副主任，生物安全学科带头人。2006年毕业于日本国立大分大学医学系研究生院，获博士学位。近年，主要从事生物安全领域的科研与检测工作，先后承担多项省部级科研课题。发明专利“气体类物质杀螨测试装置及方法”等先后获得国家专利局授权。曾获2015年广东省质量技术监督局科技成果奖二等奖；先后发表学术论文8篇，研制检测标准4项，参与编写专著1部。积极参与国内外学术交流活动，热心帮助企业开展研发活动，答疑释惑，获得企业的认可与好评。

编 者 按

党的十九大报告指出，我国经济已由高速增长阶段转向高质量发展阶段。习近平总书记指出，“人民对美好生活的向往就是我们的奋斗目标”。高质量发展，就是能够满足人民日益增长的美好生活需要的发展。以人民为中心，推动高质量发展，必须坚持“质量第一、效益优先”，不断满足人民日益增长的美好生活需要。

广东是我国改革开放的“排头兵”、先行地和实验田，率先实行质量强省战略，较早步入转型升级的质变阶段。广东产品质量监督检验研究院深耕检测、认证、科研和标准化工作数十年，积累了丰富的国内外检验检测经历和经验，积极承担并有效履行社会责任，为推动经济高质量发展发挥了重要的技术支撑作用。

《蜱螨与健康》是广东产品质量监督检验研究院家具生物实验室十几年来科研工作的总结与成果。当前，“防螨”成为人们日益关注的问题之一。各种防螨产品层出不穷，但良莠不齐。我们致力于“健康中国”行动，提高全民防螨意识，保护大众身心健康；坚持以服务民生为导向，潜心研究螨虫的危害与防治、家具螨虫检测、防螨材料鉴定等系列问题；传播科学，澄清谣言，还原真相，让人民群众对螨虫的防护有更科学的认识。

主编裴伟博士在日本留学多年，长期专注于医学环境与生态方向，具有国际化的研究视野。十余年来，裴伟博士全身心地投身防螨领域科学研究，创建了全国市场监管系统第一个“螨虫检验实验室”，自主研发的专利“气体类物质杀螨测试装置及方法”，是我国螨虫专业测试领域取得的科研创新成果，填补了我国在快速测试气体类物质杀螨设备的空白。

《蜱螨与健康》一书凝聚了裴伟博士团队的心血与智慧。书中详细介绍了蜱螨的特点与分类、常见的蜱螨性疾病与防治，讲解了与民众息息相关的知识，如食品如何才能无螨、生活环境与尘螨检测、软体家具与防螨检测、纺织品与防螨检测等，让读者对螨虫的防治有更深入的认识和了解。书中不乏科学的依据、深厚的积淀、独到的见解、专业的判断，既是广大消费者了解和掌握蜱螨知识的实用工具书，也可作为科研、生产以及相关从业人员的专业教材。

本书的出版得到了社会各界的大力支持。广东省市场监督管理局和广东产品质量监督检验研究院高度重视此书的编撰与出版工作；广东产品质量监督检验研究院陈洁和陈东恩两位同事参与了本书部分章节的撰写工作；广东省江门市皮肤病医院朱正君，顺德职业技术学院王永广、梁鹏豪，广东省纺织协会杨丽，广东省昆虫研究所吴伟南等为本书提供了许多有价值的参阅资料；日本自治医科大学松冈裕之、日本环境卫生中心桥本知幸、日本正晃公司西村善男、日本友人上久保达夫、日本友人山咲圭子为本书提供了相关前沿信息。在此，一并致谢！

由于编者水平有限，本书难免存在不足，诚挚欢迎广大读者批评指正！

主　编

2019 年 9 月

前　言

蜱螨为一类生物，生物学上属于节肢动物门蛛形纲蜱螨亚纲。迄今为止，人类发现的蜱螨种类有近 5 万种，它们中只有极少数蜱螨对人类有害。这些有害蜱螨导致人类患上多种疾病，甚至会危及生命。

蜱螨学作为一门科学，其重要性是不言而喻的。它与民众关系密切，已经渗透到我们生活的方方面面。深入学习与研究蜱螨学是一件十分有意义的事情。

当前，我国正处于经济高速发展时期，供给侧结构性改革正在加紧推进，行业产业都在积极谋划转型升级、创新发展。社会展现出前所未有的蓬勃向上的活力，高质量发展成为全民共识。

在这个欣欣向荣、蒸蒸日上的新时代背景下，笔者浏览了国内的图书出版市场，发现质量检测行业书籍中，涉及蜱螨的专业书籍极少，关于蜱螨学在生活中的具体应用与推广的案例更是凤毛麟角，这不能不说是一个遗憾！而这也成为我们撰写此书的动因。为推动蜱螨学的学科发展与市场应用，提升相关企业的研发与创新能力，推动检验检测行业转型升级，笔者与业内专家学者通力合作，出版一本与检验检测行业相关的蜱螨学专著。希望该书能对行业健康发展起到积极推动作用，实现相关研究与国际接轨。

本书总结了笔者自己多年的研究成果，并参考了国内外大量研究资料，着重介绍了日常生活与防螨对策，软体家具与纺织品的结构与防螨应用，国内外防螨研究方法与螨虫检验检测等方面的内容。在形态特征与分类上，还进行了中日两国蜱螨学研究上的对比与分析，以增强读者对国外研究进展的认识与了解。本书图文并茂，配有数百幅图，书末附有参考文献，可供蜱螨学专业的相关人员、医学工作者、检验检测行业人员以及相关企业的研发人员参考。

本书的编写得到一众专家学者及相关人员的大力支持。广东省江门市皮肤病医院的朱正君撰写了蜱螨疾病章节并提供了典型的蜱螨病例图片资料，顺德职业技术学院的王永广撰写了软体家具的结构等相关章节，广东省纺织协会的杨丽撰写了纺织品的防螨的相关章节。顺德职业技术学院的梁鹏豪为本书绘制了插图，广东产品质量监督检验研究院的陈东恩为本书编辑了图片，浙江省温州市颐康家居卫生用品有限责任公司的林海为本书提供了实物资料，广东省东莞市慕思寝室用品有限公司的王丽平为本书提供了家具虫害方面的资料。另外，广东产品质量监督检验研究院的陈洁将前言译成了英语。本书也得到了许多国内外相关领域热心人士的鼎力相助！特别鸣谢广东产品质量监督检验研究院陈锦汉院长、日本自治医科大学松冈裕之教授、日本环境卫生中心桥本知幸教授、广东省昆虫研究所吴伟南研究员、日本正晃公司西村善男董事、日本爱心人士上久保达夫教授、山咲圭子女士等对本书撰写和出版的指导和帮助！值该书付梓之际，对各位领导、学者和专家表示诚挚的谢意！

蜱螨学的发展日新月异，专著文献浩如烟海，尽管编者同心协力、勤耕不辍、渴求完美，但受限于作者水平，因而难免存在瑕疵和纰漏，甚至谬误。不妥之处，恳请广大读者批评指正，使其日臻完善。

裴　伟

2019 年 9 月 10 日

Foreword

Mites and ticks are a type of organisms by biological definition belonging to acari, a subclass of arachnids class of arthropoda phylum. So far, nearly 50000 species of them have been discovered, but only a few of which are harmful to humans. Those mites and ticks cause multiple diseases to humans, and even endanger their lives and health. As a science, the importance of acarology is self-evident. It relates closely to ordinary people and has penetrated into every aspect of our lives. It is of significance to do in-depth study and research on acarology.

At present, China is in a period of rapid economic development and supply-side structural reforms have been actively promoted. Enterprises are conducting innovation-driven transformation and upgrading. The market is showing unprecedented vitality and potential energy. There has been a consensus in high-quality development among Chinese. In the thriving and prosperous background, the author found in the books market that specialized books connecting quality inspection industry to acarology are very few and the definite application and spreading of acarology to our lives are rare. It is such a pity! Thus, it has become an opportunity for me to write this book. In view of that, working together with experts and scholars of relevant industries, the author has intended to publish the book on acarology related to the testing and inspection industry, hoping to promote the development and market application of acarology, actively facilitate the transformation and upgrading of the inspection and testing industry, and enhance the R&D and innovation capabilities of related companies. Through the book, I also hope it to be helpful to the sound growth of the testing and inspection industry and its gradual integration with the international community.

In the book, the author summarizes his own research results of many years, while referring to a large number of relevant research materials at home and abroad. The book highlights content such as: daily life and anti-mite countermeasures, soft furniture and textile structures and anti-mite applications, anti-mite research methods and testing, and domestic and overseas anti-mite inspection etc. In terms of morphological characteristics and taxonomy, the book even contains a comparison and analysis of acarological studies between China and Japan, so as to enhance the reader's knowledge and understanding of foreign research progresses. The book is filled with hundreds of illustrations and pictures, and with references at the end of the book. It can be used and consulted by people specialized in acarology, medical workers, people in the trade of inspection and testing industry, and those do R&D of related industries.

Thanks to strong support from lots of experts, scholars and people concerned in compiling this book. Zhu Zhengjun from Jiangmen City Dermatology Hospital in Guangdong Province wrote a section on diseases to mites and ticks and provided typical case pictures. Wang Yongguang of Shunde Polytechnic College in Guangdong Province wrote chapters on soft furniture structures. Yang Li of Guangdong Province Textile Association wrote chapters on textiles. Liang Penghao of Shunde polytechnic college drew illustrations for this book. Chen Dong'en of Guangdong Testing Institute of Product Quality Supervision (GQI) edited pictures for this book. Lin Hai of Wenzhou Yikang Housing-health Products Co., Ltd. provided materials for this book by providing real finished products. Wang Liping of Derucci Bedding Co., Ltd of Dongguan City provided materials on furniture pests for this book. In addition, Chen Jie of Guangdong Testing Institute of Product Quality Supervision (GQI) translated the foreword into English. In the process of compiling this book, I have also received many helps from those involved and foreign friends. Special thanks to Chen Jinhan, the president of Guangdong Testing Institute of Product Quality Supervision (GQI), Hiroyuki Matsuoka, the professor of Jichi Medical University of Japan, Tomoyuki Hashimoto, the professor of Japan Environmental Sanitation Center, Wu Weinan of Guangdong Institute of Entomology, Yosio Nisimura of Japan SEIKO Co., Ltd., friends like Tatsuo Kamikubo, Keiko Yamasaki from Japan and many more. On the occasion of the book being printed, I would like to express my sincere gratitude to them for their guidance and help!

The acarology study has been developing fast and there are tons and tons of monographs getting published by now. We feel humble to say that mistakes and negligence and errors may be inevitable in this book due to the limited knowledge of the editors, though we have been working hard and co-operatively together, trying to seek for perfection. Any suggestions and criticism from you would be highly appreciated.

Editor

2019 年 9 月 10 日

目　　录

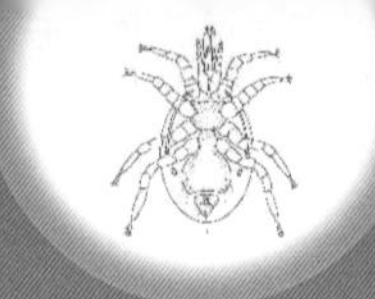

第一章　蜱螨的概论

第一节　蜱螨学的发展简史

蜱螨生存于地球，呈世界性分布。从热带到寒带，自地球的赤道到南北两极，从海岸到高原，甚至是喜马拉雅山脉，都可以寻觅到蜱螨的踪影。在陆地范围内，森林、草原、农田、城市，进而到人类的住宅和居住场所，都可找到蜱螨的足迹；另外，海洋、江河、湖泊、沼泽、溪流等处，也是蜱螨生存的重要场所。可以说，在地球上，只有火山爆发的喷发口处没有发现蜱螨，其他的任何地方都能发现蜱螨的踪迹。这是因为火山喷发口除了高温岩浆以外，并没有成为蜱螨食物的有机物质存在的缘故。

蜱螨的食性很杂，绝大部分为捕食性和腐食性习性。具体来说，有捕食性、植食性、花粉食性、蜜食性、落叶食性、真菌食性、细菌食性、腐食性、吸血性，等等。

蜱螨的生存发展史非常久远，现在只有化石能够证明其存在的真实性。世界上确认的最古老蜱螨化石，是在美国新泽西州繁华街附近发现的 80 磅的琥珀。在这个琥珀中，找到了长度为 0. 520 ～ 0. 455 mm 的蜱螨。该蜱螨经美国俄亥俄州立大学的 Hans Klompen 教授鉴定，证实其为一种寄生于鸟类身体上的吸血性蜱，名称为“*Carios jerseyi*”，其距今约有 9000 万年。由此推断，寄生于动物的蜱螨比这些动物出现得更早。

现如今，在地球上超过 4 亿年的昆虫类化石不断被发掘出土。据此推断：在此期间蜱螨也存在于地球上，当高等生物出现后，也就有了寄生于高等生物的蜱螨，物种也是这样进化的。当然，对寄生于低等生物——昆虫类的蜱螨来说，如今已经确认了很多种。在美国新泽西州发现的这颗化石，可以说是确认了具体螨类名称的最古老的化石。而且，在日本福岛县岩城市挖掘出土的琥珀中，也发现了长度为 0. 28 mm、宽度为 0. 19 mm 的完整蜱螨化石（没有确认具体的蜱螨学名），从发掘地的地质情况判断，推定为距今约 8000 万年前的蜱螨标本化石。这些证据能证明蜱螨生存繁衍的历史过程。

另外，有学者认为，蜱螨在地球上出现的时间为古生代的泥盆纪，也就是说，在距今4亿—3.8亿年前之间，而被认为是最古老的蜱螨化石可以证明蜱螨的存在。化石来自美国纽约州的基利波和英国苏格兰的赖尼，自泥盆纪的地层中被发现。世界上最古老的蜱螨化石因而得名“赖尼”（Rhynie），见图1－1。

世界上最古老的蜱螨化石（Walter and Procter，1999）

图1－1 发掘出土的蜱螨化石

此外，在美国纽约州的基利波还发现了两种甲螨，发现地位于基利波的泥盆纪地层，分别命名为：*Devonacarus sellnicki* Norton，*Protochthonius gilboa* Norton。这也是世界上最古老的甲螨化石。

时间回到古代，我国现存最早的中药学著作《神农本草经》（作者为神农氏）中，就有关于蜱螨的描述：水银可以杀死皮肤中的虱。大约成书于北魏末年（533—544）的《齐民要术》，为中国杰出农学家贾思勰所著，是世界农学史上最早的专著之一，也是中国现存最早的一部完整的农书。该书记载了治疗疥螨的一些方法：治疗疥螨要涂抹乌头；治疗羊疥螨，要涂抹猪油与硫黄的混合物和毛叶藜芦的根汁液；而治疗马疥螨，要涂抹羊脂等。唐代苏敬等23人奉敕撰于显庆四年（659）的专著《新修本草》，也有对于治疗疥螨的描述，他们认为硫黄可以治疗疥螨。唐代陈藏器撰于开元二十七年（739）的《本草拾遗》为中医典籍。在书中陈藏器认为水银粉可以杀灭疥螨。北宋寇宗奭（shi，第四声）撰于1116年的《本草衍义》也是一本中医典籍，为药论性本草，共20卷。据书中介绍：治疗马疥螨，推荐使用毛叶藜芦的粉末。我国学者葛洪于1600多年前，在《肘后备急方》中记载了沙虱。我国医药学家李时珍在《本草纲目》中介绍了蜱的形态与危害，对其进行了初步的记载：“有牛虱在牛身上，状如蜱（蓖）麻籽，有黑白二色，啮血满腹时自坠落地”。李时珍将牛身上的蜱虫称为“牛虱”，他认为牛身上的蜱虫可以入药，用以治疗疾病。此种蜱虫有两种颜色，即黑色与白色，仅仅白色的蜱虫可以入药。具体做法是：将白色蜱虫置于火上烘烤，其后将烘烤过的蜱虫加工成粉末，让患者服用，此药可以治疗小儿水疱。而且，李时珍还详述了两种服用方法。一种方法是，对应着小儿的年龄（一岁用一个蜱虫），将白色水牛蜱虫碾碎，随后将加工好的蜱虫混入米粉中制成年糕，

让小儿空腹服用；另一种服用方法是：取白色黄牛蜱虫49个，将它们置于火上烘烤，随后将烘烤的蜱虫与捣碎了的40颗豆子和若干朱砂混合，研磨成粉状，之后加入蜂蜜进行搅拌，最后制成小豆大小的丸剂，以豆子的汤汁送服该丸剂。埃及在公元前1550年发现了蜱热（tick fever）。公元前850年，有人在一种狗的身上发现了蜱。其后，亚里士多德（Aristoteles）在"De Animalibus Historia Libri"上描述了一种寄生于蝗虫虫体上的螨。另有Hippocrates，Plutarch，Aristophanes和Pliny等人对蜱螨也有记载。Pliny所著的《自然史》中，对于蜱类的宿主和生活习性做过记述，也描述过蜱的吸血行为。在古代日本，"蜱螨"这个词的翻译来源于数个日语汉字，如"壁虱""臭虱""臭虫"等，日本江户时代的学者中村惕斋在《训蒙图汇》（1666年）中做了记载，说明了其中的原委。其后，学者贝原益轩在《大和本草》（1709年）中也使用了"壁虱"一词来称呼蜱螨；日本初版的百科全书——由寺岛良安编纂的《和汉三岁图会》（1713年）也使用"壁虱"一词来称呼蜱螨；甚至是江户时代最为著名的日本博学家小野兰山，在其著作《本草纲目启蒙》一书中，也使用"壁虱""牛虱"等词语来称呼蜱螨。即使是在当代，《日本国语大辞典》（1975年出版）、《广辞苑》（1975年出版）等大众工具书仍然沿用"壁虱"一词来指代蜱螨。另外，1811年，日本德川将军的专职军医栗本丹州编撰了一部虫类图谱，名为《千虫谱》，图谱在多处提到了蜱螨。其中关于"牛虱"的表述，是指寄生于牛的蜱螨。另外，也提及了狗身上的螨和人身上的螨。此外，还记载了寄生于食粪性甲虫的螨。通过仔细观察，栗本丹州确认了此种螨，澄清了一种误解——有人认为此种螨系甲虫的幼虫。日本尾张（现属于日本爱知县）的博学家吉田雀巢庵也参与了编纂工作，在书中介绍了寄生于蝉身上的螨。

总而言之，对于蜱螨学这个学科来说，其发展历程跨越数个世纪。关于蜱螨的提法很久很久以前就已经获得认可。十七八世纪，确立了蜱螨学体系的根基。Linnaeus于1758年完成的蜱螨学体系化分类被认为是这门学科的开山之作。在他的文献中，约30种蜱螨被归类为*Acarus* 1属。在随后的40多年时间里，Latreille于1795年将蜱归类为*Ixodes*属；1796年将粉螨归类为*Tyroglyphus*属；1802年将疥螨归类为*Sarcoptes*属。其后，又有许多学者对蜱螨学的体系化进行了深入研究。至19世纪，基于现代科学的理论，生物学家对蜱螨学进行了重新梳理。至20世纪，也就是第二次世界大战结束后，其体系化研究大致告一段落。然而，就蜱螨在动物学上的定位来说，依然留有未解决的课题。首当其冲的就是蜱螨的分类在国际上尚未达成一致意见，如我国和日本，在蜱螨分类上就存在差异。如今的蜱螨学仅归类整理了前人的观点与看法而大致形成的体系，尚有许多亟待完善的地方。

其间，世界上许多学者对蜱螨学的发展做了很多工作。如Kramer（1877）、Megnin（1876）、Canestrini（1891）、Reuter（1909）、Vitzthum（1929）、Oudemans（1906—1924）、Newstead（1914—1918）、Duvall（1914—1918）、E. W. Baker（1952，1958）和 A. M. Hughes（1948）为蜱螨学的研究与发展做出了巨大的贡献。自20世纪50年代后，苏联学者 Pekk（1959）、英国学者 G. O. Evans（1961）、美国学者 G. W. Krantz（1970）、美国学者 Jeppsen（1975）、日本学者佐佐学（1958）、日本学者青木淳一（1963）、日本学者江原昭三（1969）等都为蜱螨学的发展做了许多有益的工作。近年，德国学者、韩国学者和日本学者在蜱螨的检测与防治领域表现活跃，研究成果丰硕。

我国对蜱螨学的研究与发达国家相比，尚有薄弱环节。表现在分类与命名、商业检验检测、防治等方面。中华人民共和国成立前蜱螨学方面的研究几乎是空白，中华人民共和国成立后才逐步得到完善。现在我国的相关科研院所都有开展蜱螨学方面的研究，这些研究主要集中于蜱螨的基础研究方面，对蜱螨的应用研究则稍显滞后，在市场上鲜见成熟的商业化产品及配套商业服务，国内相关机构与企业在资金投入与人才培养上尚存不足。近年，伴随着经济的快速发展，相关企业加大了研究与开发的力度，成效显著，取得了飞速发展，令人欢欣鼓舞。

进入新世纪后，蜱螨学的发展十分迅速，与边缘学科的关系密切，且互相渗透。蜱螨学的知识内容也体现于生产生活的各个方面，例如，人们每天接触的食物、水、居室、空气等。此外，从学术的角度来说，蜱螨学已经发展了许多分支，与其他学科有相当多的交叉部分，如动物学（Zoology）、昆虫学（Entomology）、卫生动物学（Sanitary Zoology）、医学动物学（Medical Zoology）、卫生昆虫学（Sanitary Entomology）、卫生蜱螨学（Sanitary Acarology）、医学蜱螨学（Medical Acarology）、农业动物学（Agricultural Zoology）、应用动物学（Applied Zoology）、土壤动物学（Soil Zoology）、害虫学（Pestology）、农业蜱螨学（Agricultural Acarology）、植物蜱螨学（Plant Acarology）、土壤蜱螨学（Soil Acarology）、水生蜱螨学（Aquatic Acarology）等，其未来的发展值得关注。我们好好地研究它，来为我国的工农业生产服务，也为广大消费者的日常生活服务，努力提高人们的生活品质与健康水平。

第二节 蜱螨的分类

蜱螨是自然界的一类生物，世界各国都存在，每个国家对它的称谓也各不相同。例如，蜱，拉丁文是 ixodes，希腊文是 ixos，英文是 tick，德文是 zecken，法文是 tique，日文是 madani，韩文是 jindeugi。螨，拉丁文是 acarus，希腊文是 akari，英文是 mite，德文是 milbe，法文是 acariens，日文是 dani，韩文是 eungae。

蜱螨的分类与昆虫学的分类发展相类似，每年都有新种被发现。在分类上蜱螨研究专家的意见不一，而且也派生出诸多流派。首先，蜱螨属于节肢动物门（Phylum Arthropoda）的蛛形纲（Arachnida）。根据 Savory 的观点，这个纲可分为 11 个亚纲，分别为蝎亚纲（Scorpiones）、须脚亚纲（Palpigradi）、尾肛亚纲（Uropygi）、拟蝎亚纲（Pseudoscorpiones）、节腹亚纲（Ricinulei）、鞭蝎亚纲（Schizomida）、无鞭亚纲（Amblypygi）、盲蛛亚纲（Opiliones）、避日亚纲（Solifugae）、蛛形亚纲（Araneae）、蜱螨亚纲（Acari），见图 1－2。

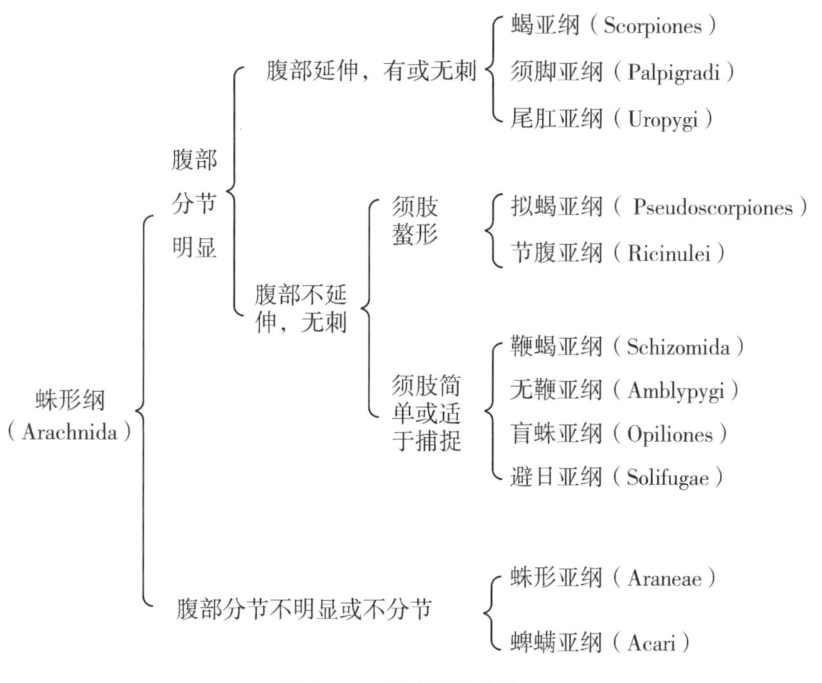

图 1－2　蛛形纲的分类

对蜱螨亚纲的分类，在国际上意见不一。我国采取的分类法源于 G. W. Krantz，J. Balogh 等人于 1978 年汇编的分类系统。该分类系统将蜱螨亚纲分为寄螨目（Parasitiformes）和真螨目（Acariformes）两大类。将寄螨目分为 4 个亚目，即节腹螨亚目（Opilioacarida）、巨螨亚目（Holothyrida）、革螨亚目（Gamasida）、蜱亚目（Ixodida）；将真螨目分为 3 个亚目，分别为辐螨亚目（Actinedida）、粉螨亚目（Acaridides）、甲螨亚目（Oribatida）；约 380 科属于其中。见图 1－3。日本在蜱螨学分类方面，与我国的分类法存在差异。日本蜱螨界将蛛形纲分为 7 个目，分别为蜘蛛目、蜱螨目、蝎子目、伪蝎目、鞭尾蝎目、避日蛛目、长脚蜘蛛目。而将蜱螨亚纲降格为蜱螨目（Order Acarina），并根据 Evans 等人于 1961 年汇编的分类系统，将蜱螨目细分为 7 个亚目，即节腹螨亚目（Opilioa-

carida)、巨螨亚目（Holothyrida）、蜱亚目（Ixodida）、中气门亚目（Mesosti-ata)、甲螨亚目（Oribatida)、前气门亚目（Prosti-ata)、无气门亚目（Asti-ata)。这种分类法主要是依据有无气门、气门的个数以及气门的位置等信息综合归纳而成，而且这种分类法与体毛分类法基本一致。见图 1-4。

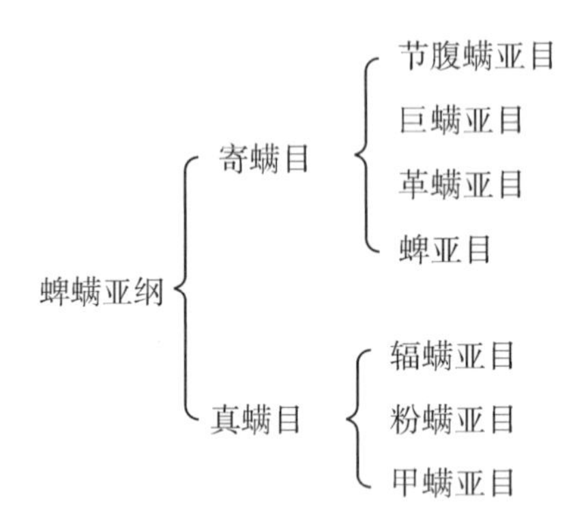

图 1-3　蜱螨亚纲的中国分类法

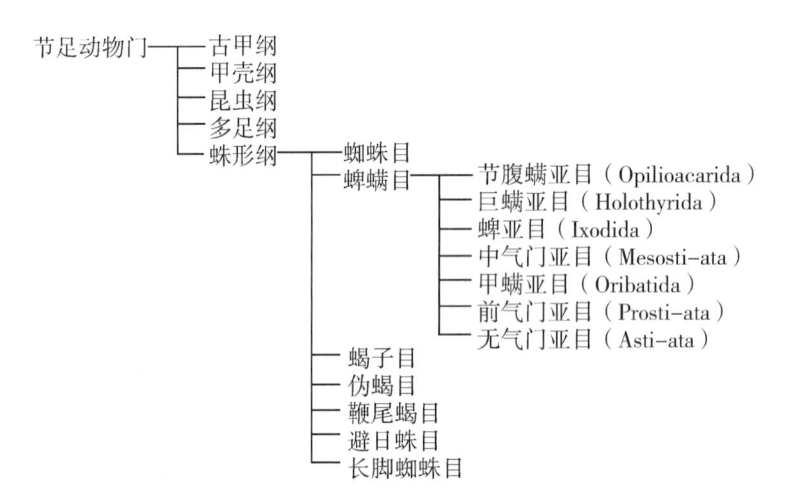

图 1-4　日本蜱螨分类（含蜱螨亚纲的分类）

第三节　蜱螨的形态

一、蜱螨的生物学定位

蜱螨在分类学上不是昆虫，而是接近于蜘蛛和蝎子类的生物，有些文献称其为古老的动物有很多，认为其在地球上的出现晚于蜘蛛。由于螨体长度不足 1 mm，非常微小，所以常常被人忽略。与蜱螨外形相仿的动物有很多，见图 1 - 5。现在，据文献介绍，蜱螨的种类约有 3 万种，也有学者认为其有 5 万种之多，见表 1 - 1。然而，现实的情况是尚无准确的数字来证实这些推断。蜱螨系微小生物，仅仅凭借肉眼很难区分，并且很多是在与人类没有什么联系的地方平静地生活着，常常从人类的视线中消失。然而，由于在世界范围内新的蜱螨陆续被发现，因此，人们认为其实际的类别可能是迄今已确认种类的 10 倍以上，或许蜱螨是地球上未知因素最多的动物。如今，全球发现的生物物种数量大约有 175 万种，而人类预测还未发现的蜱螨约有 100 万种，昆虫有 1000 万种之多。这个数字占地球上生存动物的 10% 左右。蜱螨是仅次于昆虫的生物种群。还有更大胆的推测是：鉴于蜱螨寄生于各种生物，其种群数或许与昆虫的种群数持平或超出。

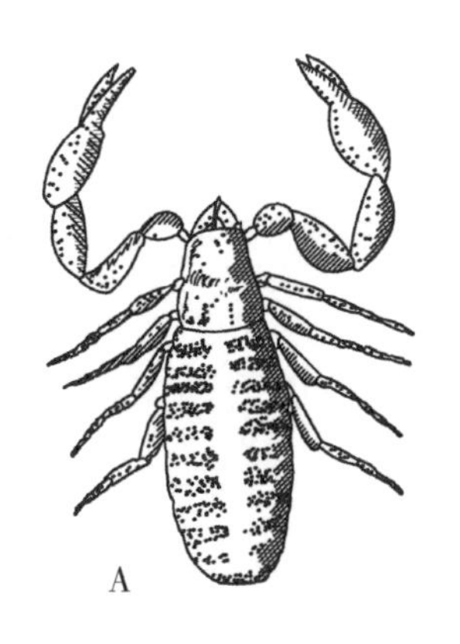

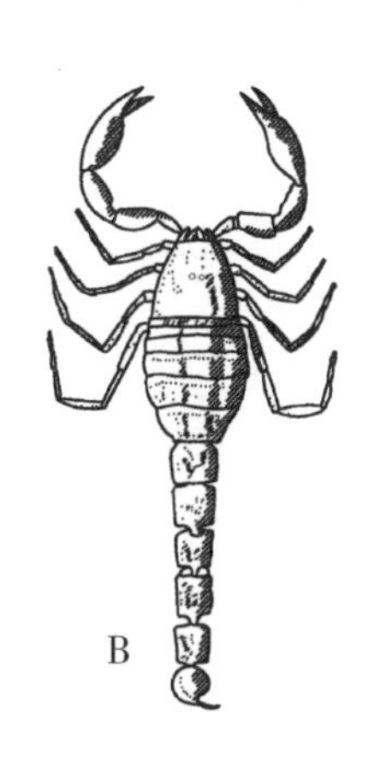

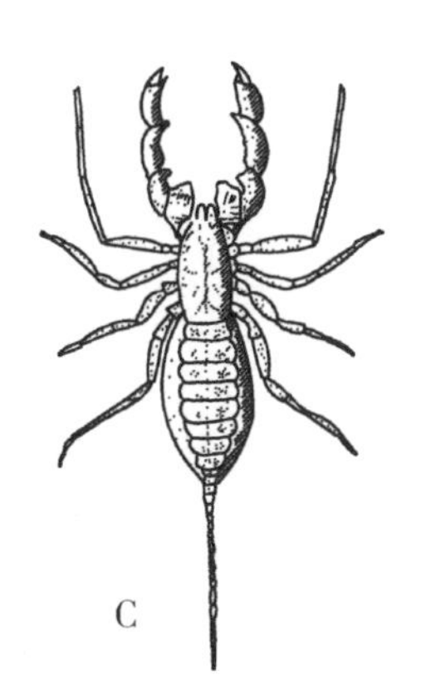

（续）

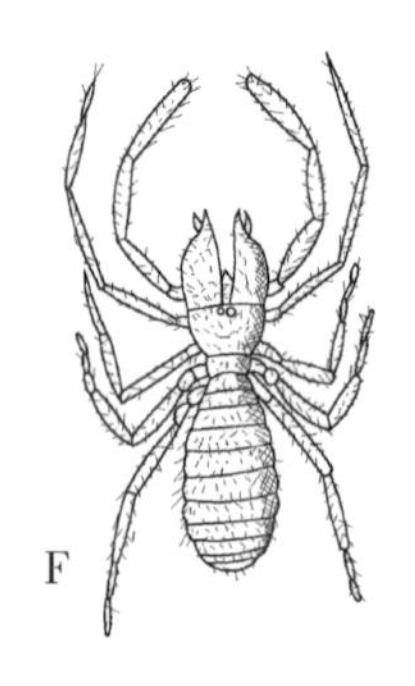

D　　E　　F

图1-5　与蜱螨外形相仿的动物

A：伪蝎；B：蝎子；C：鞭尾蝎；D：蜘蛛；E：长脚蜘蛛；F：避日蛛

表1-1　世界上已发现的蜱螨种类

目	科	属	种
节腹螨亚目（Opilioacarida）	1	9	17
巨螨亚目（Holothyrida）	3	9	32
蜱亚目（Ixodida）	3	12	880
中气门亚目（Mesosti-ata）	73	637	11632
甲螨亚目（Oribatida）	150	1100	11000
前气门亚目（Prosti-ata）	131	1348	17170
无气门亚目（Asti-ata）	70	627	4500
合计	431	3742	45231

资料来源：Walter and Proctor（1999）。

二、蜱螨的体躯

蜱螨的整个体躯分为两个部分，即颚体（gnathosoma）与躯体（idiosoma)，见图1-6。它们的分界线部分称为围头沟（circumcapitular suture）。而躯体由分颈缝（sejugal furrow）分为足体（podosoma）和末体（opisthosoma）两个部分。也有学者将蜱螨的体躯分为前半体（proterosoma）和后半体（hysterosoma)。前半体包括颚体和前足体，后半体包括后足体和末体。还有学者将蜱螨的体躯分为前体（prosoma）和末体两个部分。前体包括颚体，前足体和后足体，见图 1－7。

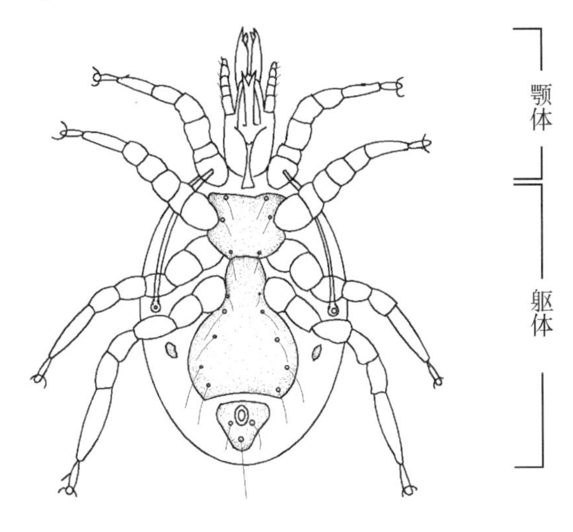

图 1－6　蜱螨的体躯

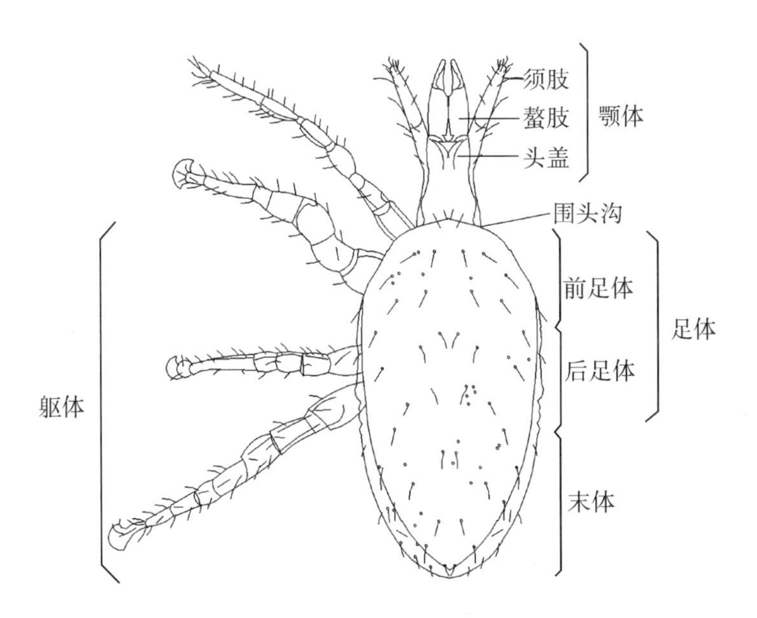

图 1－7　螨类体躯的区分

1．蜱螨的颚体

蜱螨的颚体相当于口器部分，是有各种功能的器官集合体，颚体的基底部称为颚基（gnathobase）。颚体包括螯肢（chelicera）、须肢（pedipalp）、口下板（hypostome）以及口上板（epistoma，tectum）。螯肢由三节基节和两部分端节构成，为取食器官。见图 1－8。螯肢呈剪刀状，其背侧为定趾（fixed digit），腹侧为动趾（movable digit）。动趾上有导精趾（spermatodactyl）等，导精趾是生殖器官。螯肢的构造丰富，有许多形状。须肢位于螯肢的外方或后方，上有感觉器。须肢寻找、捕捉和握持食物，进食后清扫螯肢。须肢的形状在分类上也有意义。口上板，是颚体的背部，被一板状结构所包裹，有些文献称其为颚体突起。颚体长有感觉毛。颚体因种类不同而千差万别，是蜱螨分类上的鉴别要点。

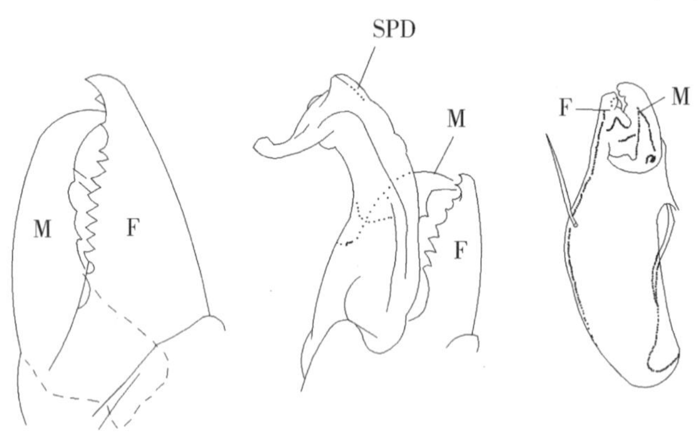

F：定趾；M：动趾；SPD：导精趾

图 1-8 蜱螨的螯肢

2. 蜱螨的躯体

蜱螨的躯体呈囊状，包括毛（setae）、足（legs）、气门（spiracle，spiracular opening，stigmata）、外生殖器（genitalia）、感觉器（sensory organ）。

蜱螨的毛来源于表皮。Grandjean 对蜱螨毛进行了研究，发现毛内存在着一种物质。起初认为这种物质是甲壳素（chitin），Grandjean 将其命名为放线菌壳多糖（actinochitin）。然而，据后续研究得知此种物质并非甲壳素，而是光毛质（actinopiline）。光毛质在偏振光下具有双折射的特性，不溶于次氯酸，容易被碘染色，耐乳酸。Grandjean 经深入研究，根据体毛的特性将蜱螨分为两大类，将含有光毛质和不含光毛质的两种体毛均有的蜱螨定位为复毛类；将不含光毛质体毛的蜱螨定位为单毛类（详见具体分类）。这种以体毛为依据而进行的分类，与它们之间的亲缘关系一致。日本学者认为，复毛类的毛，绝大多数为含有光毛质的毛，它们可分为 4 类，分别是：①普通毛（ordinary setae）；②听毛（trichobothrium）；③荆毛（eupathidium）；④芥毛（famulus）。体毛按照形态可分为丝状、鞭状、扇状等。按照功能可分为触觉毛（tactile setae）、感觉毛（sensory setae）、黏附毛（tennet setae）三类，见图 1-9。这些形状和性质各不相同的体毛，其外形、长短、生长位置、数量对蜱螨种类的鉴定发挥着重要的作用。体毛的根本性作用虽说是一种感觉器官，但是对于水螨类来说，其部分体毛已经演变成为泳毛，以协调螨体在水中的游动姿态、转向等，这也说明体毛的功能在发生变化。

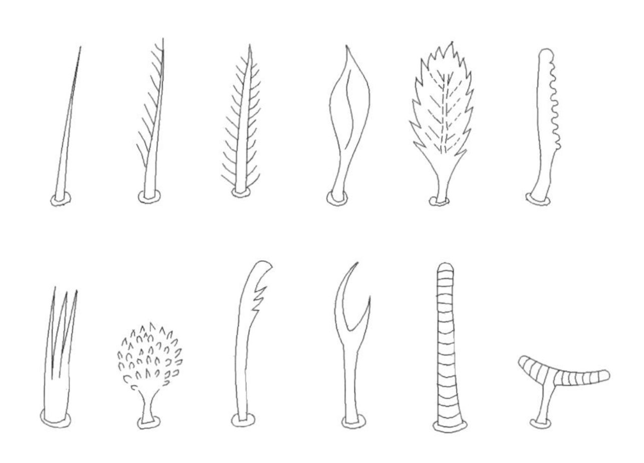

图1－9　蜱螨体表上的各种毛

蜱螨的足，幼虫一般3对足，若虫与成虫4对足，见图1－10。足再细分，即为节；原则上自近体躯侧开始划分。我国学者认为蜱螨的足分为7节：基节（coxa）、转节（trochanter）、腿节（femur）、膝节（genu）、胫节（tibia）、跗节（tarsus）、趾节（apotele），见图1－11。转节、跗节与腿节在若干种中有再分，如腿节分两节时称基腿节（basifemur）和端腿节（telofemur）。日本学者则将其分为6节：基节、转节、腿节、膝节、胫节、末节（tarsus），见图1－12。也有日本学者认为应该加上跗端节（pretarsus）。在此列出了中日两国在蜱螨足分段上的差异见表1－2。足的远端，常由一对爪与中央垫状或爪状的爪间突构成复合体，此处因蜱螨种类的不同而有差异，是蜱螨分类上的依据。

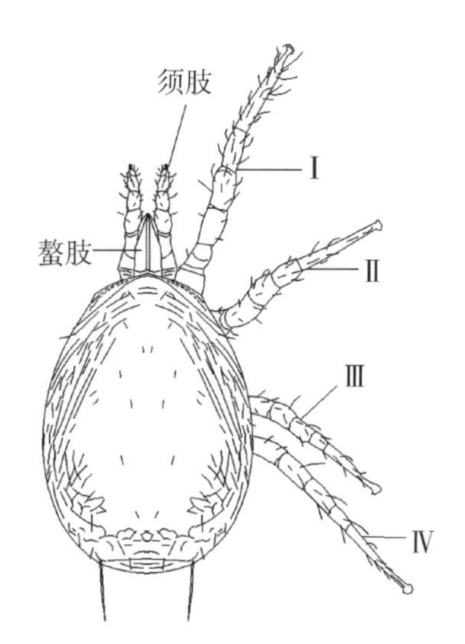

Ⅰ：第Ⅰ足；Ⅱ：第Ⅱ足；Ⅲ：第Ⅲ足；Ⅳ：第Ⅳ足

图1－10　蜱螨的足

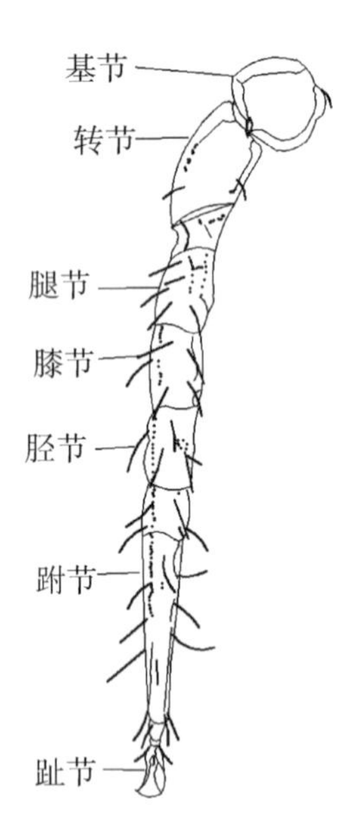

巨螯螨（*Macrocheles plumosus*）的足分段

图 1－11 蜱螨足的分段（中国分类法）

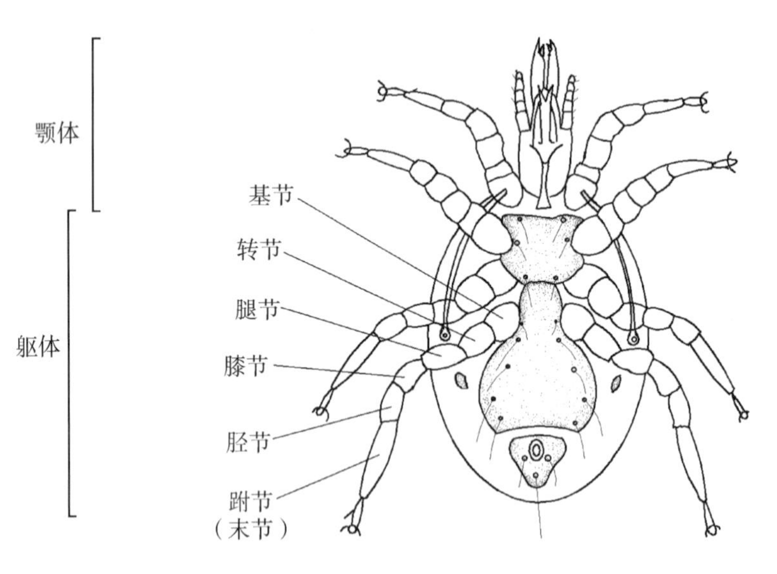

图 1－12 蜱螨足的分段（日本分类法）

表 1 – 2　蜱螨足在分段上的差异

分 类 法	中　国	日　本
蜱螨的足	基节、转节、腿节、膝节、胫节、跗节、趾节	基节、转节、腿节、膝节、胫节、跗（末节）

蜱螨的气门（见图 1 – 13）是在体躯表面向外界开口的气管。通常，有无气门、气门的个数及其分布的位置等信息，都是蜱螨分类上的判定依据。

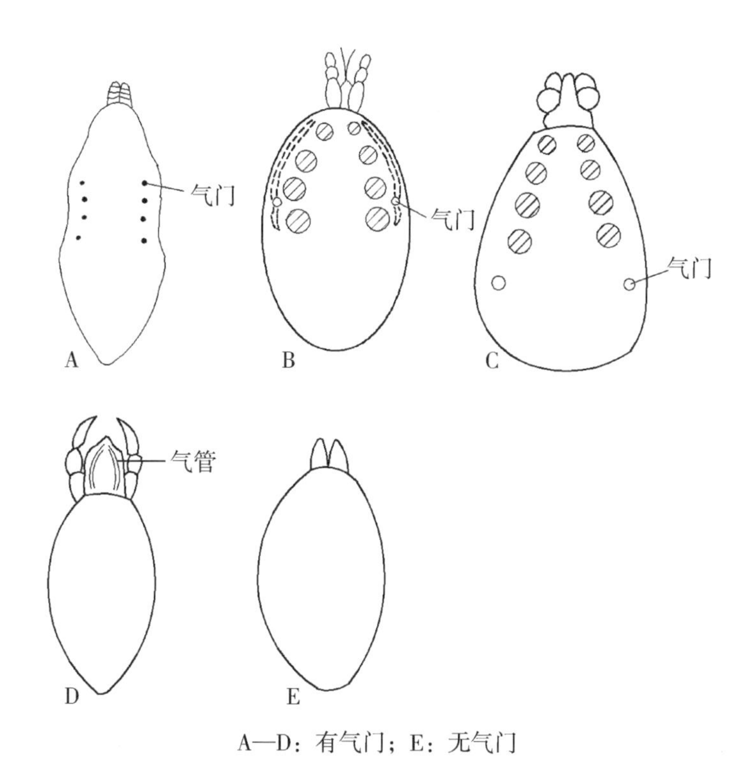

A—D：有气门；E：无气门

图 1 – 13　蜱螨的气门（A—E）

蜱螨的生殖器位于体躯的中央，肛门位于体躯的后侧。雄螨的外生殖器主要是阳茎。阳茎有各种形状，是分类的依据。雌螨的外生殖器主要有交配囊、生殖孔或者生殖瓣。交配囊也有各种形状，是分类的依据。

蜱螨的感觉器，蜱螨体躯上的各种毛如触觉毛、感觉毛和黏附毛都有感觉作用。如听毛（trichobothria），其下接化学感受器（chemo-receptor）。另外，有些蜱螨长有单眼（simple eye），有些蜱螨长有格氏器（claparede organ）或者尾气门（urstigmata），这些结构为湿度感受器。还有些蜱螨长有哈氏器（Haller's organ），为感觉器官。

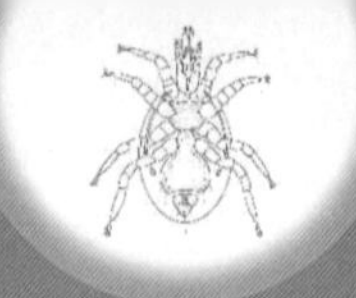

三、蜱螨的皮肤与板

1. 蜱螨的皮肤

蜱螨螨体由皮肤包绕。蜱螨的皮肤由表皮（epidermis）和角质层（cuticle）组成。表皮由一层表皮细胞构成，在发生学上属于外胚叶；辅以皮肤腺（dermal gland），皮肤腺为单细胞腺，较为特殊，位于表皮细胞的间隙内。角质层是自表皮分泌的物质层状叠加而成的部分，这里没有细胞存在。角质层自外向内分为3层，即上表皮（epicuticle）、外表皮（exocuticle）、内表皮（endocuticle）。最外层是上表皮，该层较薄，分为3层；最外层是黏质层（cement layer），黏质层的内侧为蜡层，其常被称为盖质层（tectostracum）。上表皮的最内层是角质素层（cuticulin）。自表皮细胞延伸出来的细管（也称孔道，pore canal）贯穿内表皮和外表皮，到达上表皮的角质素层，在此处分成许多小管。有一种观点认为：表皮细胞的部分分泌物，有可能通过孔道被搬运至体表周围，在此形成盖质层和黏质层。而盖质层和黏质层的生理作用是防止水分从体表散发损失。

上表皮的内侧为外表皮，而外表皮的内侧为内表皮，两者的主要组成成分是甲壳素（chitin）。两者在染色上有差异，内表皮的染色呈薄板状；但有时两者在染色上难以区分。也有人将两者合称为原表皮（procuticle）。在此处的表述中，国内外专家学者的意见不一，如我国学者忻介六和日本学者江原昭三的见解就存在差异。

蜱螨的皮肤结构并非千篇一律。根据蜱螨的种类和螨体部位的不同，其皮肤的构成也不相同。有些层存在缺失的情况，而有些层存在与其他层合并的情况。在脱皮时，既存在脱掉上表皮和外表皮的蜱螨，也存在仅仅脱掉上表皮的蜱螨，需要加以鉴别。

2. 蜱螨的板

蜱螨皮肤的表皮（cuticle）在厚度上并非均等，也有厚薄之分。如果将蜱螨体躯比作一个圆，那么其外围较薄，圆心较厚且坚固。这些结构较厚且坚固的部分称为板（shield，plate，scutum），见图1-14。这些板较其他部位颜色深，构造也与其他部位不同。根据板存在的部位，可将其分为背板（dorsal shield）、胸板（sternal shield）、气门板（peritrematal shield）、生殖板（genital shield）、腹板（ventral shield）、肛板（anal shield）等。板的名称也受种群和性别的影响。例如，当背板为数块时，有些部分称为后半体背板（dorsal hysterosomal shield，notogaster），而有些部分称为末体背板（opisthonotal shield，dorsal opisthosomal shield）。也有螨的胸板与生殖板合并，拼在一起形成胸生殖板（sterniti-genital shield）。还有一种情形，胸生殖板进一步与腹板合并可形成全腹板（holoventral shield）。板以外的膜状物，有时称其为板间膜（interscutal membrane）。

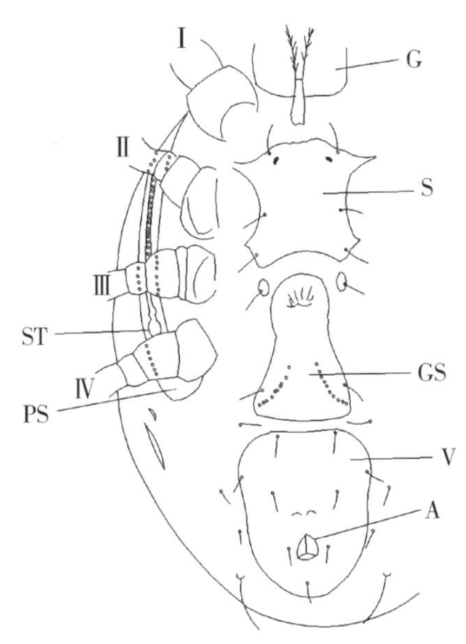

蜱螨的各种板的模式图：A：肛门；G：颚体；GS：生殖板；PS：气门板；S：胸板；ST：气门；V：腹肛板；Ⅰ：第Ⅰ足；Ⅱ：第Ⅱ足；Ⅲ：第Ⅲ足；Ⅳ：第Ⅳ足

图 1－14　蜱螨的板

四、蜱螨、昆虫、蜘蛛之间的形态异同点

一般认为，蜱螨的基本形态特征是头胸腹部连为一体，呈椭圆形，口器向前方突出，有 8 条腿。而蜱螨形态学上的特点是：体躯与昆虫不同，没有明显的头、胸、腹部的区别；成虫有 8 条腿，幼虫有 6 条腿；蜱螨没有触角，也没有翅膀；蜱螨没有复眼，部分仅有单眼。见表 1－3、图 1－15。

表 1－3　昆虫、蜘蛛、蜱螨三者之间的异同点

部　位	昆　虫	蜘　蛛	蜱　螨
体躯	分头、胸、腹三部分	分头胸和腹两部	头胸腹合一
腹节	有明显节	无明显节	无明显节
触角	有触角，触角与口器无关	无触角，有螯肢（为口器附肢）	无触角，有螯肢（为口器附肢）
眼	有单眼和复眼	只有单眼	有的有单眼

(续上表)

部位	昆虫	蜘蛛	蜱螨
口器	咀嚼式或吸收式口器	吮吸式口器，从头胸部前方伸出	吮吸式口器，在颚体前端
脚须	无脚须	1对，6节 雄蛛变为传精液器官	1对，6节
足	成虫3对，在胸部	成蛛4对，在头胸部	成螨4对，在足体部
翅	多数有翅两对	无翅	无翅
呼吸器官	无书肺，气管呼吸	书肺为主，兼有气管呼吸	无书肺，气管呼吸
纺器	无纺器（纺足目除外）	成蛛有复杂纺器	无纺器

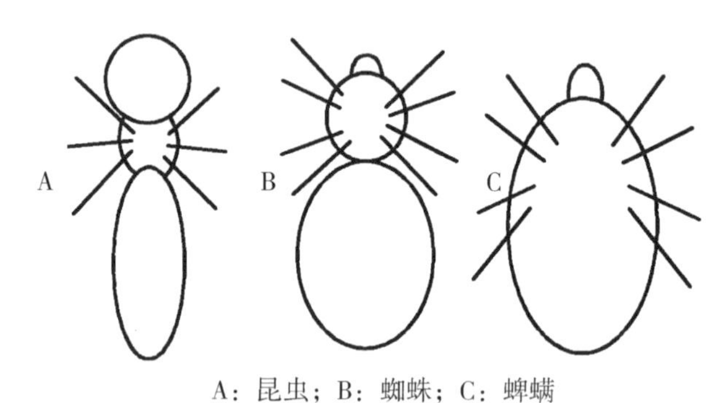

A：昆虫；B：蜘蛛；C：蜱螨

图1-15 昆虫、蜘蛛、蜱螨三者之间的外形比较

关于蜱螨螨体的长度，相信大多数人都比较陌生。或许通过媒体的介绍而有一些模糊的印象。或许有人因不知其为何物而感到厌恶，或许有人因为肉眼难以看见而感到不安。因此，知晓蜱螨的体长具有重要的意义，至少可以消除恐惧。

一般来说，蜱稍长、稍大，而螨稍短、稍小。世界上最大的蜱是痘疱钝蜱(*Ornithodoros acinus* Whittick)，长度竟达3 cm；而世界上最小的螨为武氏蜂盾螨[*Acarapis woodi* (Rennie)]，是寄生于蜜蜂气管中的一种粉螨，螨体长度仅0.09 mm。这两者之间的差距竟然有数百倍之巨，由此可见，蜱螨的种群如此丰富。大多数蜱螨螨体长度在0.1～2.0 mm之间，如果不借助显微镜，肉眼很难辨识。

第二章　蜱螨的一般生物学

第一节　蜱螨的生活史与内部结构

一、蜱螨的生活史

蜱螨形态各异，它的一生各时期要经过一些体型的变化。蜱螨的一生要经过卵（egg）、幼螨（larva）、若螨（nymph）以及成螨（adult）4个时期，而若螨又分为前若螨（有些文献称为“第一若螨”）（protonymph）、第二若螨（deutonymph）、第三若螨（tritonymph）3期。见图2－1。它的虫卵经过蜕皮逐步完成上述体型变化，最后发育成成虫。有些蜱螨在蜕皮前静止不动，口器极端退化，不摄食，处于休眠状态，休眠的若螨称为休眠体（hypopus）。学者一般认为，由于有休眠体的存在，当环境恶化时也能保证蜱螨残存下来。休眠期还存在

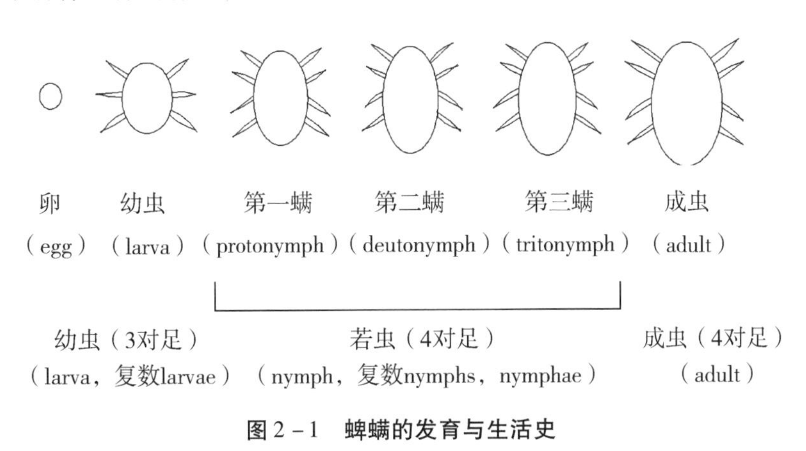

图2－1　蜱螨的发育与生活史

注：本章部分图片仿自［日］江原昭三：《日本蜱螨类图鉴》，全国农村教育协会1990年（平成二年）版。

许多未知的东西，也是蜱螨学者比较感兴趣的领域。而蜱螨根据其种类的不同，在幼螨期和若螨期的构成上均有变化，有些蜱螨可能有缺失幼螨期和若螨期的情况出现。有些蜱螨的若螨期可出现 1 期，也可出现 2 期，也有 3 期全出现的情况。

蜱螨的发育都伴随着形态的变化。例如，蜱螨的幼虫期仅有 3 对足，而发育成若虫和成虫后就有 4 对足。若虫由于虫体并未发育完全，未见生殖器官的产生，而到了成虫阶段就可看见。也有一些异常的生活史，比如，似蜱一样，有些蜱螨的幼虫仅有一期，有些蜱螨的若虫期存在休眠期，有些蜱螨缺少幼虫期，而有些蜱螨则缺少若虫期等。

二、蜱螨的内部结构

与其他生物一样，蜱螨也有自己的内部结构。蜱螨的内脏有如下特点：①肌肉发达；②唾液腺较多；③胃由多分支的囊腔构成，且遍布螨体各处；④胃不仅有消化和吸收的功能，还可储存食物；⑤有些蜱螨从口腔至肛门间的消化管并非连通。见图 2－2。

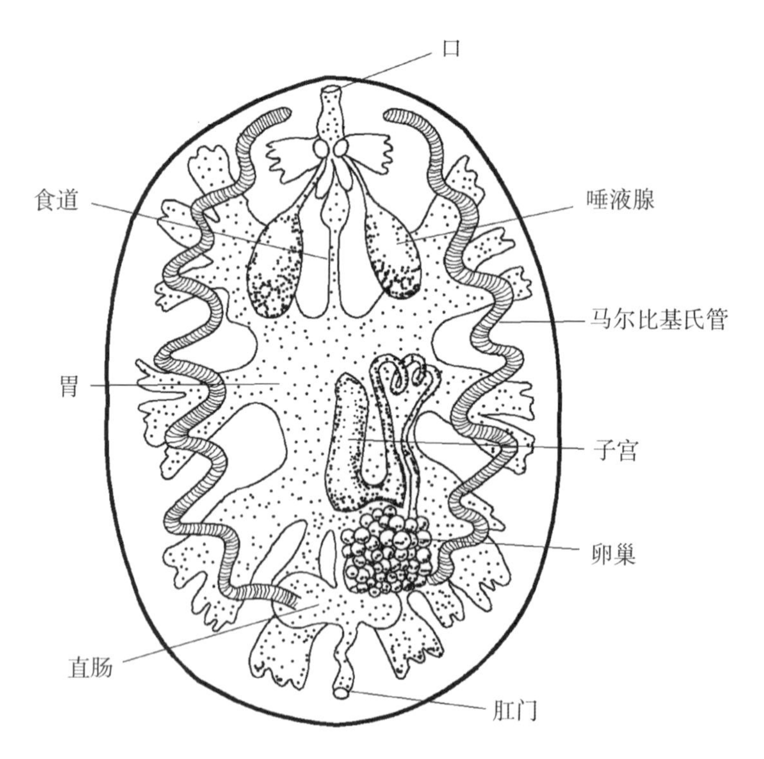

图 2－2　蜱螨的内脏分布

蜱螨的内脏可分为：消化系统、排泄系统、呼吸系统、神经系统、循环系统、生殖系统，见图2-3。

1. 消化系统

在蜱螨消化系统的起始端，长有口和咽头，咽头较肥厚，肌肉发达，对食物的吸收能力较强；唾液腺开口于咽头附近。消化系统的中段是食道和胃，胃由多分支囊腔构成，囊腔呈口袋状，遍布螨体各处。消化系统的末端由直肠和肛门组成。通常，蜱螨的消化系统，即从口腔到肛门之间由一条消化管连通。然而也有例外，有些蜱螨的消化系统中段与末端并非处于连通的状态，这类蜱螨的消化系统末端一般作为排泄器官来发挥生理作用。蜱螨的消化是细胞内消化，消化系统不连通的蜱螨将排泄物（粪便）暂留体内，必要时脱落留有排泄物的那部分螨体，将排泄物排出体外。蜱螨的这种现象称为撕脱，发生撕脱现象的部位是固定的，而发生撕脱的蜱螨其食物为特殊食物，难以消化的物质极少，因此不必频繁地排便。

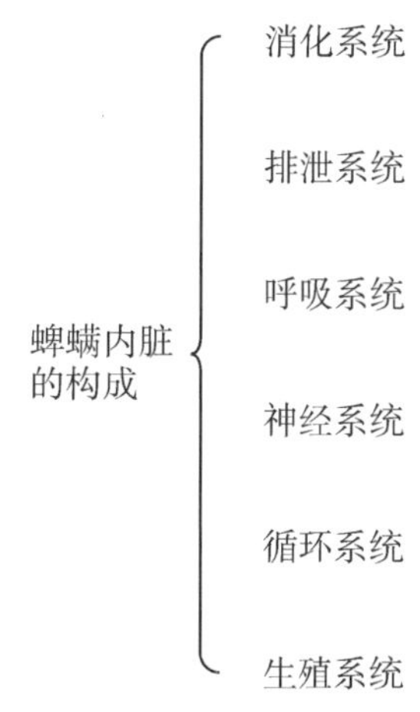

图2-3　蜱螨的内脏构成

蜱螨的消化系统也有一些区别，在此，暂且将其分为液体食性和固体食性两类。液体食性的消化系统主要消化人和动物的血液、植物的汁液等；而固体食性的消化系统主要消化真菌的菌丝、孢子、羽毛碎片、皮屑、食物碎屑、植物组织以及动物组织等。

2. 排泄系统

许多蜱螨与昆虫相同，由连接消化管的马尔比基氏管（Malpighian tube）担负排泄器官的功能。不过，蜱螨的马尔比基氏管在发生学上与昆虫的不同，起源于内胚叶。作为排泄器官，来源于消化管的单排管、足根部的基节腺（coxal gland）以及消化系统的末端等都有排泄功能。

蜱螨自体内排出的终产物，其主要成分为鸟嘌呤（guanine）。蜱螨粪便呈小球形，鸟嘌呤为蜱螨的氮代谢的最终产物。因此，对于评价居室内环境的洁净度来说，检测居室内鸟嘌呤的量可以用来推断居室内螨类的密度，获知螨类大致的分布状况。

3. 呼吸系统

蜱螨的呼吸系统主要由气管（trachea）构成，经由气门连通到螨体外。因种类的差异，其呼吸系统的构造变化较大，而有些蜱螨没有呼吸系统。有些蜱螨没有气管，就通过皮肤进行呼吸。有气管的蜱螨有气门，气门通常有1～4对。气门连接着气管，气管向体躯深处延伸，在内部逐渐出现分支，支气管延伸至螨体各处。气管中有膨大的气室以及诸多的侧支。

4. 神经系统

蜱螨的神经系统一般称为中枢神经集团。由于其体型呈团块状，许多神经节结合在一起，形成中枢神经集团。中枢神经集团除了脑以外，还有食道神经节、腹神经节以及螯肢神经节。

5. 循环系统

蜱螨的循环系统由心脏和血管组成。蜱螨的血管与昆虫相同，为开放式血管。无色透明的血液浸入内脏和肌肉，流至螨体的各处组织和末梢。在血液里可见许多阿米巴样血细胞存在。有报道称，这种血细胞的密度为 1000 ～ 80000 个/毫升。有些蜱螨的心脏容易识别，而有些则不易识别，常误被认为是血管。伴随着胸部和背部肌肉的运动，血液得以顺畅地在螨体内循环流动。

6. 生殖系统

蜱螨是雌雄异体，雌体比雄体大。在螯肢、足以及形态上，两性有所不同。雄性有吸盘，足变形，有阳器（阳茎）的蜱螨种类不多；雌体的产卵口一般位于腹部中央。雄性的内生殖器官包括睾丸、输精管、射精管以及储精囊等；雌性的内生殖器官包括卵巢、输卵管、受精囊和交配囊等，有些种类的蜱螨还可见阴道、子宫以及产卵管。

蜱螨行两性生殖（bisexual reproduction），没有无性生殖。即使有两性生殖，孤雌生殖（parthenogenesis）也很常见，也称单性生殖。孤雌生殖是指未受精的卵成长为成螨的生殖方式。蜱螨的单性生殖有 3 种：①产雄单性生殖（arrhenotoky），由未受精的卵产生单倍体的雄螨，单性生殖所产后代均为雄螨，这些雄螨还可以和母代回交，产下受精卵发育成雌螨和雄螨，但以雌螨占绝对优势。②产雌单性生殖（thelytoky），由未受精的卵产生雌螨。③产两性单性生殖（amphoterotoky），由未受精的卵产生雄性和雌性的后代。有学者认为，蜱的雄性后代并非来自孤雌生殖，而是来自两性生殖，这是一个例外。而产下的是雄蜱还是雌蜱，这完全取决于蜱受精时性染色体的组合方式。

不同种蜱螨的交配习性也不同，大致可归纳为两种类型：一种是直接方式，雄螨通过生殖器官阳茎将精子导入雌螨的受精囊（spermatheca）中；另一种是间接方式，雄螨产生精孢或者精囊（spermatophore），再以各种不同的方式传递到雌螨的生殖孔中。在直接方式中，由于精子包裹于受精囊中，一次交配可以多次受精，这样雌螨能够高效地产出受精卵。这就是微小生物能够以高效的生殖方式保留子孙的缘故。如叶螨在生殖孔与肛门之间有交配孔（copulatory pore），其下接细管，细管的末端膨大，形成受精囊。叶螨的受精囊与卵巢、输卵管、阴道均不相通，因此，被送入受精囊内的精子需要离开受精囊，借助血淋巴（hemolymph）的流动，到达卵巢，与卵巢内的卵受精。而粉螨的受精囊与左右卵巢均有联络通路。食甜螨科的一些螨，其受精囊的入口即交配囊（bursa copulatrix）。在间接方式中，也有两种方法：一种是雄螨用螯肢上的导精趾将精囊插入雌螨的体内；另一种是雌螨自己捕获精囊。

蜱螨大部分为卵生，也有部分蜱螨为卵胎生，如蒲螨、跗线螨等。

第二节　人工饲养

蜱螨生长发育的基本条件（见图2－4）：①空气；②食物；③适当的温度和湿度（水分）；④适宜繁殖的场所。如果满足以上条件，蜱螨会以惊人的速度生长繁殖。然而，自然环境并非总是满足它们的生存要求，因此，通常它们与自然环境之间保持调和的状态，在种群数量上取得均衡。

蜱螨的发育条件因种类不同而有差异。我们以几种尘螨为例，来介绍它们的最适宜发育条件。发育条件的研究，是实验室进行蜱螨个体饲养和成批饲养的基础和前提，是蜱螨类研究的重点。蜱螨学者研究了许多种蜱螨的最适宜发育条件，这里仅仅列举几种，见表2－1。

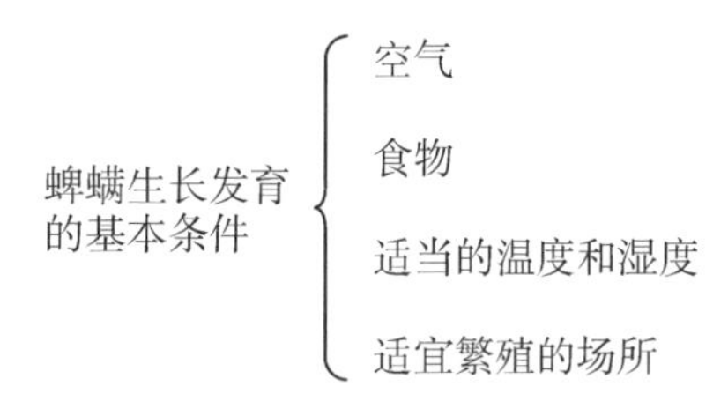

图2－4　蜱螨生长发育条件

表2－1　几种粉螨的适宜温、湿度条件

螨　　种	温 度/℃	湿度（RH）/%	研　究　者
粗脚粉螨	22	90	Zachvatkin
根螨	25	90	Zachvatkin
腐食酪螨	25	75	饭室
腐食酪螨	25	75	松本
椭圆食粉螨	35	90	浅沼
椭圆食粉螨	30	85	松本
甜果螨	25	75	饭室
甜果螨	25	85	松本
普通食甜螨	25	85	松本
刺足根螨	24	100	关谷
河野脂螨	30	87	松本
粉尘螨	25	60	胁
屋尘螨	25	75	宫本

国外学者研究了数种粉螨的发育情况，包括粗脚粉螨（*Acarus siro*）、根螨（*Tyrophagus noxius*）、腐食酪螨（*Tyrophagus putrescentiae*）（见图 2 –5）、椭圆食粉螨（*Aleuroglyphus ovatus*）（见图 2 –6）、甜果螨（*Carpoglyphus lactis*）（见图 2 –7）、普通食甜螨（*Glycyphagus destructor*）（见图 2 –8）、刺足根螨（*Rhizoglyphus echinopus*）、河野脂螨（*Lardoglyphus konoi*）（见图 2 –9）、粉尘螨（*Dermatophagoides farinae*）（见图 2 –10）、屋尘螨（*Dermatophagoides pteronyssinus*）（见图 2 –11）。

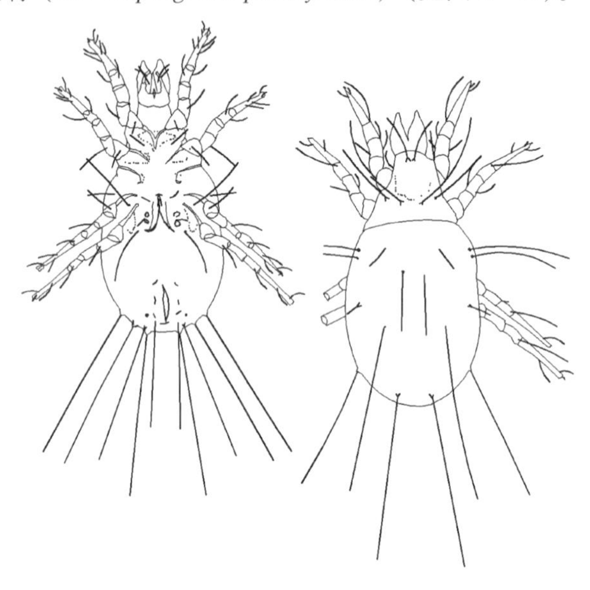

左：雌螨腹面；右：雌螨背面

图 2 –5　腐食酪螨

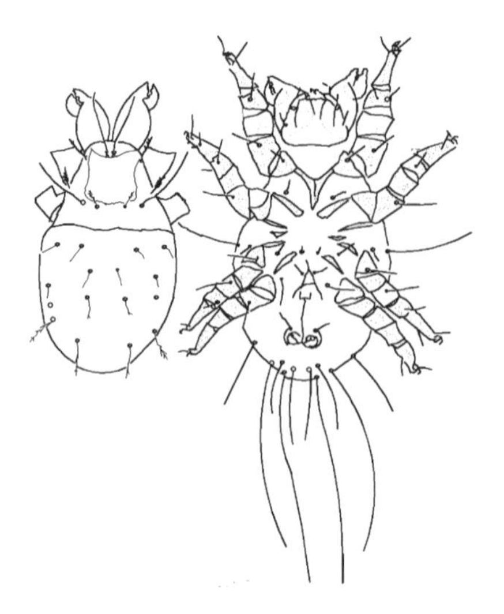

左：雄螨背面；右：雄螨腹面

图 2 –6　椭圆食粉螨

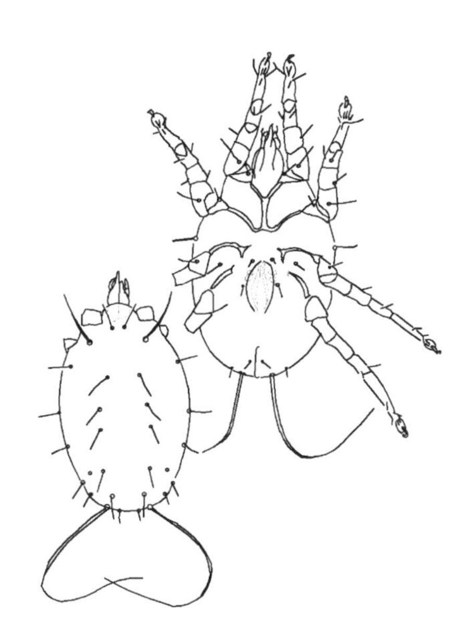

左：雄螨背面；右：雄螨腹面

图 2－7　甜果螨

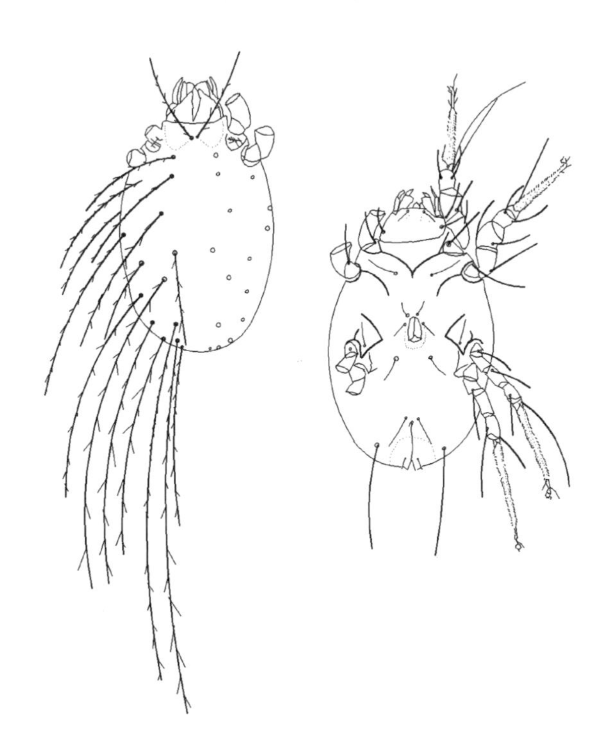

左：雄螨背面；右：雄螨腹面

图 2－8　普通食甜螨

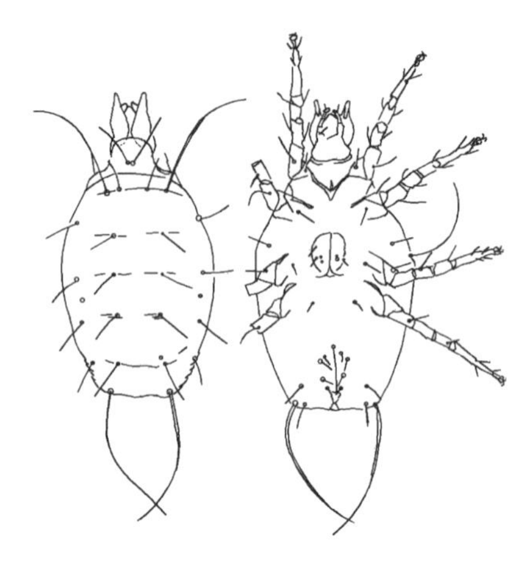

左：雌螨背面；右：雌螨腹面

图 2－9　河野脂螨

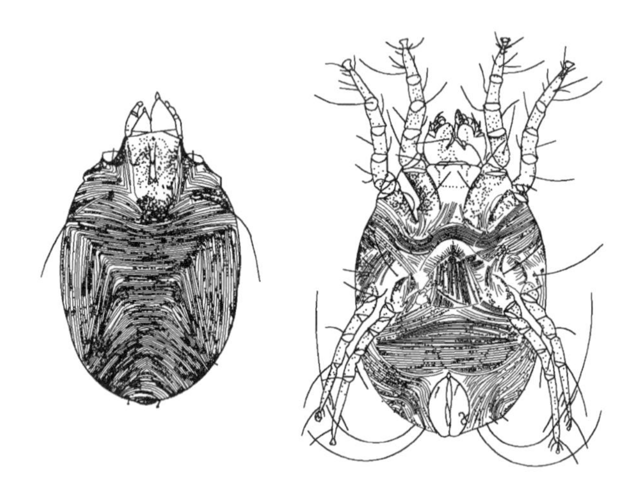

左：雌螨背面；右：雌螨腹面

图 2－10　粉尘螨

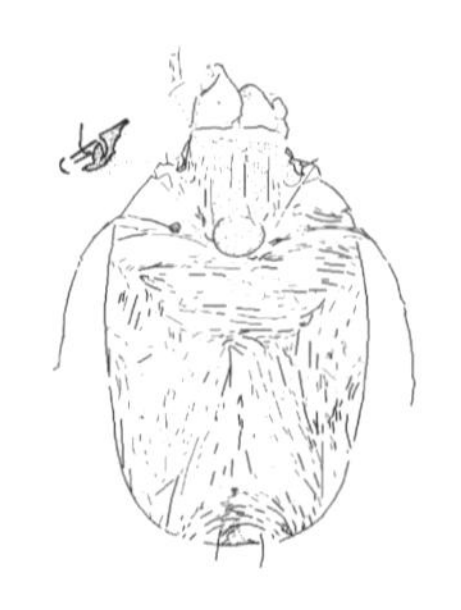

左：雌螨背面；右：雌螨腹面

图 2－11　屋尘螨

对于代表性的尘螨来说，粉尘螨与屋尘螨是学者和公众重点关注的螨种。它们自螨卵发育成成虫需要 20 ～ 30 天，发育期间若是高温环境则发育期缩短，若发育条件不满足最适宜湿度条件则发育期延长。它们的寿命在最适宜温湿度条件下为 3 个月至 1 年。雌螨的寿命要长于雄螨。雌螨的产卵数一般为 1 天 1 ～ 3 个，多时 1 天可产 7 个。据推算，一只雌螨一生的总产卵数约为 80 个。最适宜温度都在 25 ～ 30 ℃ 之间，最适宜湿度在两者之间存在差异，粉尘螨最适宜湿度在 65% 左右，而屋尘螨最适宜湿度在 75% 左右。

粉螨类最适宜湿度普遍都在 80% ～ 95% 之间，因此，高湿度场所易于发生粉螨危害。鉴于许多蜱螨尚不能在实验室进行个体饲养和成批饲养，因此，不能精确地确定其发育条件。但是，经虫态调查，喜好高温高湿环境的蜱螨不在少数。另外，也有喜好低温高湿环境的蜱螨存在。

特别提一下腐食酪螨，它的螨卵发育成成虫仅需要 11 天，一只雌性腐食酪螨每天平均产卵 12.6 个，最多时 1 天可产卵 30 个，其超强的繁殖能力令人称奇。

（蜱类的人工饲养情况此处省略）

第三节 蜱螨种类中国划分法

前面我们介绍了蜱螨的分类，现在就蜱螨种类的划分进行讨论。

蜱螨的滋生地与其食性有关。蜱螨总是在满足其食性后选择最合适的生存场所滋生与繁殖。蜱螨的习性各异，因而导致形态的多样性，而形态结构的不同也影响习性。生境是生物种群赖以完成其生活史的环境条件的总和。蜱螨的生境与习性紧密相关。蜱螨的习性可分为两大类：自由生活型（free-living form）和寄生型（parasitic form）。

一、自由生活型

除蜱亚目的蜱类之外，其他亚目都有自由生活的种类，如捕食性的、植食性的、菌食性的或者腐食性的等。可根据习性和部分形态特征来区分不同类型的自由生活型螨类。

1. 捕食性螨（predaceous mites）

（1）土中种类（ground species）。这类螨一般在土中以及苔藓、腐殖质和动植物残屑中生活，种类和数量都较多，有的以小节肢动物及其卵和线虫等为食。这类螨一般足长，有螯状齿或者针状螯肢，须肢适于捕捉。有的螨有发达的盾

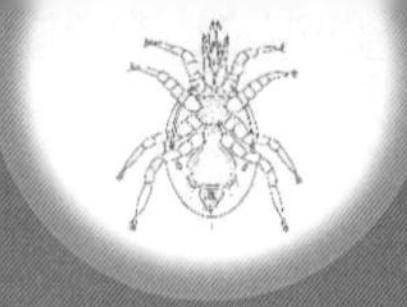

片。眼常在前足体上。这类螨分属于：巨螯螨科（Macrochelidae）（见图2－12至图2－15）、莓螨科（Rhagidiidae）、寄螨科（Parasitidae）、携卵螨科（Labidostommatidae）、囊螨科（Ascidae）（见图2－16）、肉食螨科（Cheyletidae）（见图2－17至图2－20）等。

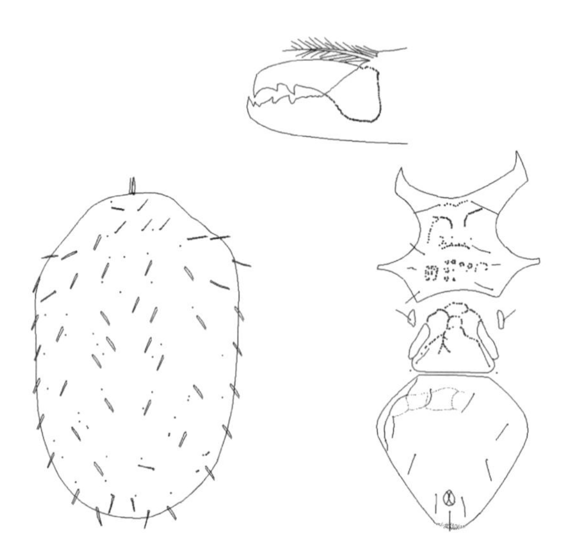

上：螯肢；左下：雌螨背面；右下：腹面肥厚板

图2－12　家蝇巨螯螨

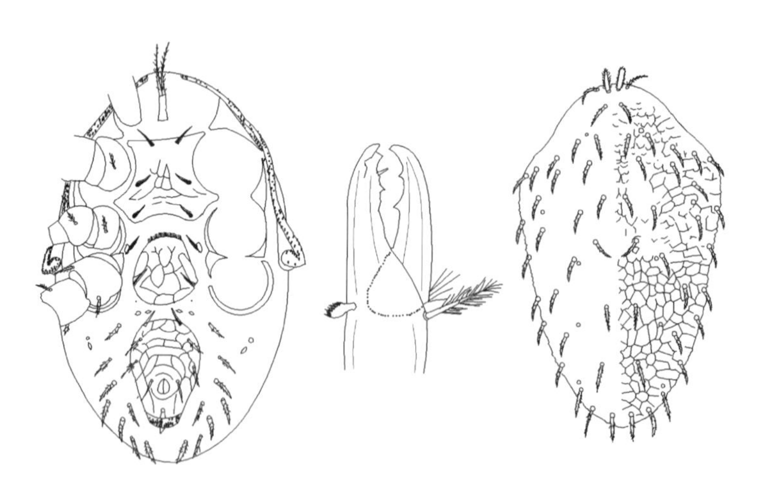

左：雌螨腹面；中：螯肢；右：雌螨背面

图2－13　森川巨螯螨

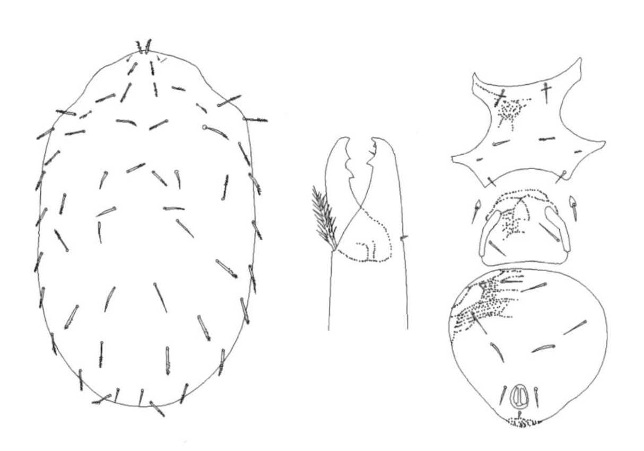

左：雌螨背面；中：螯肢；右：雌螨腹面肥厚板

图 2 - 14　簇毛巨螯螨

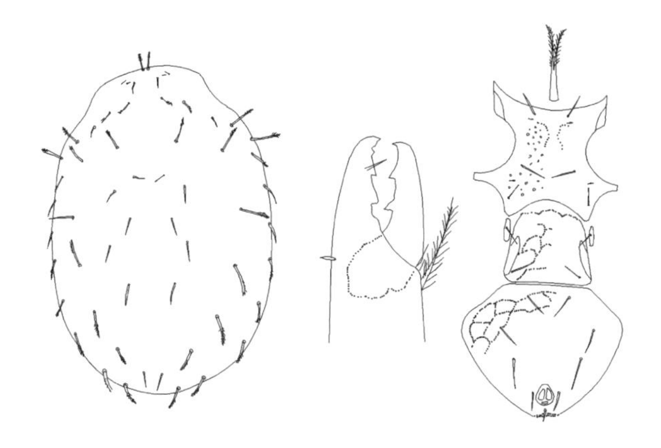

左：雌螨背面；中：螯肢；右：雌螨腹面肥厚板

图 2 - 15　乳形巨螯螨

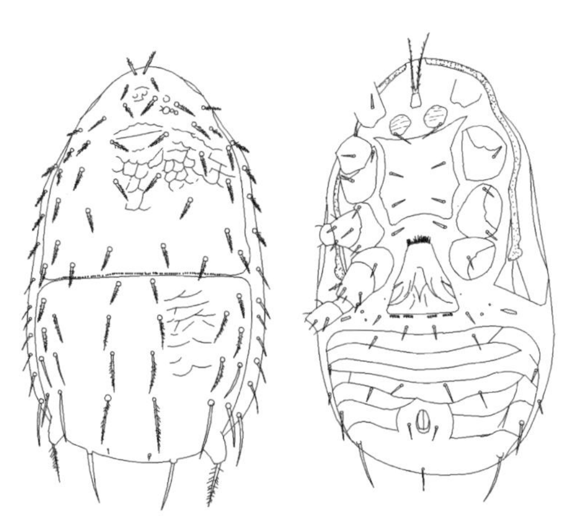

左：雌螨背面；右：雌螨腹面

图 2 - 16　云囊螨

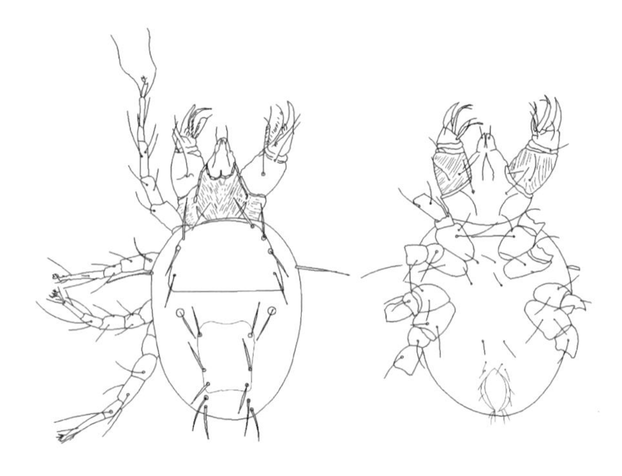

左：雌螨背面；右：雌螨腹面

图 2－17 普通肉食螨

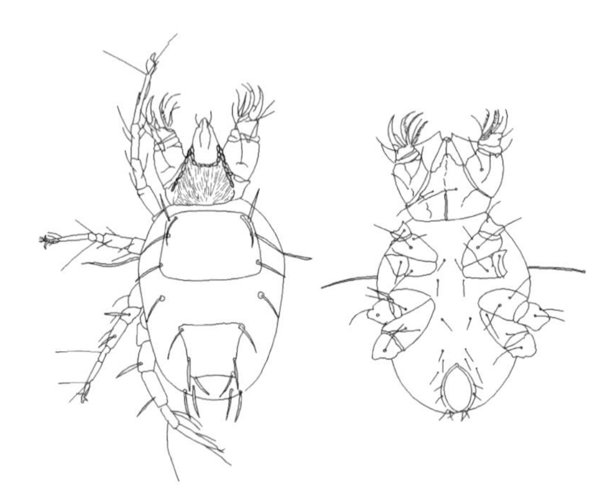

左：雌螨背面；右：雌螨腹面

图 2－18 强壮肉食螨

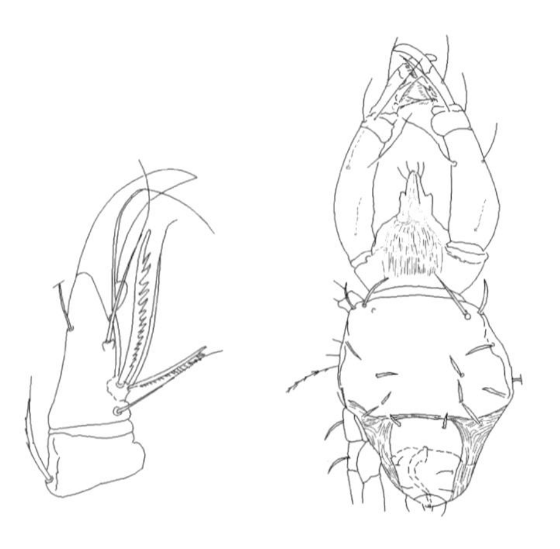

左：雄螨螯肢；右：雄螨背面

图 2－19 马六甲肉食螨

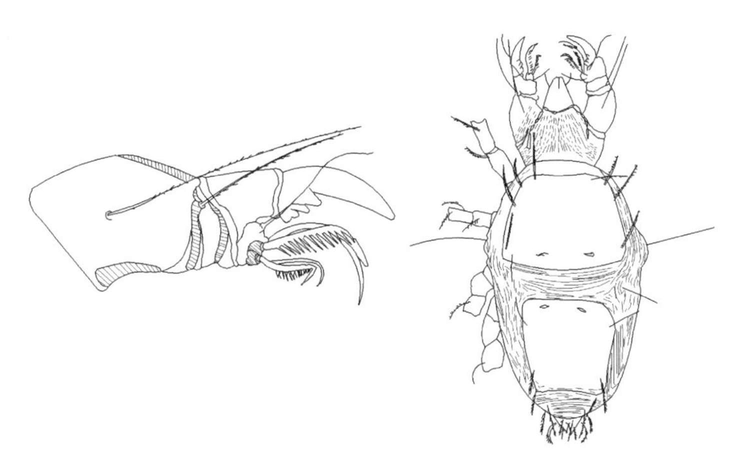

左：雌螨螯肢；右：雌螨背面

图 2－20　特氏肉食螨

（2）地上种类（aerial species）。这类螨中的捕食性螨类螯肢发达、足长、行动迅速，以植食性螨和卵为食。一般有背板和腹板，弱骨化，螨体色泽较鲜明，红色、黄色或者绿色。这类螨分属于：植绥螨科（Phytoseiidae）（见图 2－21、图 2－22）、大赤螨科（Anystidae）（见图 2－23、图 2－24）、缝颚螨科（Raphignathidae）（见图 2－25、图 2－26）、镰螯螨科（Tydeidae）等。国内学者吴伟南、欧剑峰、黄静玲等对植绥螨科的螨类进行了详细的分类和研究，并出版了相关专著。

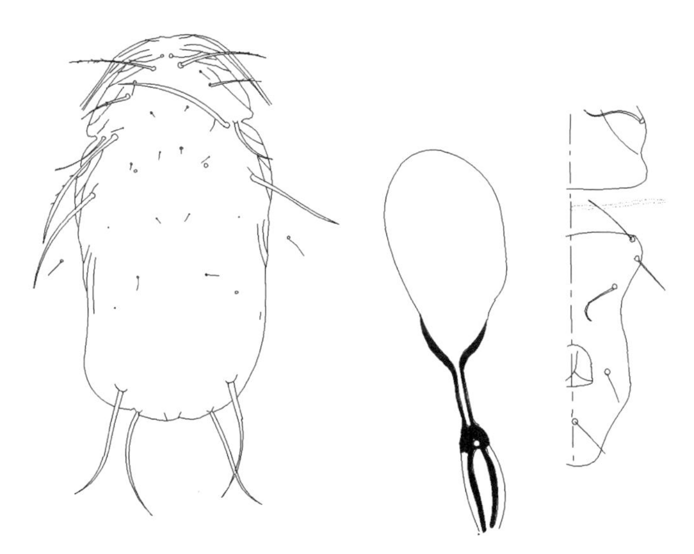

左：雌螨背面；中：受精囊；右：部分生殖板和腹肛板

图 2－21　香港植绥螨

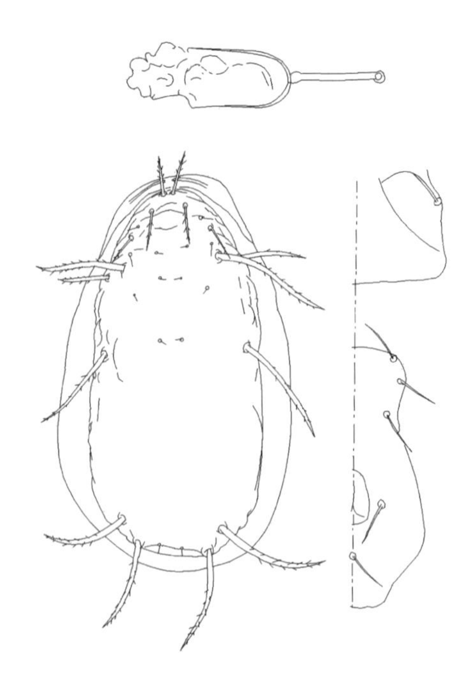

上：雌螨受精囊；左下：雌螨背面；右下：部分生殖板和腹肛板

图 2－22　日本植绥螨

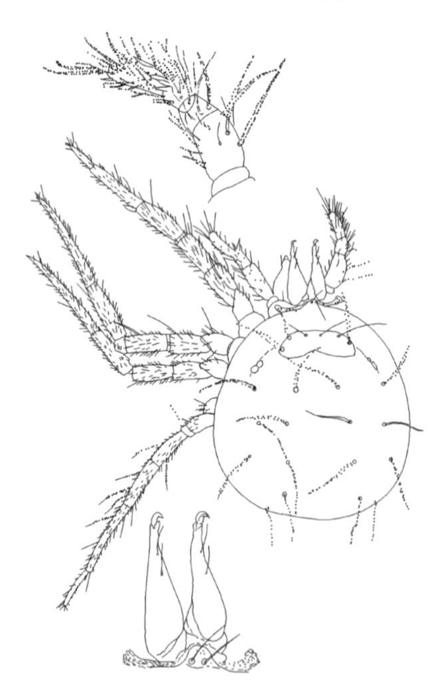

上：雌螨须肢；中：雌螨背面；下：雌螨螯肢

图 2－23　圆果大赤螨

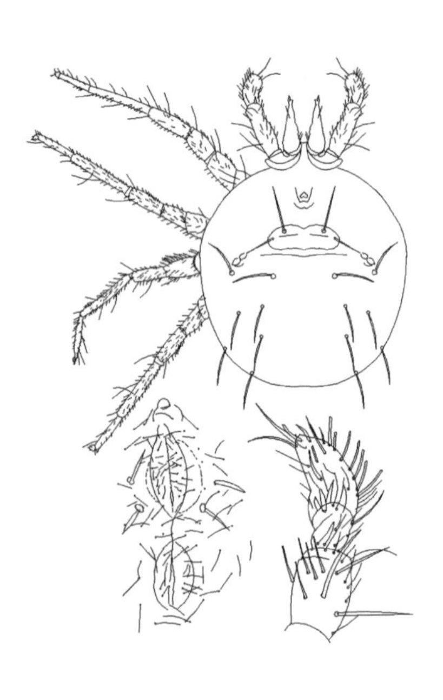

上：雌螨背面；左下：雌螨生殖板与肛板；右下：雌螨须肢

图 2－24　柳大赤螨

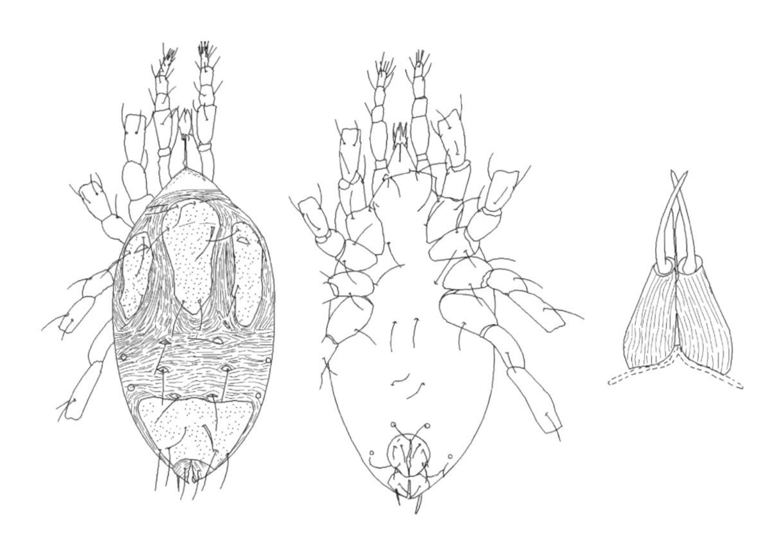

左：雌螨背面；中：雌螨腹面；右：雌螨螯肢

图 2－25　家缝颚螨

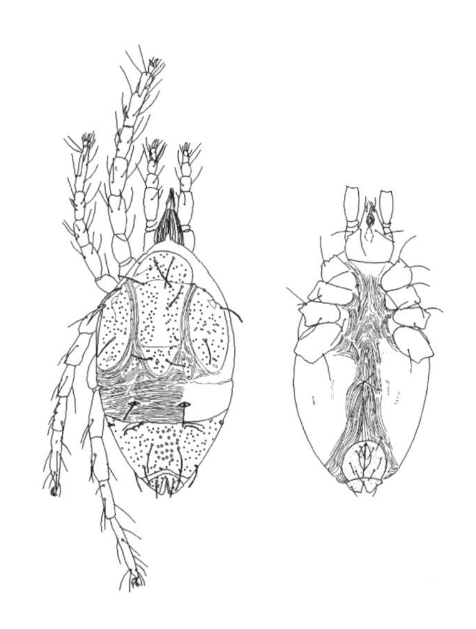

左：雌螨背面；右：雌螨腹面

图 2－26　薄缝颚螨

（3）水中种类（aquatic species）。辐螨亚目的水螨类 Hydrachnidia，包括许多水中的捕食螨类，许多螨足上长有长游泳毛，体色为鲜明的红、橙、黄、绿、蓝等色。有眼，须肢适于捕捉，有些螨有骨化的背板。捕食性水螨的成螨、若螨吃其他螨类和小甲壳类及昆虫等。它们的幼螨常寄生于昆虫体、软体动物或者鱼类体中。辐螨亚目的海螨科 Halacaridae 主要生活在海洋中，有 300 多种，相当

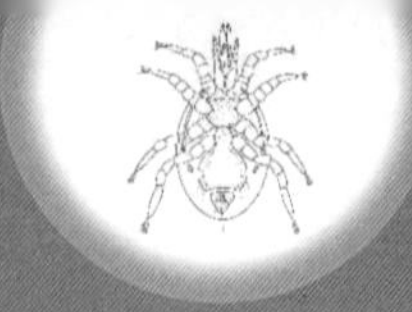

部分为捕食性螨。

2. 植食性螨

（1）地上种类（aerial species）。主要是行动缓慢、定居性的螨类。微骨化，螨体颜色多呈红色、黄色、绿色，有的呈白色或者螨体透明。此类螨全部寄生于植物上，以螯肢刺入植物组织内，吸吮植物的汁液和细胞等，它们大半是农业上的害螨。如叶螨科（Tetranychidae）（见图2－27至图2－33）的螨，螨体较短，成螨也仅有0.3～0.8 mm，并且容易受到伤害，有亲缘关系的种属之间，在形态上差异细微，因此难以分类和鉴定。另有瘿螨科（Eriophyidae）的螨，此类螨全体寄生于植物上，种属的数量较多，全球有3000多种记录在案。瘿螨的螨体短，仅有0.1～0.3 mm，肉眼难以看见（见图2－34至图2－36）。

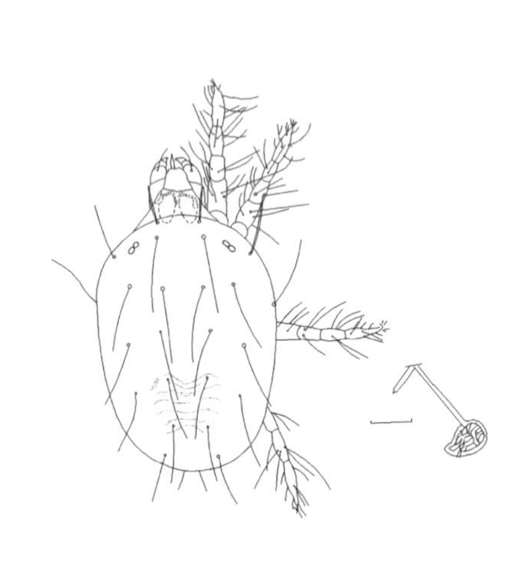

左：雌螨背面；右：外周气管

图2－27　山楂叶螨

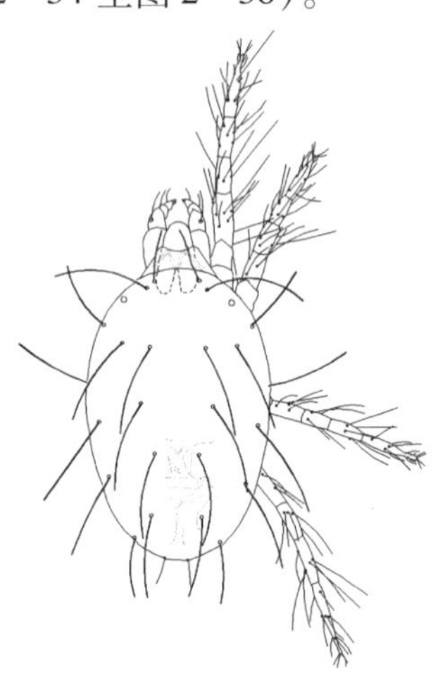

雌螨背面

图2－28　野生叶螨

左：雄螨阳茎；右：雌螨背面

图2－29　神泽叶螨

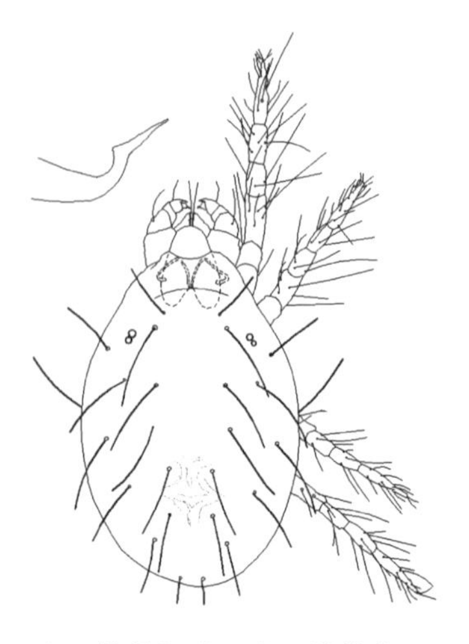

左：雄螨阳茎；右：雌螨背面

图2－30　豆叶螨

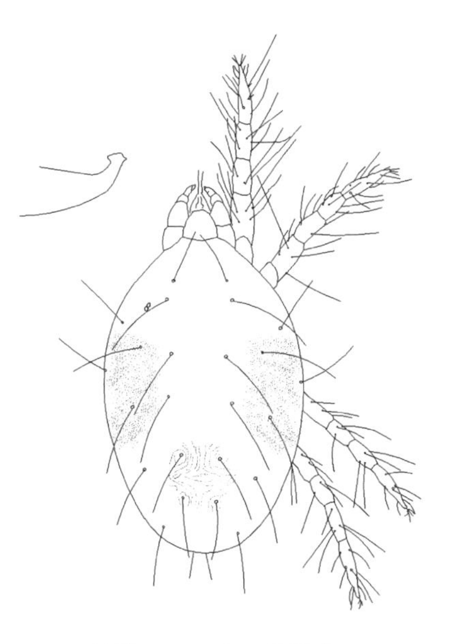

左：雄螨阳茎；右：雌螨背面

图2-31　二斑叶螨

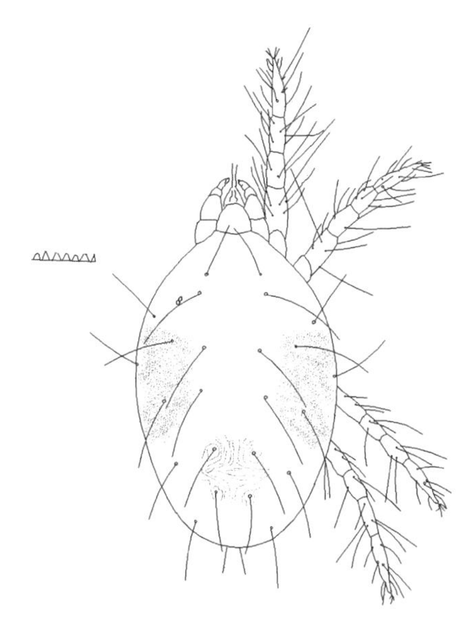

左：背面皮肤条纹；右：雌螨背面

图2-32　朱砂叶螨

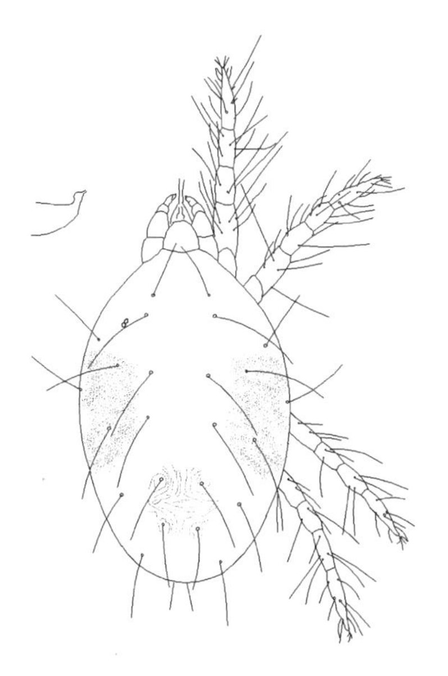

左：雄螨阳茎；右：雌螨背面

图2-33　截形叶螨

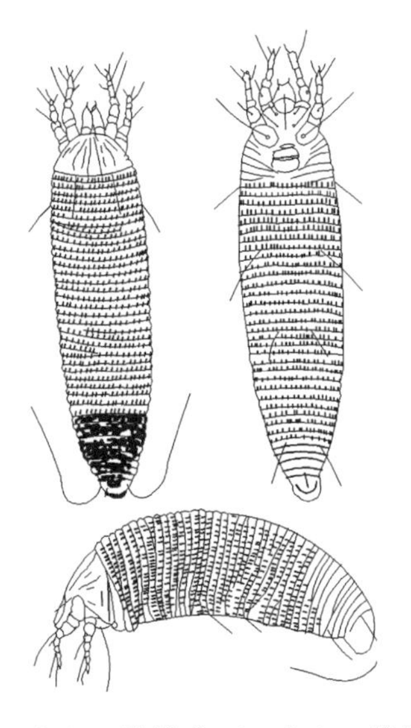

左上：雌螨背面；右上：雌螨腹面；下：雌螨侧面

图2-34　日本瘿螨

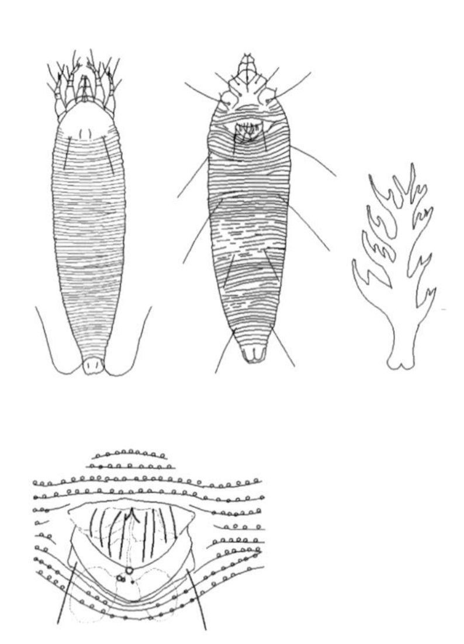

左上：雌螨背面；中：雌螨腹面；右上：爪；下：外部生殖器

图 2－35 枸杞瘿螨

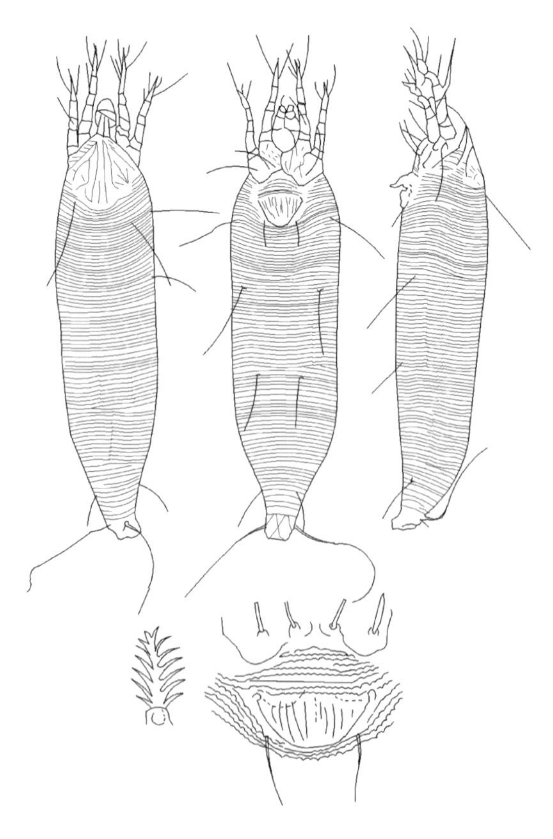

左上：雌螨背面；中：雌螨腹面；右上：雌螨侧面；左下：雌螨爪；右下：雌螨外生殖器

图 2－36 郁金香瘿螨

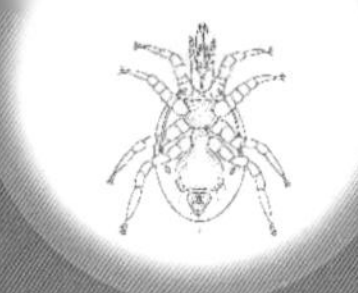

（2）储藏物种类（storage species）。此类螨为白色或者淡褐色，行动缓慢。螨体为囊状，螯肢粗短，呈齿状，用以刮削和铲凿食物。食谷螨类啃吃粮食的胚部钻入胚乳周围取食，还啃食干果、蜜饯、油籽、储藏薯块、鳞茎、中药材等。主要科有粉螨亚目的粉螨科（Acaridae）（见图2－37至图2－41）和食甜螨科（Glycyphagidae）（见图2－42、图2－43）。

上：雌螨须肢；下：雌螨背面

图2－37　静粉螨

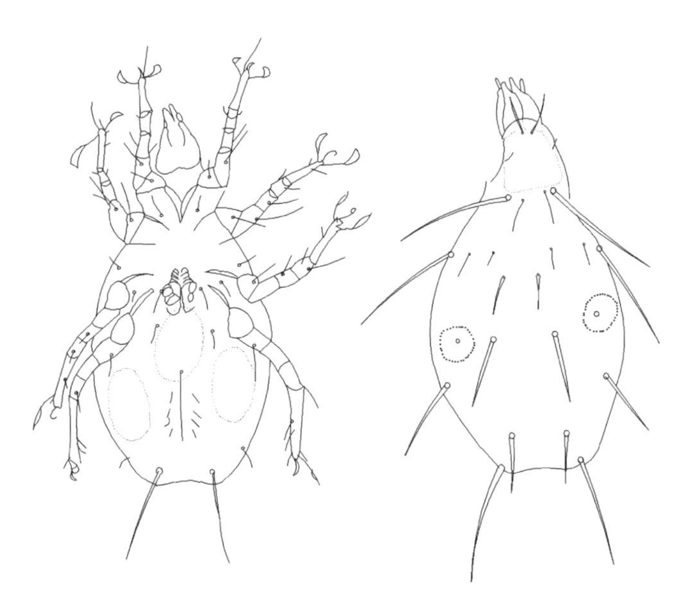

左：雌螨腹面；右：雌螨背面

图2－38　食菌嗜木螨

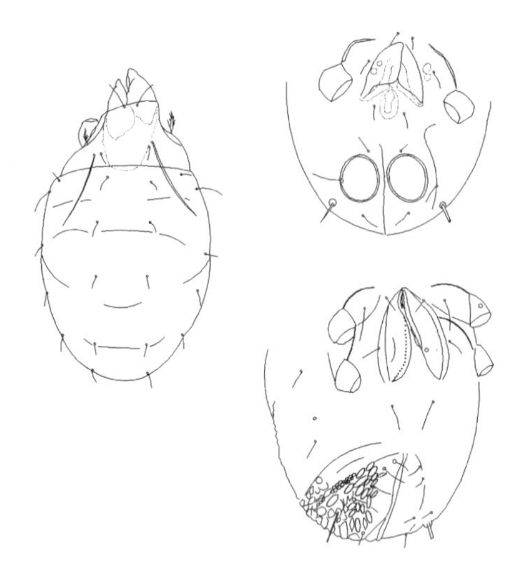

左：雄螨背面；右上：雄螨腹面；
右下：雌螨腹面

图2－39 **棉兰皱皮螨**

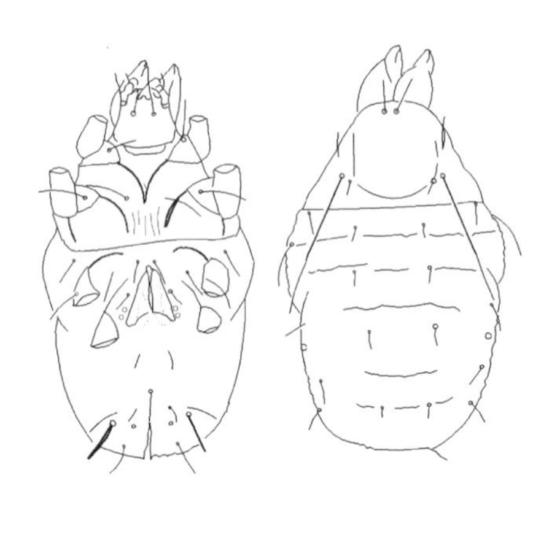

左：雄螨腹面；右：雄螨背面

图2－40 **纳氏皱皮螨**

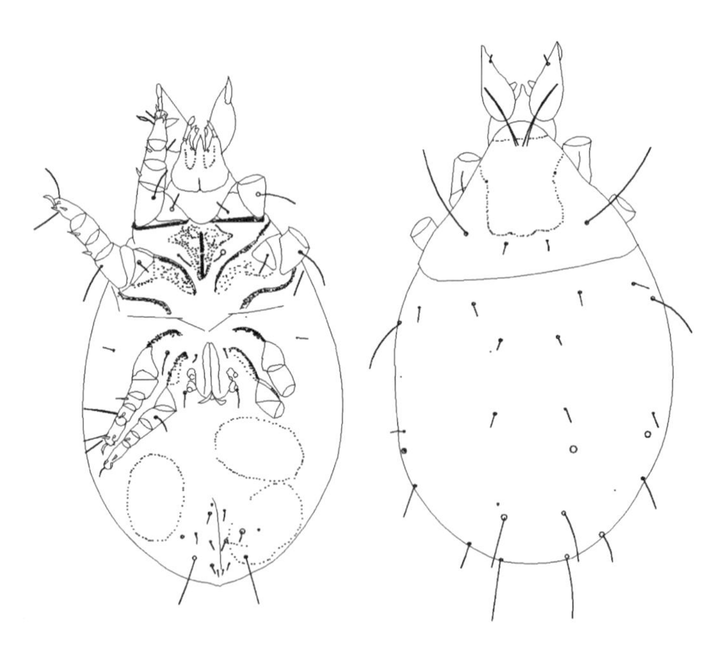

左：雌螨腹面；右：雌螨背面

图2－41 **罗宾根螨**

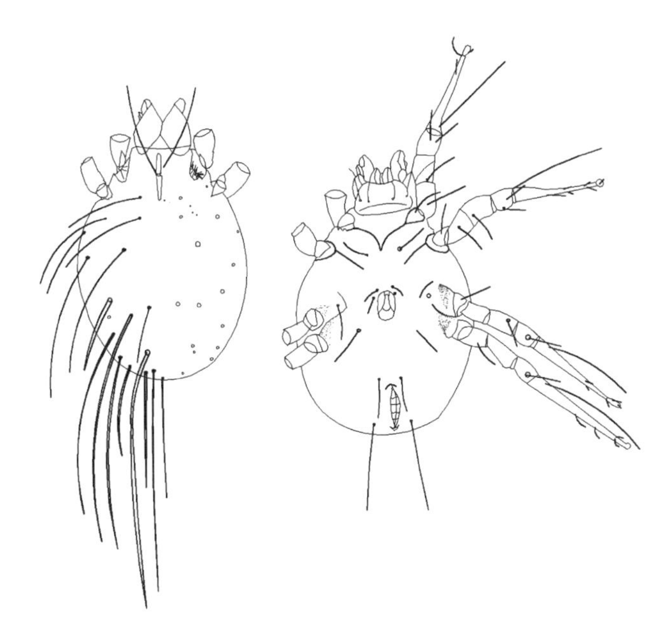

左：雄螨背面；右：雄螨腹面

图 2－42　家食甜螨

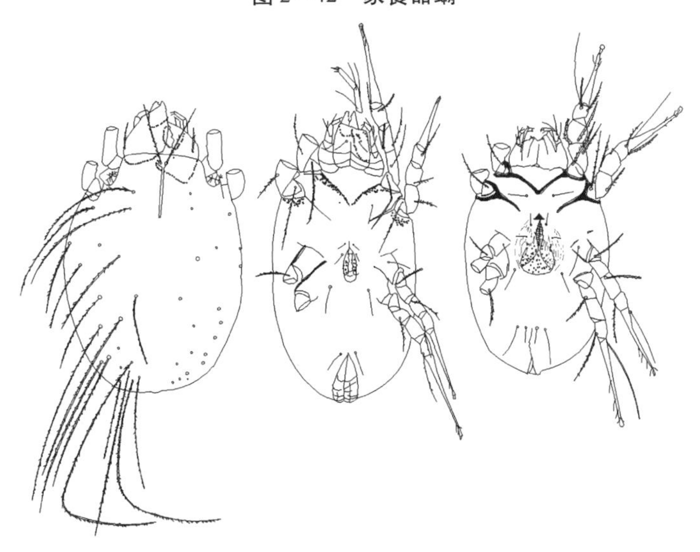

左：雄螨背面；中：雄螨腹面；右：雌螨腹面

图 2－43　隐秘食甜螨

（3）土中种类（soil species）。土中种类是比较小的一群，取食土中生长的植物根、球茎、块根等。其多为透明白色、囊状。多数属于粉螨科（Acaridae），也有属于甲螨类的全洛甲螨科（Perlohmanniidae）。

3. 食菌螨（fungivorus mites）

除蜱亚目的蜱类之外，其他各亚目都有食菌螨类。革螨亚目的尾足螨科（Uropodidae）（见图2－44、图2－45）在土中吃菌，也吃储藏物上的菌类以及落叶中的菌类。有些甲螨类如赫甲螨属（*Hermannia*）和菌甲螨属（*Scheloribates*）在树木组织内食菌，常与树干蛀虫混居。辐螨亚目的真足螨科（Eupodidae）和跗线螨科（Tarsonemidae）（见图2－46至图2－59）吃土中真菌，常与各种甲螨混居。真足螨科和粉螨科中，也有危害蘑菇的害螨。

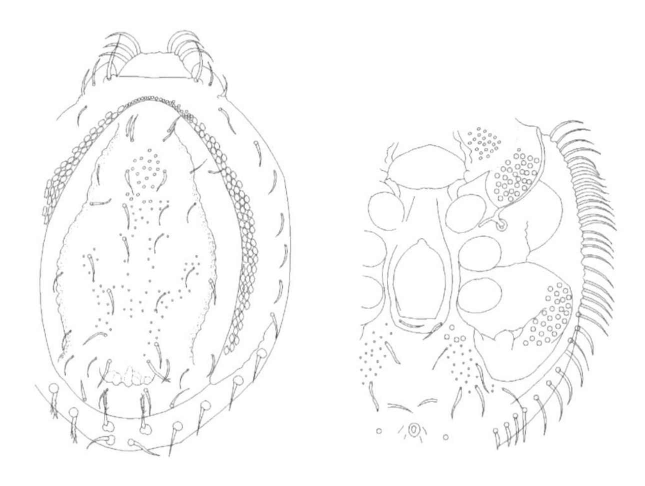

左：雌螨背面；右：雌螨腹面

图2－44　石川尾足螨

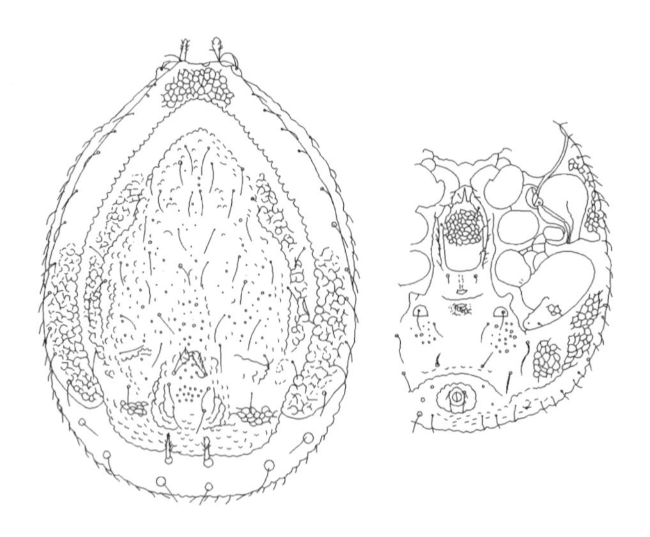

左：雌螨背面；右：雌螨腹面

图2－45　森川尾足螨

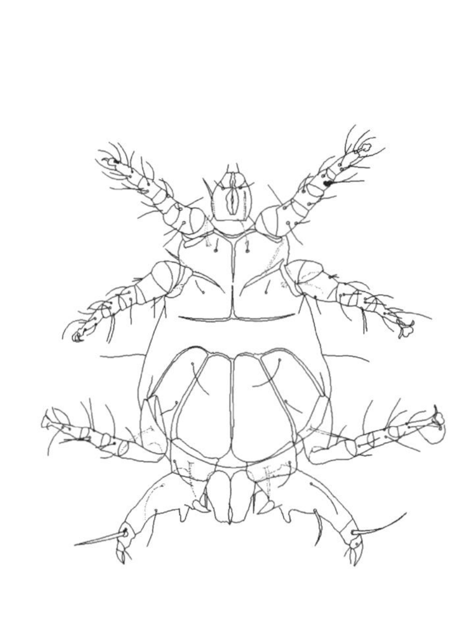

雄螨腹面

图 2－46　山茱萸跗线螨

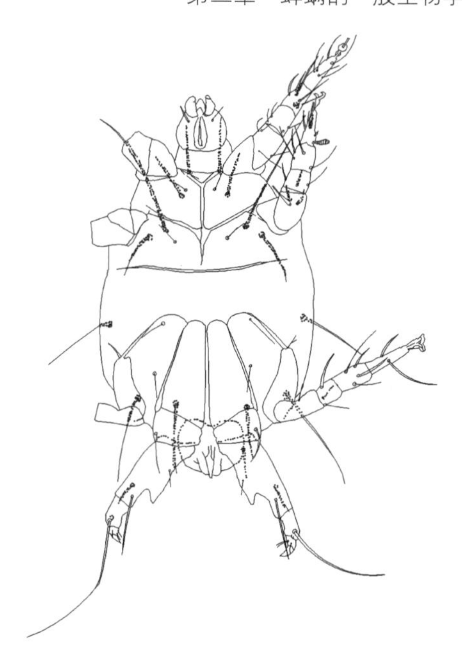

(雄螨腹面)

图 2－47　吉田跗线螨

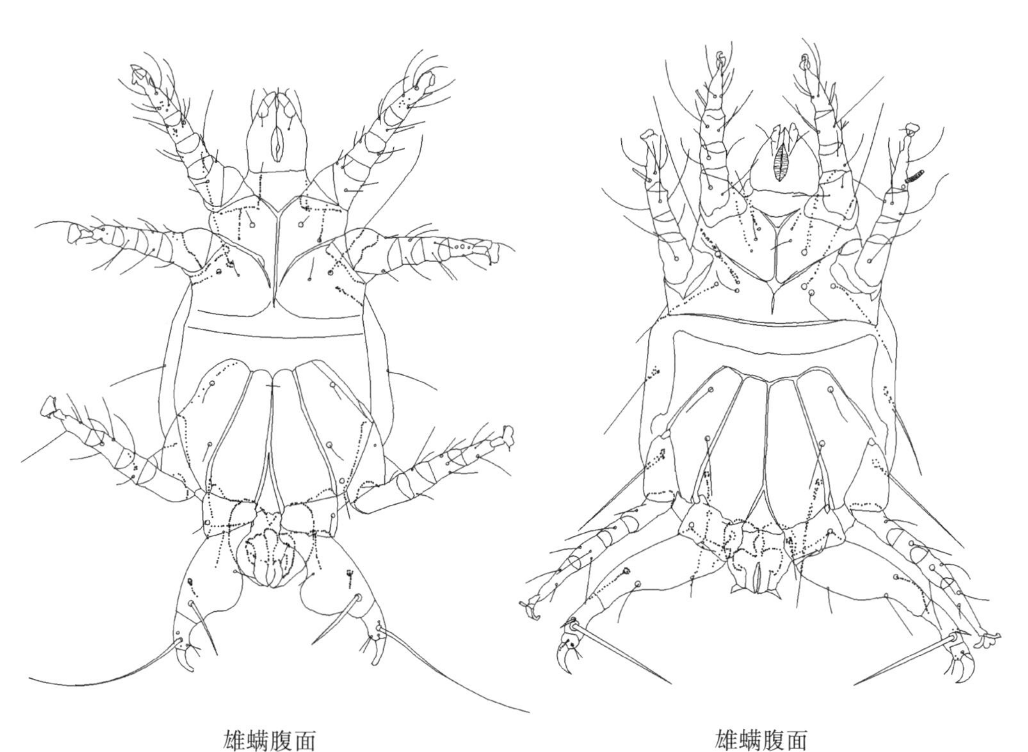

雄螨腹面

图 2－48　白跗线螨

雄螨腹面

图 2－49　史密斯跗线螨

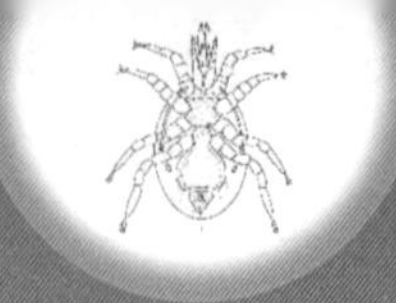

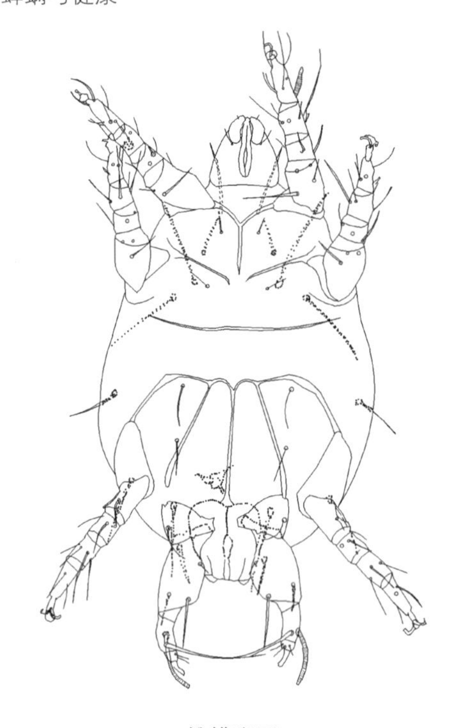

雄螨腹面

图 2－50　佐氏跗线螨

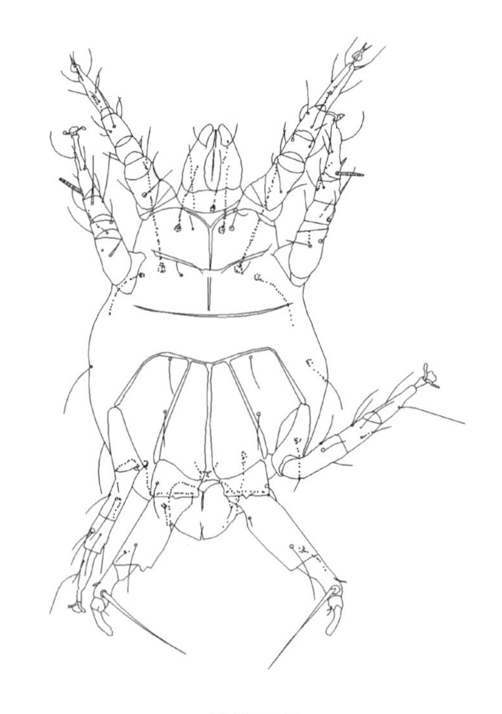

雄螨腹面

图 2－51　吴茱萸跗线螨

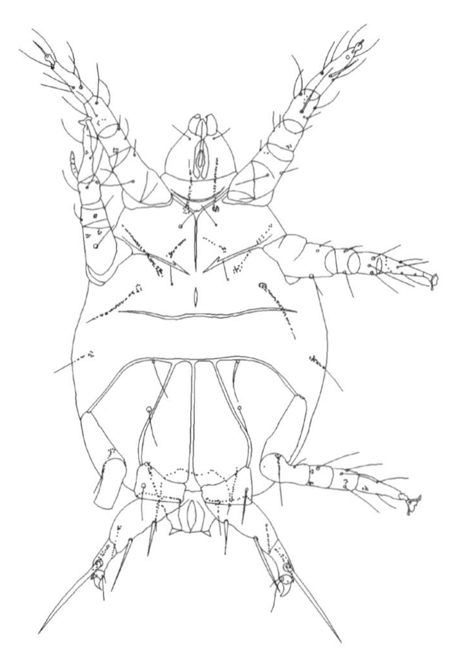

雄螨腹面

图 2－52　三坂跗线螨

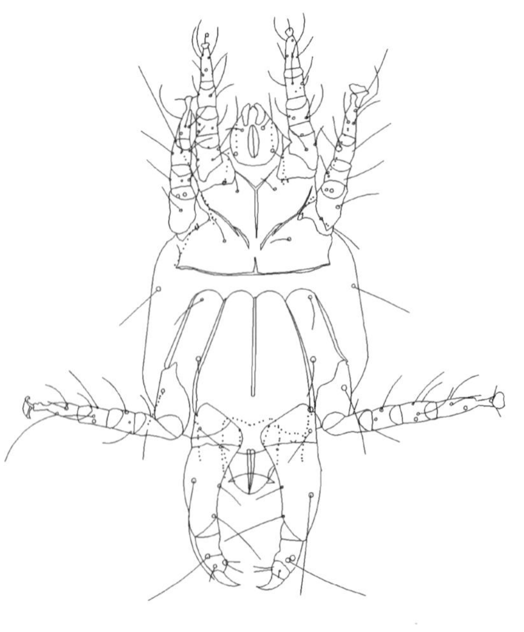

雄螨腹面

图 2－53　西花蓟马跗线螨

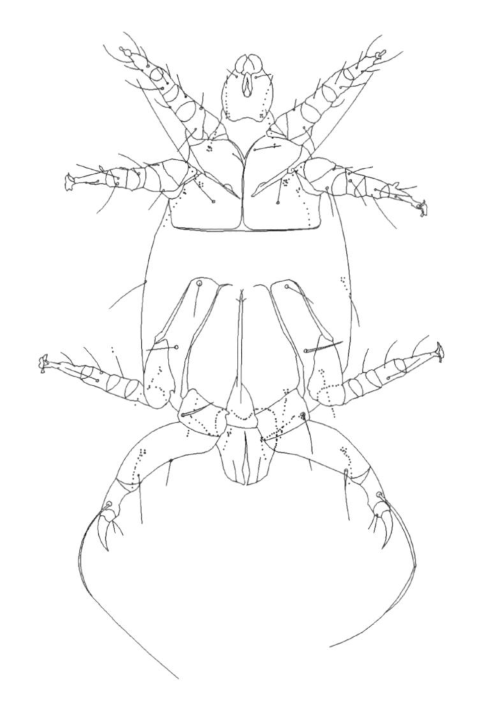

雄螨腹面

图 2－54　**韦氏跗线螨**

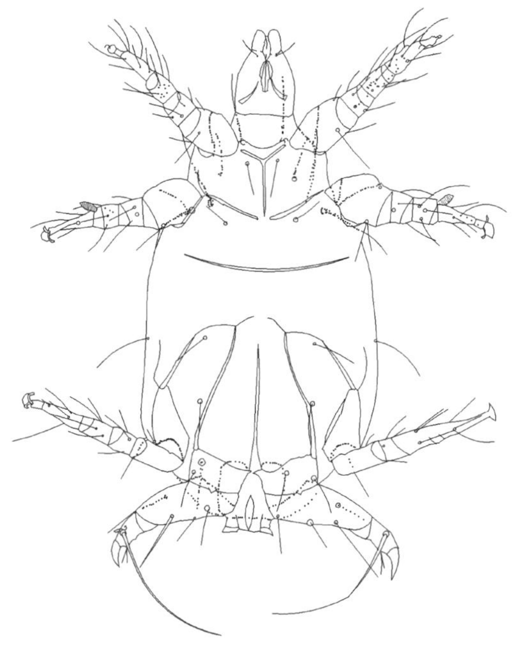

雄螨腹面

图 2－55　**弗氏跗线螨**

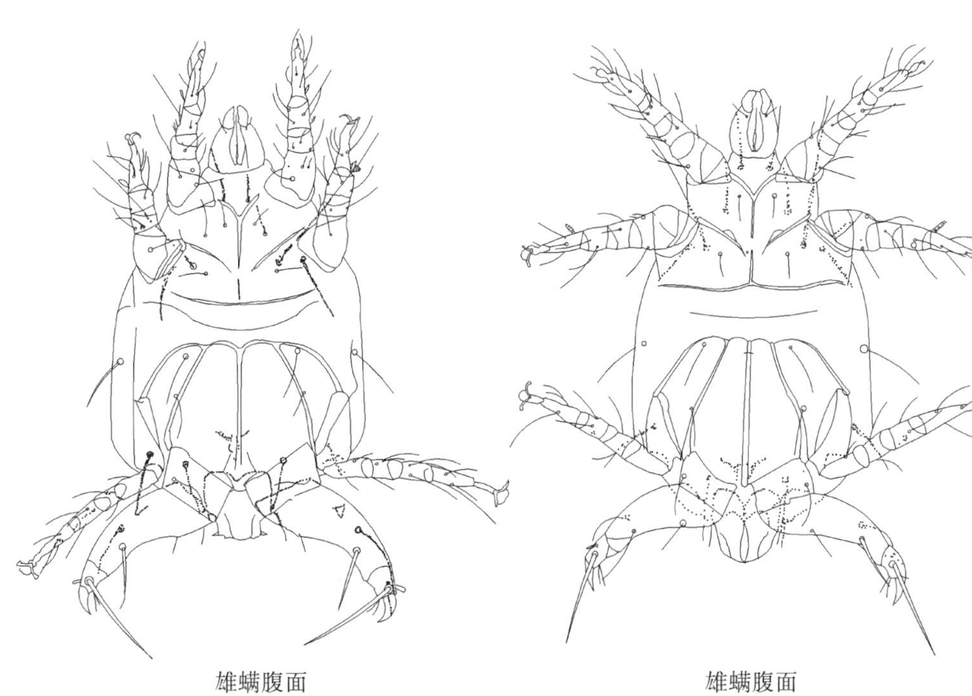

雄螨腹面

图 2－56　**中山跗线螨**

雄螨腹面

图 2－57　**双叶跗线螨**

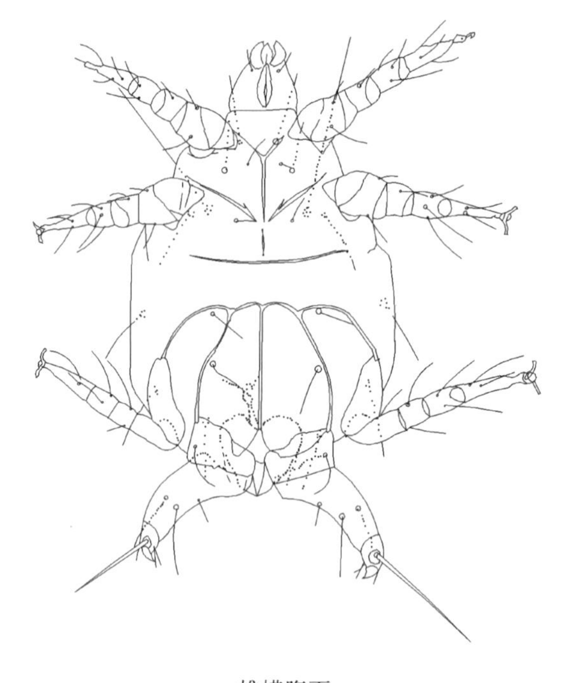

雄螨腹面

图 2－58　**乱跗线螨**

雄螨腹面

图 2－59　**谷跗线螨**

4. 粪食和腐食螨（coprophagous and saprophagous mites）

如其他的一些节肢动物一样，螨类也有食粪的，同时也捕食这类节肢动物。革螨亚目和甲螨亚目都有这类螨。如 *Pseudotritia* 属和 *Haplophora* 属的螨类与蠹甲（bark beetle）在一起，因为这二属需要这类甲虫的粪便才能正常发育。多数螨类都能腐食。粉螨亚目的柏氏嗜木螨（*Caloglyphus berlesei*）摄食土中的腐烂死虫，也食含有蛋白质的储藏物。粉螨亚目的螨类还有吃死植物的情况。刺足根螨（*Rhizoglyphus echinopus*）能与危害水仙和百合鳞茎的昆虫或者真菌一起行腐生生活。

5. 携播螨（phoretic mites）

非水生的自由生活螨类的成螨和第二若螨可利用昆虫或其他节肢动物作为传播的工具，这种非寄生的关系称为携播。如革螨亚目尾足螨股（Uropodina）的携播第二若螨借助肛柄（anal pedicel）与其节肢动物伙伴接触。尾足螨类多盾螨科（Polyaspidae）用爪和螯肢抓住其寄主。革螨亚目厉螨科（Laelatptidae）的 *Dinogamasus* 属，其携播成螨在木蜂（carpenter bee）寄主的特殊腹囊内生活。寄螨科（parasitidae）、厉螨科（Laelaptidae）（见图 2 - 60 至图 2 - 65）、囊螨科（Ascidae）以及巨螯螨科（Macrochelidae）的成若螨是作为携播螨与一些节肢动物伴生。

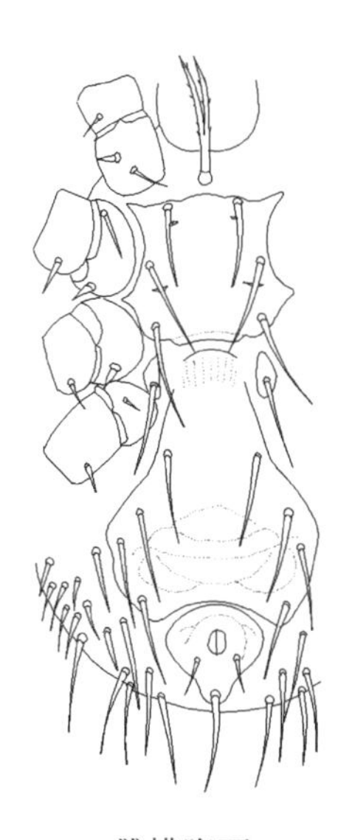

雌螨腹面

图 2 - 60　毒厉螨

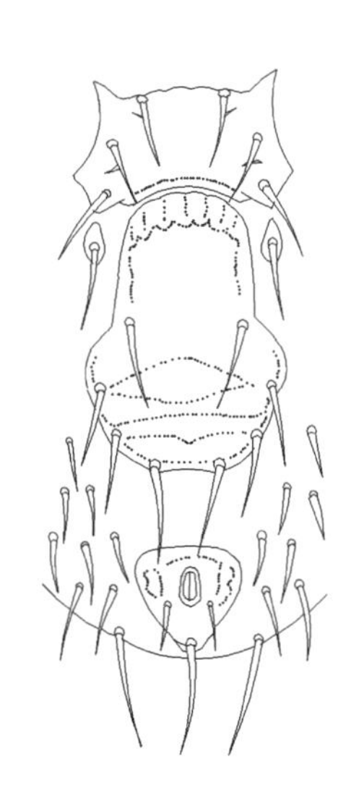

雌螨腹面

图 2 - 61　鼠平厉螨

左：雌螨腹面；右：雌螨背面

图 2－62 耶氏厉螨

左：雌螨腹面；右：雌螨背面

图 2－63 阿尔及利亚厉螨

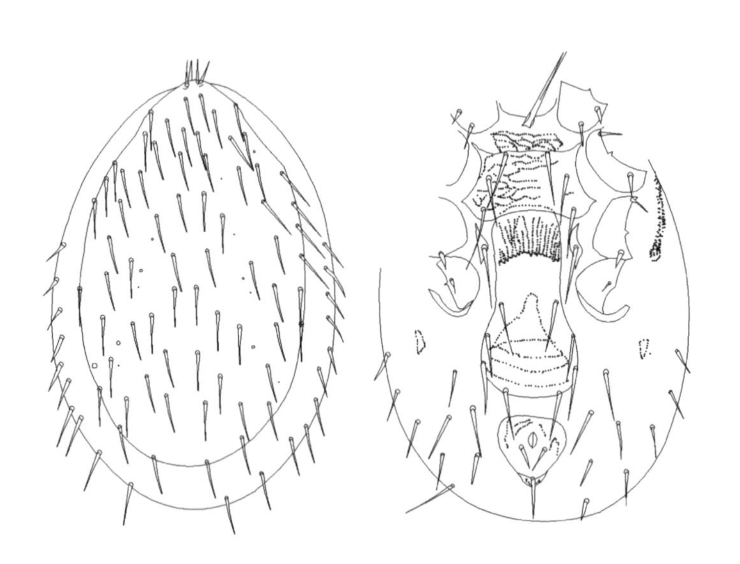

左：雌螨背面；右：雌螨腹面

图 2－64 纳氏厉螨

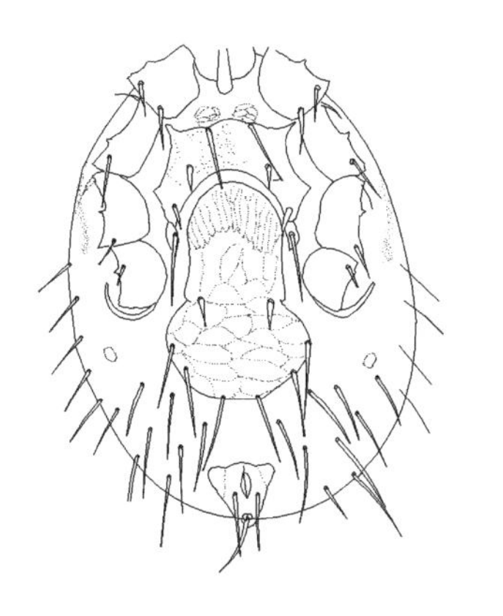
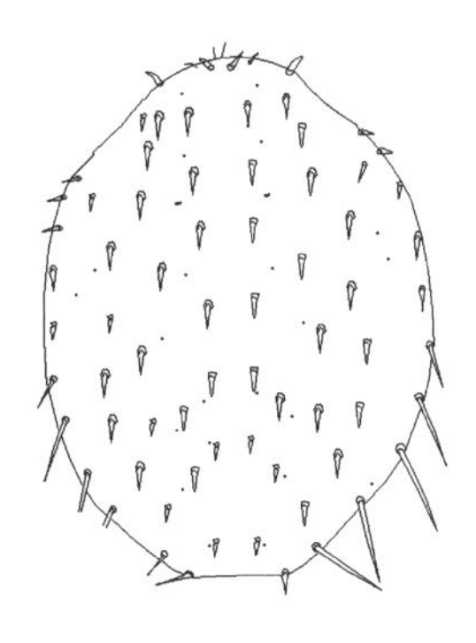

左：雌螨腹面；右：雌螨背面
图 2 – 65　田鼠厉螨

二、寄生型

各亚目螨类均有寄生于人体和动物的种类，它们致使人体和畜禽发病，如伤寒和落基山热（Rocky Mountain fever），可能影响国家政策和经济发展计划，甚至其他领域的规划。也有的传播人畜的绦虫和丝虫并成为这些寄生虫的中间宿主。还有些在寄主体取食，通过驱血（exsanguination）和炎症等方式使人或者动物寄主受伤，也可为病原微生物的侵入创造条件。

1. 外寄生螨（ectoparasitic mites）

（1）脊椎动物外寄生（vertebrate ectoparasites）。螨类根据其寄生专化性，可以通过皮肤穿孔或者侵入寄主的表皮吸食寄主的血、淋巴、皮脂分泌物或者消化组织等。如粉螨亚目的疥螨科（Sarcoptidae）（见图 2 – 66）、痒螨科（Psoroptidae）（见图 2 – 67）、鸡螨科（Cytoditidae）以及辐螨亚目的恙螨科（Trombiculidae）（见图 2 – 68 至图 2 – 74），有数百种寄生于脊椎动物体上。

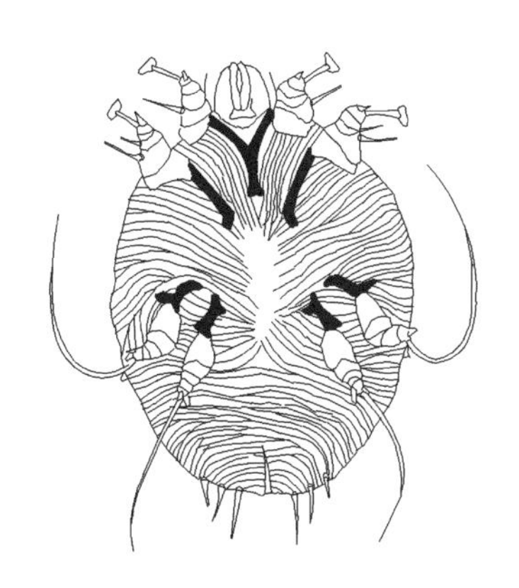

雌螨腹面
图 2 – 66　疥螨

疥螨和痒螨主要咬食人类的皮肤而造成湿润伤口，最后硬化结痂，咬食破溃的伤口令人奇痒无比。

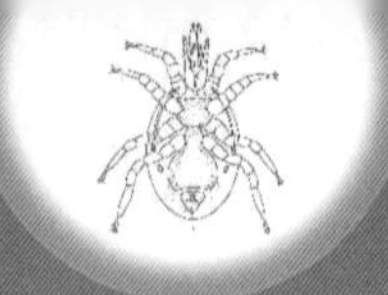

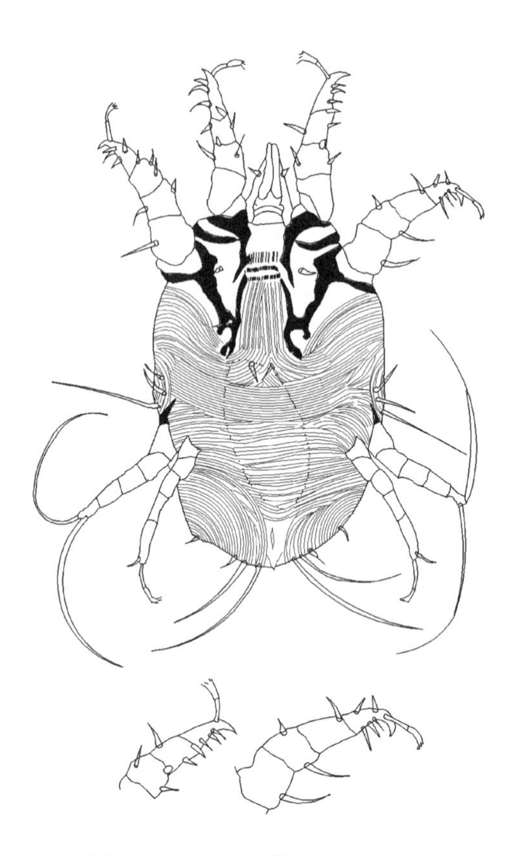

上：雌螨腹面；左下：第一足；右下：第二足

图 2－67　兔痒螨

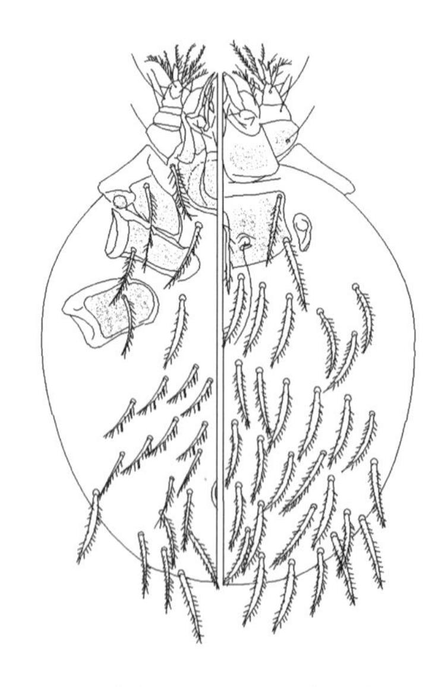

左：幼虫腹面；右：幼虫背面

图 2－68　小板纤恙螨

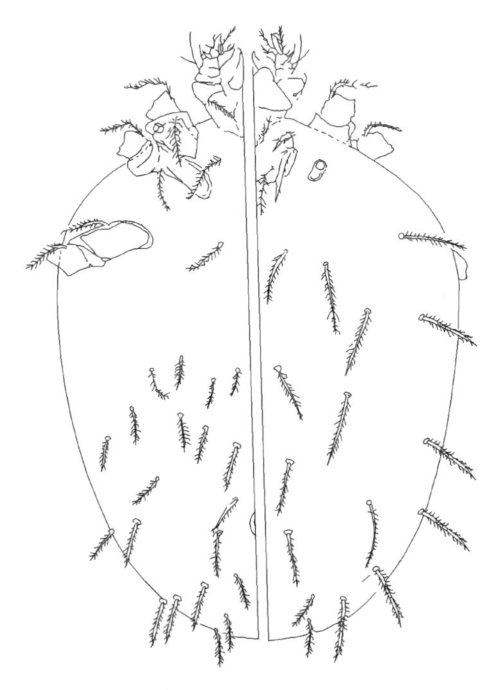

左：幼虫腹面；右：幼虫背面

图 2－69　红纤恙螨

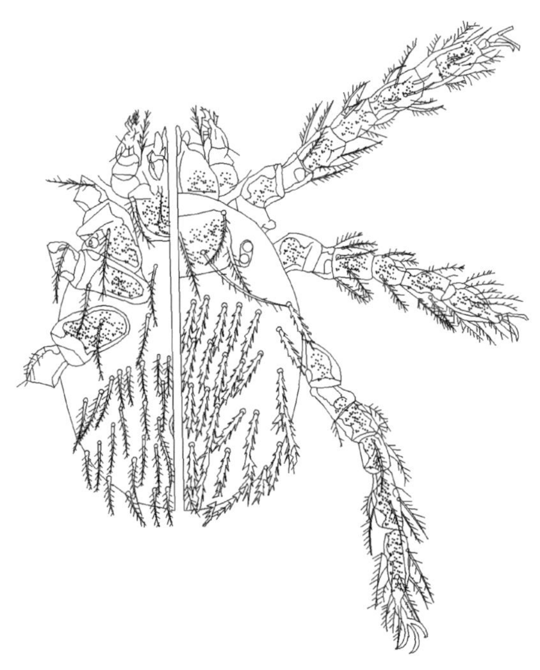

左：幼虫腹面；右：幼虫背面

图 2－70　苍白纤恙螨

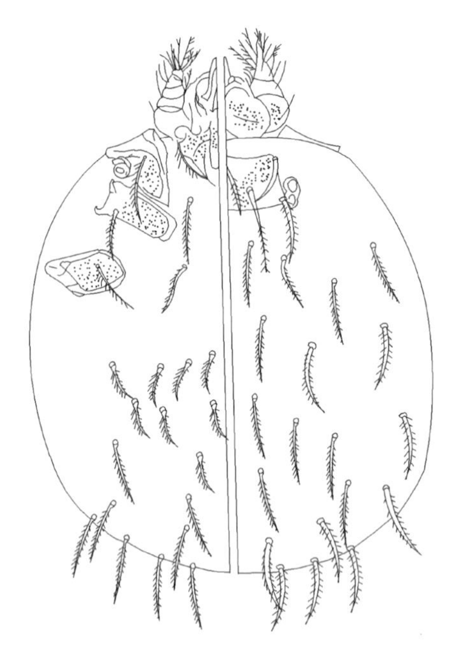

左：幼虫腹面；右：幼虫背面

图 2－71　富士纤恙螨

左：幼虫腹面；右：幼虫背面

图 2－72　北里纤恙螨

左：幼虫腹面；右：幼虫背面

图 2－73　须纤恙螨

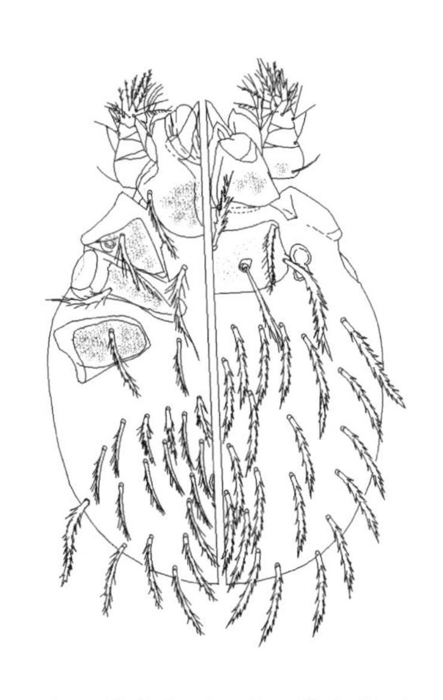

左：幼虫腹面；右：幼虫背面

图 2－74　土佐恙螨

辐螨亚目的蠕形螨科（Demodicidae）（见图 2－75）可寄生于人体和哺乳动物的毛囊和皮脂腺内，也可寄生于睑板腺、耵聍腺、表皮凹陷、腔道，吸食皮脂或油脂物质。

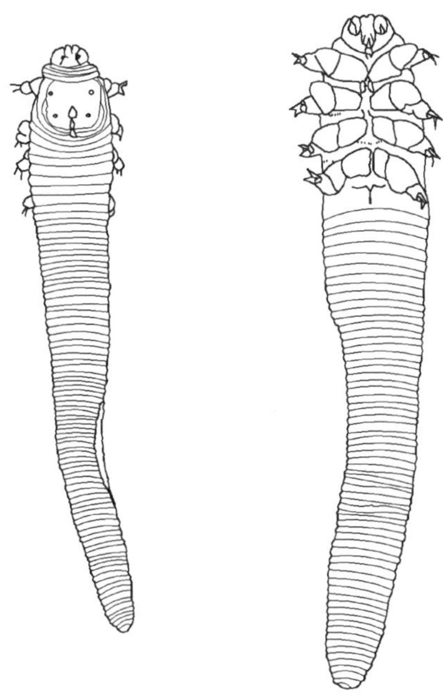

左：雄螨背面；右：雌螨腹面

图 2－75　毛囊蠕形螨（人）

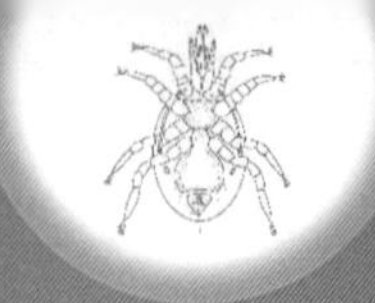

蜱亚目的蜱主要是吸血（haematophagous）（有硬蜱和软蜱之分，见图 2－76 至图 2－92）。

外寄生螨体上都能分离出病毒、细菌、原虫、立克次氏体、螺旋体、蠕虫等，可使人体和畜禽患病。

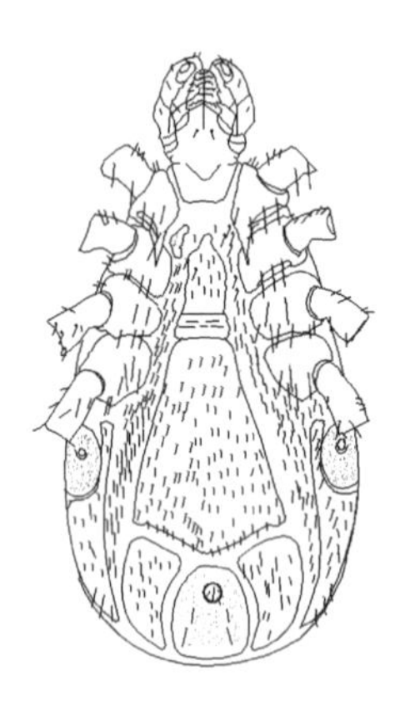

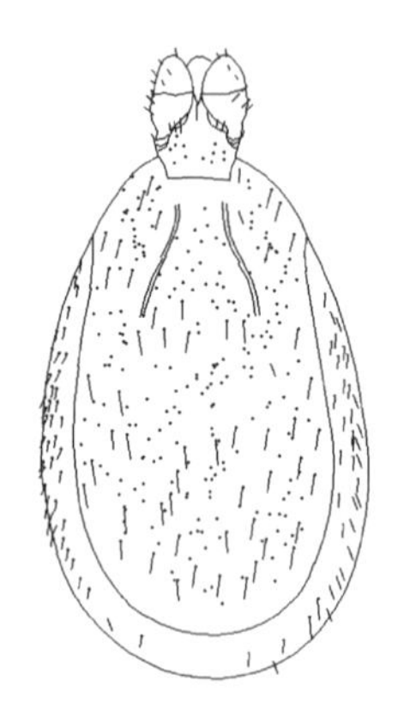

左：雌蜱腹面；右：雌蜱背面

图 2－76　嗜貉硬蜱

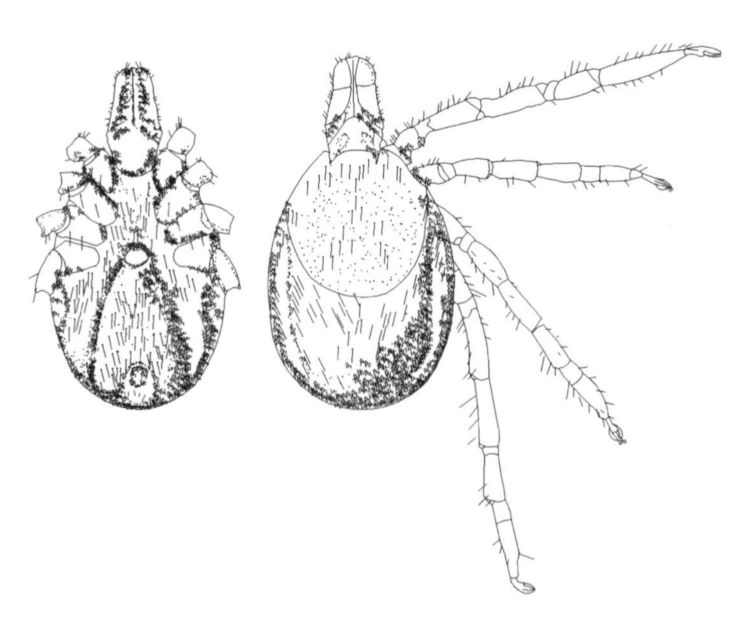

左：雌蜱腹面；右：雌蜱背面

图 2－77　卵形硬蜱

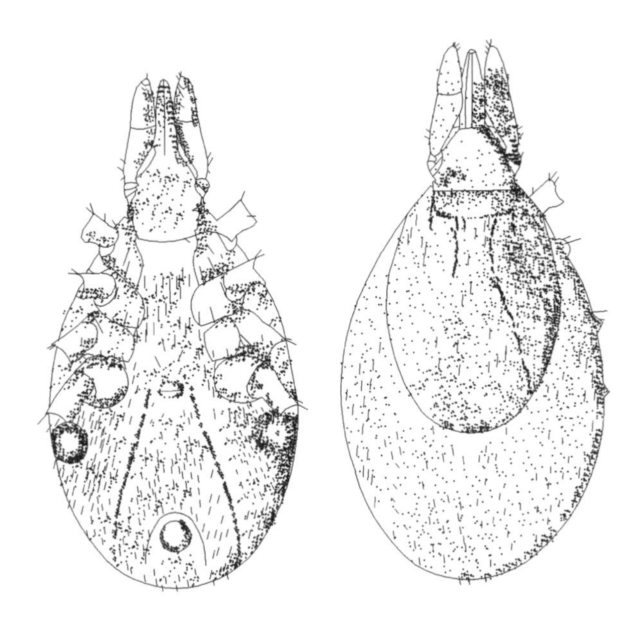

左：雌蜱腹面；右：雌蜱背面

图 2－78　粒形硬蜱

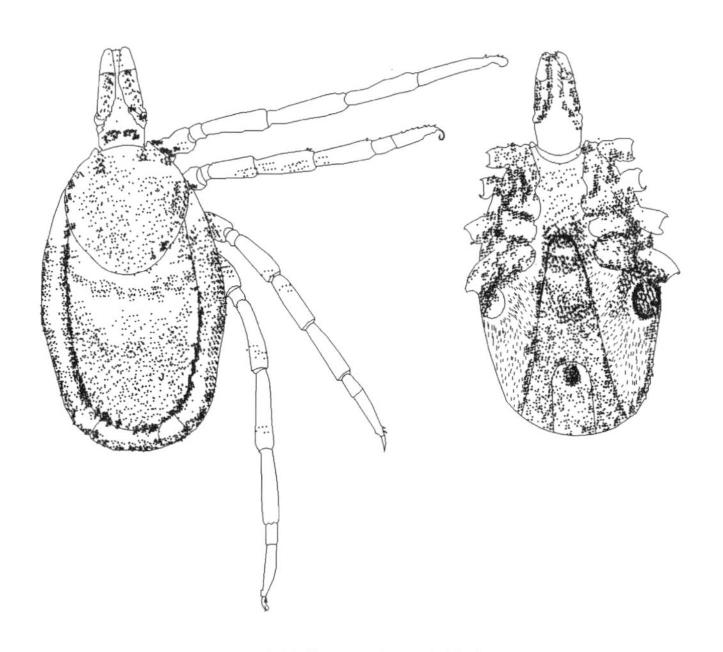

左：雌蜱背面；右：雌蜱腹面

图 2－79　锐跗硬蜱

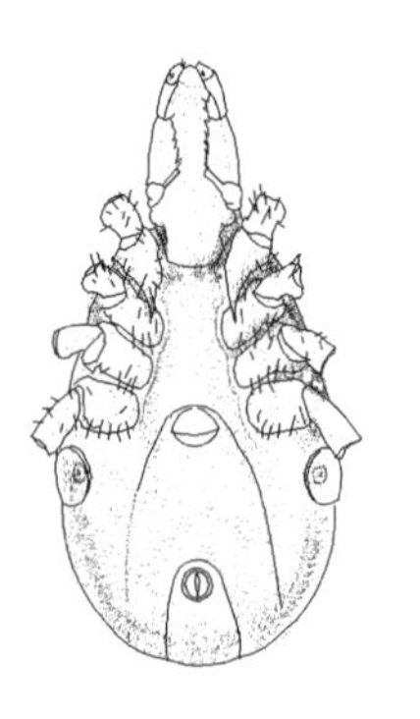
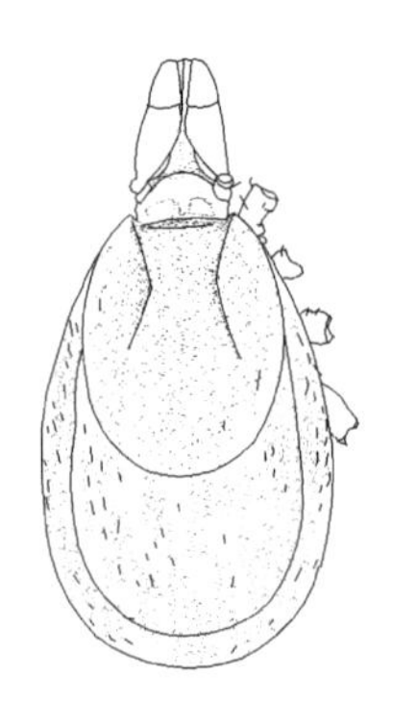

左：雌蜱腹面；右：雌蜱背面

图 2－80　**全沟硬蜱**

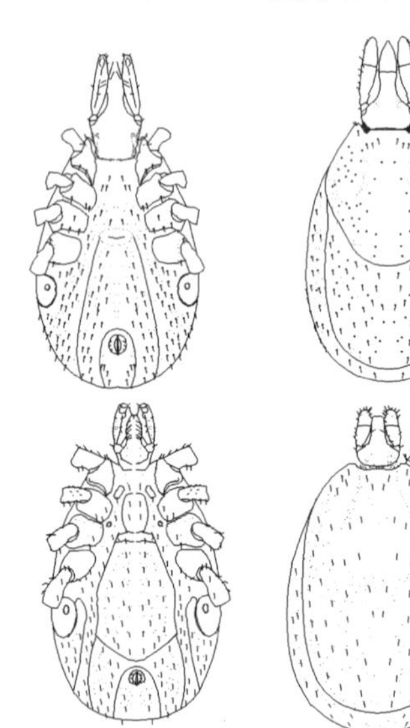

左上：雌蜱腹面；右上：雌蜱背面；左下：雄蜱腹面；右下：雄蜱背面

图 2－81　**浅沼硬蜱**

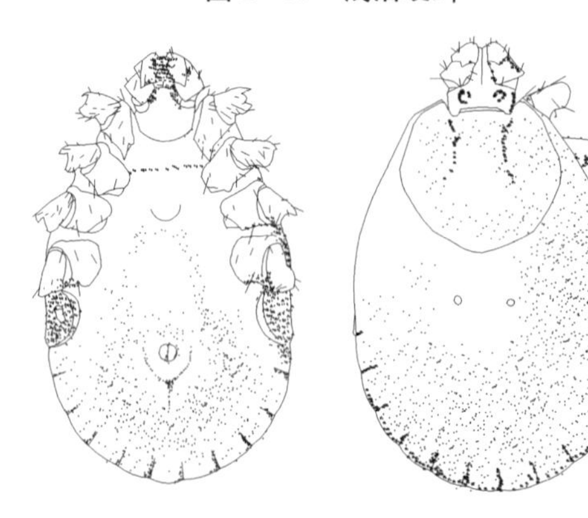

左：雌蜱腹面；右：雌蜱背面

图 2－82　**长角血蜱**

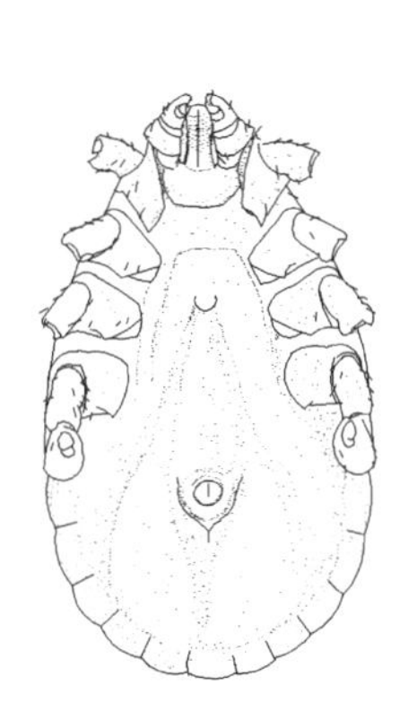
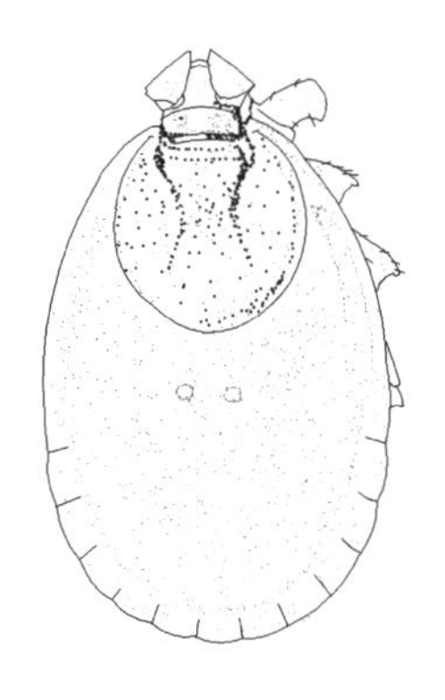

左：雌蜱腹面；右：雌蜱背面

图 2－83　日本血蜱

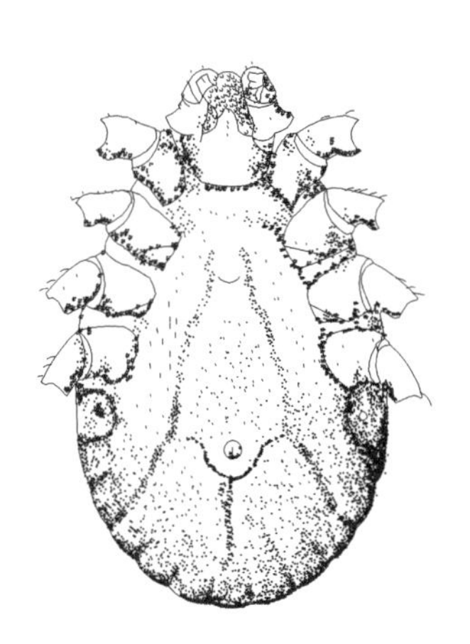
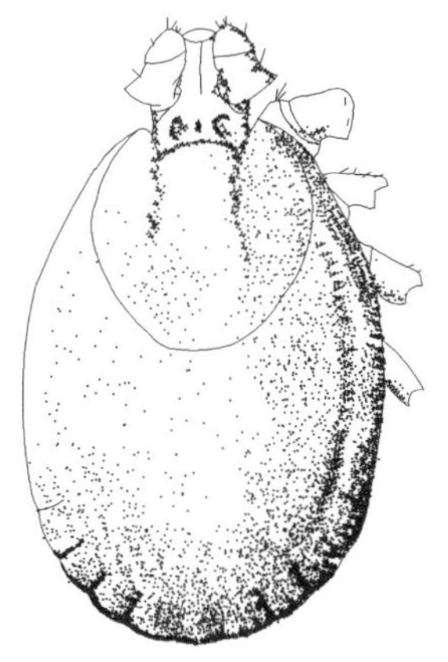

左：雌蜱腹面；右：雌蜱背面

图 2－84　铃头血蜱

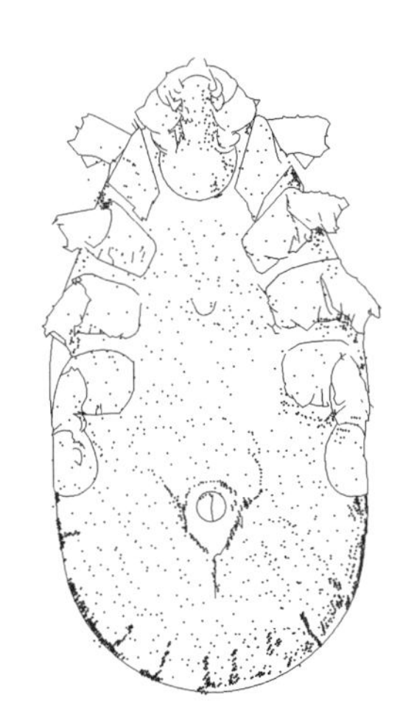
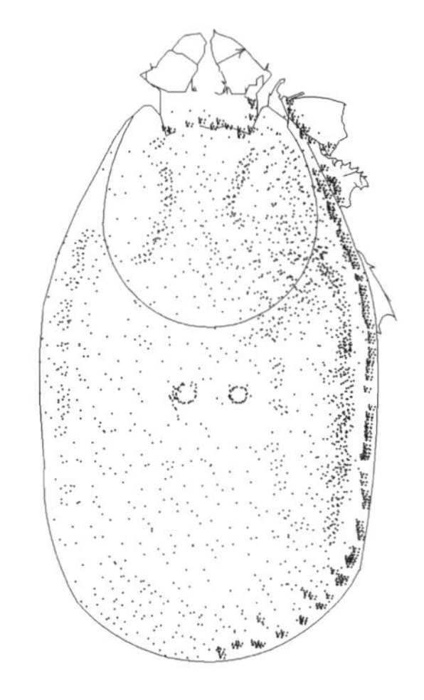

左：雌蜱腹面；右：雌蜱背面

图 2－85　嗜群血蜱

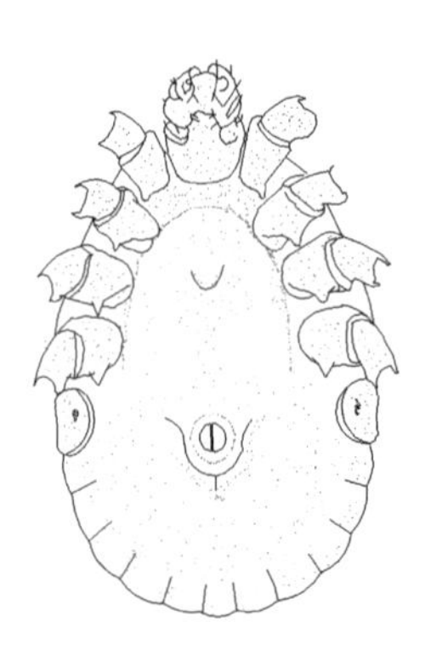
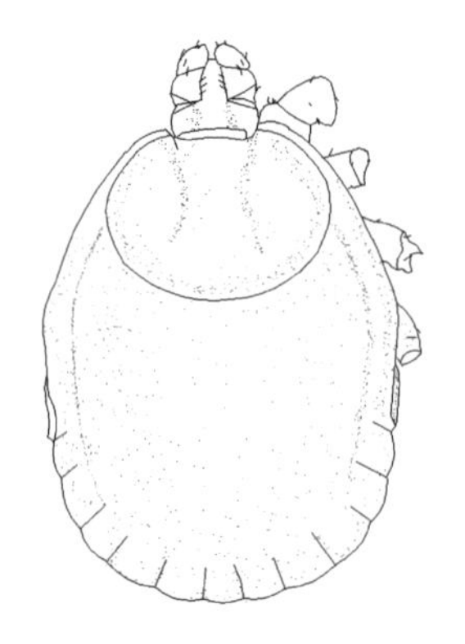

左：雌蜱腹面；右：雌蜱背面

图 2-86　**台湾血蜱**

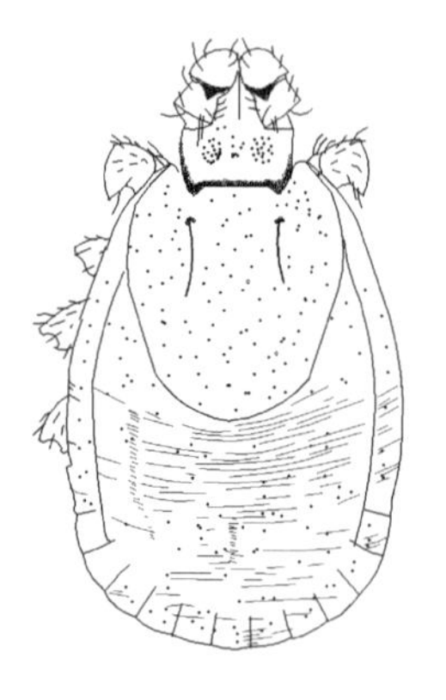

左：雌蜱腹面；右：雌蜱背面

图 2-87　**越原血蜱**

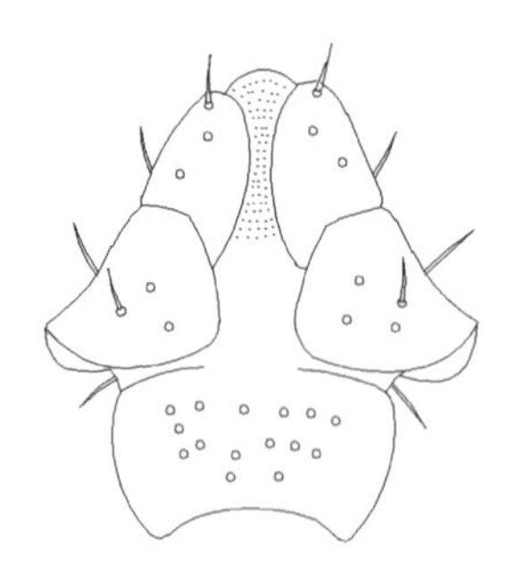
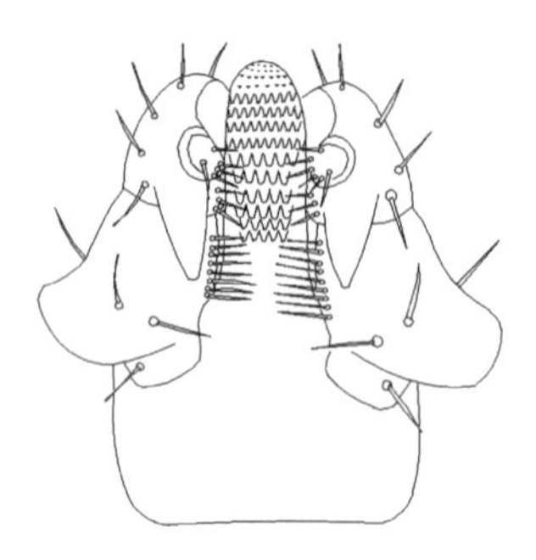

左：雄蜱头部背面；右：雄蜱头部腹面

图 2-88　**微形血蜱**

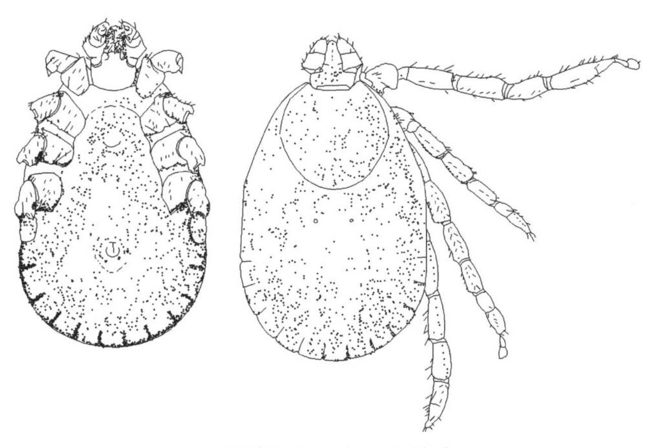

左：雌蜱腹面；右：雌蜱背面

图 2－89　褐黄血蜱

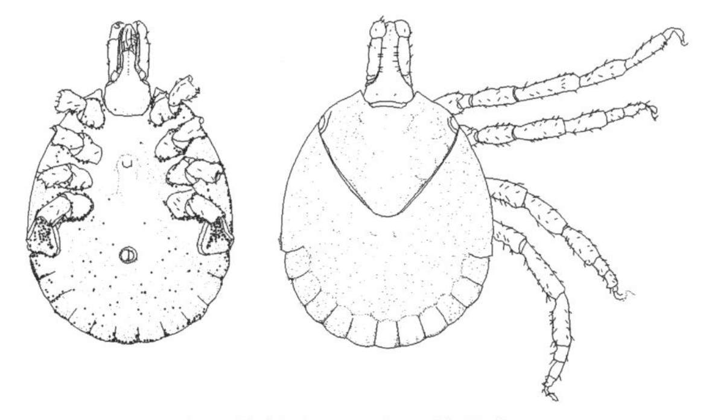

左：雌蜱腹面；右：雌蜱背面

图 2－90　龟形花蜱

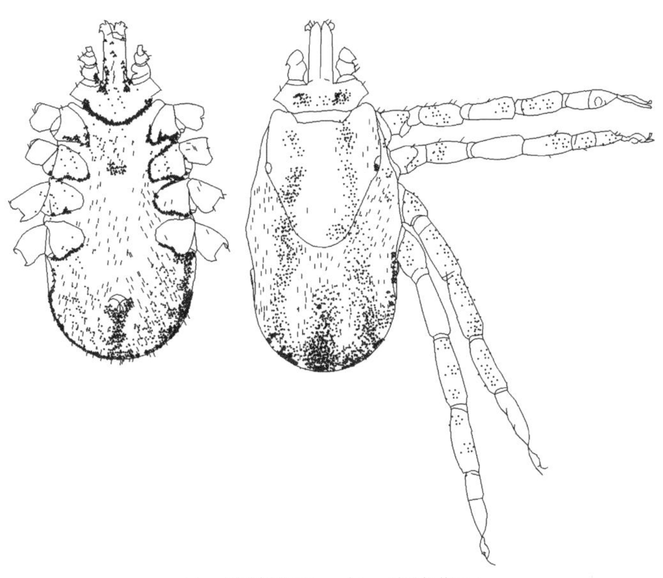

左：雌蜱腹面；右：雌蜱背面

图 2－91　微小牛蜱

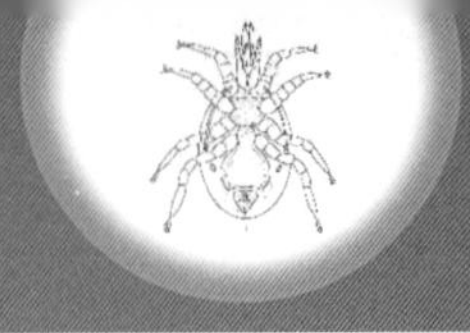

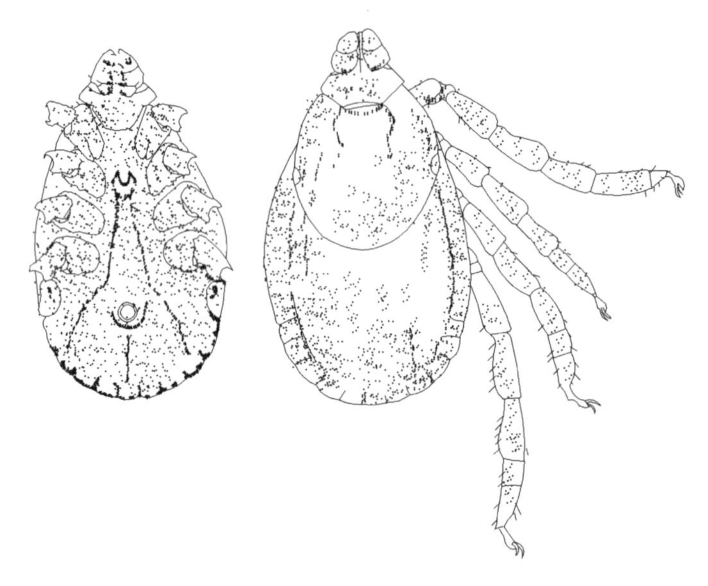

左：雌蜱腹面；右：雌蜱背面

图2－92 血红扇头蜱

（2）无脊椎动物外寄生（invertebrate ectoparasites）。辐螨亚目的绒螨科（Trombidiidae）、赤螨科（Erythraeidae）、吻体螨科（Smarididae）以及江氏恙螨科（Johnstonianidae）都能寄生于昆虫体上，仅限于它们的幼螨期。它们的若螨和成螨为捕食性螨。水螨类（Hydrachnidia）亦有类似情况出现，幼螨寄生于水生昆虫体上以及软体动物上，湿螨总科（Hygrobatoidea）的若螨和成螨寄生在软体动物上。

蒲螨科（Pyemotidae）、跗线螨科（Tarsonemidae）、蚴螨科（Podapolipidae）和蜴螨科（Pterygosomidae）的一些种类整个生活期都能寄生于无脊椎动物。

2．内寄生螨（endoparasitic mites）

（1）脊椎动物内寄生（vertebrate endoparasites）。内寄生螨普遍弱骨化，口器和足一般退化，无眼，多数内寄生螨和宿主的呼吸系统挨近。如革螨亚目的喘螨科（Halarachnidae）寄生于海豹和海象的鼻道，内刺螨科（Entonyssidae）的螨类寄生于爬行类的肺部以及气囊中，粉螨亚目的锥痒螨科（Turbinoptidae）寄生于海鸥的肺部。

内寄生螨一般除了寄生于呼吸系统外，还可寄生于脊椎动物的各个部分。如粉螨亚目鸡雏螨科（Laminosioptidae）的 *Laminosioptes* 属只寄生于家禽的表皮下面。

鸡螨科（Cytoditidae）的气囊胞螨（cytodites nudus）最初发现在鸡气囊中寄生，后发现也存在于体腔或者消化道中，引起鸡的腹膜炎、肠炎。

脊椎动物因进食含活螨的食物，可导致螨在消化道等处生存与繁殖而发生螨病。例如，牛食用了被粉螨科（Acaridae）或者食甜螨科（Glycyphagidae）的螨类污染的饲料后可致螨病。

（2）无脊椎动物内寄生（invertebrate endoparasites）。这类螨是辐螨亚目的螨类。辐螨亚目跗线螨科的蜂盾螨属（*Acarapis*）有数种螨寄生于蜜蜂体内，如武氏蜂盾螨（*Acarapis woodi*）侵害蜜蜂的气管系统，导致蜜蜂组织功能衰退，窒息而死。这种病称为威特岛病。

蚴螨科（Podapolipidae）的 *Podapolipus*，*Locustacarus* 等属寄生于膜翅目、直翅目和鞘翅目昆虫的气管。

革螨亚目蛾螨科（Otopheidomenidae）的 *Otopheidomenis* 属寄生于一种蛾的鼓膜腔内。

实际上，在自由生活型和寄生型两种类型难以严密地区分。因为有些类型的蜱螨兼有上述两型，有些蜱螨仅仅是在人或者动物身上找到了适宜生存的滋生场所，很难说它们是营寄生生活的蜱螨。

第四节　蜱螨种类日本划分法

日本的蜱螨系统分类法依照 3 个规则制定。分别是：①将蜱螨规定为蜱螨目，而非蜱螨亚纲；②按照 van der Hammen 的观点，将蜱螨目分为单毛类（Anactinotrichida）和复毛类（Actinotrichida）两大类；③依照 Evans（1961）和 Krantz（1978）的建议，将蜱螨目分为两大类 7 个亚目，约 380 个科。在此仅列举重要的群和科。具体分类如下：

一、单毛类

（1）节腹螨亚目，仅有 1 科（Opilioacaridae）。

（2）巨螨亚目，仅有 1 科（Holothyridae）。

（3）中气门亚目，约有 65 科。

●Sejina：此群共有 3 科。

●Gamasina：此群约有 35 科，列举 22 科：Parasitidae，Veigaiidae，Rhodacaridae，Digamasellidae，Zerconidae，Halolaelapidae，Ascidae，Phytoseiidae，Ameroseiidae，Podocinidae，Epicriidae，Eviphididae，Parholaspididae，Macrochelidae，Pachylaelapidae，Laelapidae，Varroidae，Dermanyssidae，Macronyssidae，Rhinonyssidae，Halarachnidae，Spinturnicidae。

●Uropodina：此群共有 7 科，列举 2 科：Uropodidae，Diarthrophallidae。

●Cercomegistina：此群共有 4 科。

●Antennophorina：此群共有 16 科，列举 1 科：Diplogyniidae。

（4）蜱亚目，有 3 科，列举 2 科：Argasidae，Ixodidae。

二、复毛类

（1）前气门亚目，有 118 科。

●Pachygnathina：此群共有 9 科，列举 7 科：Pachygnathidae，Alicorhagiidae，Sphaerolichidae，Lordalychidae，Hybalicidae，Nanorchestidae，Terpnacaridae。

●Adamystina：此群仅有 1 科，列举 1 科：Adamystidae。

●Labidostommatina：此群仅有 1 科，列举 1 科：Labidostommatidae。

●Eupodina：此群共有 11 科，列举 9 科：Eupodidae，Rhagidiidae，Penthalodidae，Paratydeidae，Tydeidae，Ereynetidae，Bdellidae，Cunaxidae，Halacaridae。

●Eleutherengonina：此群共有 96 科，列举 54 科：Pyemotidae，Caraboacaridae，Pygmephoridae，Scutacaridae，Tarsonemidae，Podapolipodidae，Raphignathidae，Cryptognathidae，Eupalopsellidae，Stigmaeidae，Cheyletidae，Myobiidae，Demodicidae，Tenuipalpidae，Tuckerellidae，Tetranychidae，Eriophyidae，Caeculidae，Anystidae，Teneriffiidae，Pterygosomatidae，Calyptostomatidae，Erythraeidae，Smarididae，Johnstonianidae，Trombidiidae，Leeuwenhoekiidae，Trombiculidae，Hydrovolziidae，Hydrachnidae，Limnocharidae，Eylaidae，Hydryphantidae，Hydrodromidae，Sperchontidae，Anisitsiellidae，Lebertiidae，Oxidae，Torrenticolidae，Pontarachnidae，Limnesiidae，Hygrobatidae，Unionicolidae，Feltriidae，Pionidae，Aturidae，Momoniidae，Mideopsidae，Uchidastygacaridae，Kantacaridae，Nipponacaridae，Chappuisididae，Hungarohydracaridae，Arrenuridae。

（2）无气门亚目，有 52 科。

●Acaridina：此群共有 14 科，列举 4 科：Acaridae，Glycyphagidae，Saproglyphidae，Anoetidae。

●Psoroptidina：此群共有 38 科，列举 9 科：Psoroptidae，Pyroglyphidae，Epidermoptidae，Turbinoptidae，Analgidae，Listrophoridae，Myocoptidae，Sarcoptidae，Gastronyssidae。

（3）甲螨亚目，有 138 科。

●Bifemoratina：此群共有 6 科，列举 1 科：Palaeacaridae。

●Arthronotina：此群共有 13 科，列举 9 科：Parhypochthoniidae，Gehypochthoniidae，Hypochthoniidae，Eniochthoniidae，Brachychthoniidae，Cosmochthoniidae，Haplochthoniidae，Sphaerochthoniidae，Pterochthoniidae。

●Ptyctimina：此群共有 7 科，列举 5 科：Mesoplophoridae，Archoplophoridae，Phthiracaridae，Euphthiracaridae，Oribotritiidae。

●Holonotina：此群共有 12 科，列举 8 科：Epilohmanniidae，Perlohmanniidae，Eulohmanniidae，Lohmanniidae，Nothridae，Camisiidae，Trhypochthoniidae，Malaconothridae。

30 μm Apterogasterina：此群共有 70 科，列举 36 科：Nanhermanniidae，Hermanniidae，Hermanniel1idae，Plasmobatidae，Liodidae，Gymnodamaeidae，Plateremaeidae，Damaeidae，Cepheidae，Zetorchestidae，Eremaeidae，Megeremaeidae，Amerobelbidae，Eremulidae，Damaeolidae，Eremobelbidae，Ameridae，Gustaviidae，Metrioppiidae，Liacaridae，Xenil1idae，Astegistidae，Tenuialidae，Charassobatidae，Carabodidae，Nippobodidae，Tectocepheidae，Oppiidae，Autognetidae，Thyrisomidae，Suctobelbidae，Otocepheidae，Tokunocepheidae，Hydrozetidae，Cymbaeremaeidae，Fortuyniidae。

●Pterogasterina：此群共有 30 科，列举 15 科：Oribatel1idae，Achipteriidae，Tegoribatidae，Microzetidae，Pelopidae，Ceratozetidae，Mycobatidae，Chamobatidae，Mochlozetidae，Oribatulidae，Haplozetidae，Oripodidae，Galumnidae，Parakalummidae，Galumnellidae。

伴随着时间的延续，各亚目内科、属、种的数量会不断地累积和增加，持续地保持更新的状态。

此外，日本还有蜱螨习性分类法，其大体以蜱螨食物的性质来分类。具体分类如下：①在人和动物体内寄生的种类，代表性蜱螨：疥螨、蠕形螨；②吸食人和动物的血的种类，代表性蜱螨：蜱、柏氏禽刺螨（见图 2－93）；③吸食植物汁液的种类，代表性蜱螨：叶螨、瘿螨；④杂食性种类，代表性蜱螨：尘螨（见图 2－94）、粉螨；⑤捕食其他螨类和小昆虫的捕食性种类，代表性蜱螨：肉食螨。

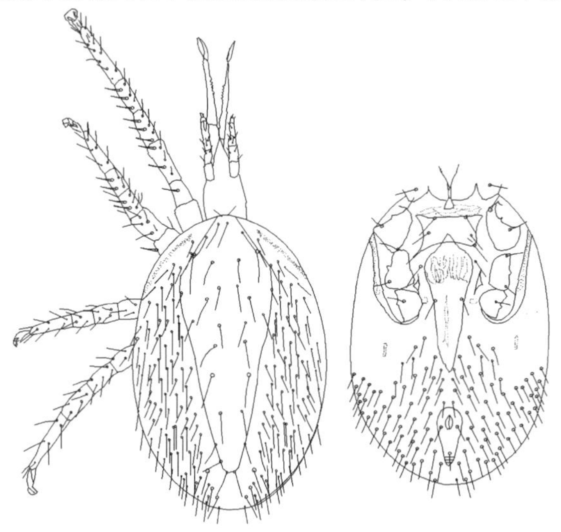

左：雌螨背面，右：雌螨腹面

图 2－93　柏氏禽刺螨

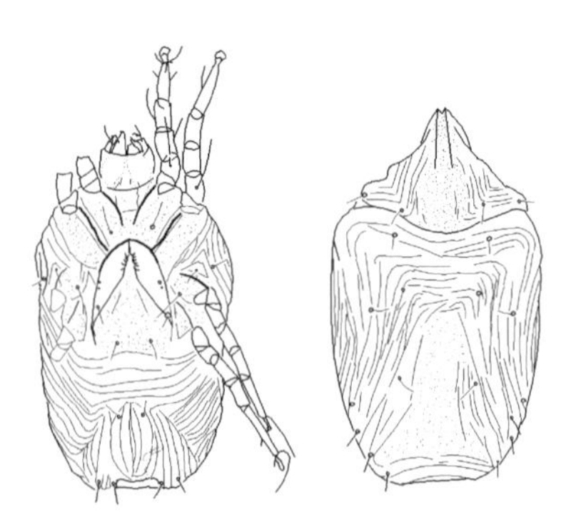

左：雌螨腹面，右：雌螨背面

图 2 - 94　梅氏嗜霉螨

以上对中日两国的蜱螨种类划分情况做了简要的归纳与对比。虽说各自的分类方法有差异，但各自都有自己的特点，所属的科的数量也大致相当。另外，日本的蜱螨习性分类法是一个比较简单的分类方法，不太适用于系统、复杂的蜱螨分类。

第三章　蜱螨的危害

蜱螨对于人类的危害是多种多样的。除对农业、林业方面的侵害（危害农业作物和林业苗木）以外，与居家生活等密切相关的蜱螨主要包括：寄螨目中的蜱与革螨，真螨目中的恙螨、疥螨、蠕形螨、粉螨、尘螨等。

第一节　蜱螨对人类的危害

蜱螨对人体的危害主要包括两大类：一类是直接危害，称其为蜱螨源性疾病（acaro disease），是指经由蜱螨叮咬、吸食血液、毒害、寄生以及致变态反应等所引起的疾病，诸如疥疮、螨性哮喘；另一类是间接危害，由蜱螨传播病原体所引起的疾病，比如，森林脑炎、恙虫病，一般称为蜱螨媒性疾病（acariborne disease）。关于蜱螨媒性疾病，可分为形式上的蜱螨媒性疾病和科学研究意义上的蜱螨媒性疾病。“形式上”是指蜱螨仅通过体表或者体内对病原体进行运载、传递和传播，病原体在蜱螨体内没有发育、繁殖，在形态和数量上不发生变化。而“科学研究意义上”是指蜱螨为人畜共患病和某些人类疾病的传播媒介、自然疫源性疾病循环的重要环节和某些病原体的储存宿主，病原体在蜱螨体内需要经过生长、发育、繁殖，才能具有感染性，然后通过某种途径传播给人，使人感染而患病。

一、直接危害

（1）叮咬与吸血。蜱螨在叮刺吸血时，宿主多无痛感。由于螯肢等刺入宿主皮肤，可造成局部红肿、充血、水肿等急性炎症，还可引发继发性感染。蜱吸血量大，饱吸后虫体可胀大数十倍甚至100多倍。

注：部分图片引自［日］加纳六郎：《节肢动物与皮肤疾患》，东海大学出版会1999年版。［日］江原昭三：《蜱螨的知识》，技报堂出版社1990年、1992年版。［日］中山秀夫、［日］高冈正敏：《蜱螨所致过敏性皮炎的治疗》，合同出版社1992年版。

（2）毒害作用。人由于蜱螨的叮刺及分泌的毒素注入体内而遭受毒害。恙螨幼虫叮刺后局部皮肤引起焦痂和溃疡导致皮炎；有些硬蜱叮刺后，偶有发生分泌的毒素作用于宿主的神经肌肉接头处，阻断乙酰胆碱递质的释放，导致传导阻滞发生，致宿主产生上行性肌肉麻痹，进而可致呼吸衰竭而死亡，此称蜱瘫痪。

（3）致变态反应作用。蜱螨的虫体本身及其排泄物、蜕皮以及尸体等，对于人类来说均为致敏原。蜱螨会产生许多致敏原，具有代表性的蜱螨是尘螨和粉螨。如尘螨引起的过敏性哮喘、过敏性鼻炎、过敏性皮炎等。另外，粉螨、尘螨、革螨、蒲螨、肉食螨、跗线螨等还会引起螨性皮炎（acarodermatitis）。由于蜱螨致变态反应作用非常重要，本书设专门章节详细介绍，请参阅第三节。

二、间接危害

由蜱螨传播病原体所引起的疾病是医学节肢动物对人类最严重的危害。病媒蜱螨不仅成为一些人畜共患病和某些人类疾病的传播媒介，而且还是某些病原体的储存宿主。由蜱螨所传播的病原体多数可以经卵传递到下一代，所传播的疾病通常呈散发性流行。

1．蜱螨传播病原体的主要方式

（1）机械性传播。蜱螨通过体表或体内对病原体进行运载、传递而传播疾病，病原体在形态和数量上不发生变化。如粉螨在花生等谷物中机械地传播黄曲霉菌。

（2）生物性传播。蜱螨传播疾病大多属于生物性传播，病原体需要在媒介体内生长、发育、繁殖，才具有感染性，然后通过以下几种途径传播给人。①繁殖式：病原体在蜱螨体内大量繁殖。只有数量上的增加，而无形态上的改变。蜱媒回归热的病原体波斯疏螺旋体在软蜱体内繁殖，通过蜱的叮咬等方式进行传播。②发育式：病原体在蜱螨媒介体内经过一定时间的发育，达到感染期阶段才能传播。病原体只有形态上的改变，而无数量上的增加。如拟棉鼠丝虫在柏氏禽刺螨体内的发育，司氏伯特丝虫在滑菌甲螨和棍棒菌甲螨体内的发育。③发育繁殖式：病原体在媒介体内，不但经过生活史的循环变化，而且还通过繁殖使数量不断增加。如巴贝虫在蜱体内进行发育和繁殖的过程。④经卵传递式：病原体在蜱螨体内不仅繁殖，还可以侵入卵巢经卵传到下一代或者更多代，这样后代体内也存在同样的病原体，从而不间断地传播疾病。如恙螨幼虫吸入恙虫病的病原体后，病原体经过成虫产卵传给下一代幼虫，幼虫叮咬人体时使人感染。这种经卵传递还可在某些蜱螨的不同发育阶段传播疾病。如森林脑膜病毒可经全沟蜱除虫卵期以外的各发育阶段传染该病，又称经期传播。

蜱螨对病原体的经卵传递和经期传播，不仅对于病原体的垂直传播，也对于它的水平传播和长期在蜱螨体内的保存都有重要的意义。如恙螨仅仅幼虫营寄生

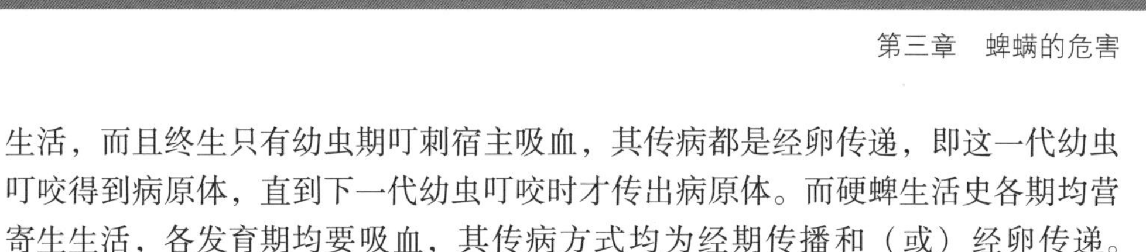

生活，而且终生只有幼虫期叮刺宿主吸血，其传病都是经卵传递，即这一代幼虫叮咬得到病原体，直到下一代幼虫叮咬时才传出病原体。而硬蜱生活史各期均营寄生生活，各发育期均要吸血，其传病方式均为经期传播和（或）经卵传递。软蜱的成蜱和革螨的成螨能多次反复吸血，故均可经叮咬传播，并可能经期或者经卵传递病原体。

蜱螨的传病途径主要有：①病原体通过媒介叮咬时，经过涎液注入。如硬蜱传播森林脑炎。②病原体经过媒介排粪，通过污染伤口（皮肤）而致病。如蜱传播蜱媒斑疹伤寒。③媒介被挤压，其体液中病原体污染伤口、皮肤、黏膜等。如蜱传播落基山斑疹热和软蜱传播蜱传回归热。④病原体经基节液排出污染伤口（皮肤）。如某些软蜱可通过这种方式传播蜱传回归热。

2. 蜱螨传播的病原体及其疾病

（1）病毒病：硬蜱传播森林脑炎、新疆出血热，革螨及恙螨可传播流行性出血热（肾综合征出血热）。

（2）立克次体病：恙螨传播恙虫病，硬蜱传播北亚蜱媒斑疹伤寒，硬蜱和软蜱传播Q热，革螨传播立克次体痘。

（3）细菌病：硬蜱、软蜱和革螨传播兔热病。

（4）螺旋体病：硬蜱传播莱姆病，软蜱传播蜱媒回归热。

第二节　蜱螨引起的疾病

蜱螨直接危害引起的疾病，称为蜱螨源性疾病，见表3－1。蜱螨媒性疾病与病原体见表3－2。

表3－1　蜱螨源性疾病

疾　病	病　原　体	分　布
蜱瘫痪	蜱瘫毒素	中国、非洲、美国、加拿大、英国、澳大利亚、法国、苏联
疥疮	疥螨	全球范围
蠕形螨病	毛囊蠕形螨、皮脂蠕形螨	全球范围
螨性酒糟鼻	毛囊蠕形螨、皮脂蠕形螨	全球范围
肺螨病	粉螨、跗线螨、革螨、肉食螨	日本、中国
螨性哮喘	粉螨	全球范围

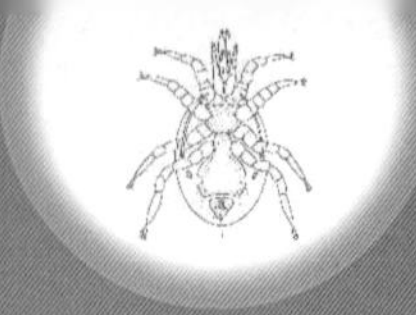

（续上表）

疾　　病	病　原　体	分　　布
螨性皮炎	蜱虫、恙螨、革螨、蒲螨、粉螨、肉食螨、跗线螨	全球范围
过敏性鼻炎	粉螨	全球范围
肠螨病	粉螨、尘螨	全球范围
尿路螨病	粉螨、跗线螨、蒲螨	比利时、中国

表 3－2　蜱螨媒性疾病与病原体

经由蜱螨传播的疾病	病　原　体
森林脑炎	森林脑炎病毒
波瓦桑脑炎	波瓦桑病毒
苏格兰脑炎	羊跳跃病毒
克里米亚－刚果出血热	克里米亚－刚果出血热病毒
鄂木斯克出血热	鄂木斯克出血热病毒
流行性出血热	汉坦病毒
克洛拉多热	克洛拉多热病毒
内罗毕绵羊病	内罗毕绵羊病病毒
伊塞克湖热	伊塞克湖病毒
Q 热	贝氏立克次体
北亚蜱媒斑点热	北亚立克次体
落基山斑点热	立氏立克次体
纽扣热	柯氏立克次体
立克次体痘	螨型立克次体
北昆士兰蜱媒斑疹伤寒	澳大利亚立克次体
南非蜱媒立克次体病	皮珀立克次体
阵发性立克次体病	鲁氏立克次体
人欧利希体病	立克次体科欧利希体
兔热病	土拉弗杆菌
巴贝虫病	巴贝虫
蜱媒回归热	伊朗疏螺旋体
莱姆病	伯氏包柔氏螺旋体
恙虫病	恙虫立克次体

第三节　蜱螨与变态反应性疾病

一、变态反应性疾病的成因

在世界范围内形成的变态反应的概念，是1906年由德国科学家von Pirquer提出的。在经历了100多年的发展后，其内容不断充实，理论逐步趋于成熟，为世人所公认。从历史的角度来看，变态反应和变态反应性疾病的发展与免疫科学的发展是伴行的，但它又具有着自身的某些特点。变态反应学和免疫学都是十分复杂的医学科学，在医学领域中的地位突出。

von Pirquer提出的变态反应，英文表达为：allergy。其概念为：机体对抗原刺激产生的一种“改变了反应性”的状态。这种状态可能是保护性的，即产生了免疫力；也可以是破坏性的，即产生了超敏反应。对于超敏反应的提法，国内学者认为与其英文的释义不合，改称“变态反应性疾病”比较合适。因此，变态反应性疾病可以理解为：被某种抗原致敏的机体再次接触相同抗原刺激时，产生的以生理功能紊乱和（或）自身组织损伤为主的病理性免疫应答。1963年，Gell和Coombs将其分为Ⅰ型、Ⅱ型、Ⅲ型、Ⅳ型。

Ⅰ型：又叫速发型、IgE依赖型或过敏型，其发生过程的核心内容为可溶性抗原（过敏原）交叉连接位于致敏肥大细胞或嗜碱性粒细胞表面的相邻特异性IgE分子，从而引起细胞释放出其颗粒中贮存的和（或）新产生的介质及一些细胞因子。

Ⅱ型：其特点为IgG抗体作用的抗原存在于靶细胞表面上。根据其作用结果的不同可分为Ⅱa型和Ⅱb型。Ⅱa型又称为溶细胞型或细胞毒型，其发生过程的核心内容为特异性IgG型抗体与体内某种细胞上的抗原成分，或同连接于某类细胞上的抗原或半抗原成分相互作用而引起此类细胞的破坏。Ⅱb型称为细胞刺激反应型，核心内容为特异性IgG抗体作用于细胞表面受体而产生对细胞功能的刺激性或抑制性影响。Ⅱa和Ⅱb型分类是1995年由Janrway和Traver在原有分类的基础上提出的。

Ⅲ型：又叫阿图斯型、免疫复合物型或毒性复合物综合征，其核心内容为在有过量的抗原存在的情况下，抗原和抗体形成复合物，并可能在补体的帮助下，对细胞产生毒素作用。

Ⅳ型：特殊致敏的T细胞作用于过敏原或局部的抗原。根据起作用的T细胞类型的不同又分为以下3种亚型：①Ⅳa_1型，又叫迟发型、结核菌素型，核

心内容为 $CD4^+$ 1 型 T 淋巴细胞（T_H1）识别以Ⅰ型主要组织相容复合物（major histocompa-tibility complex，MHC）限制方式来表达抗原的抗原提呈细胞。②Ⅳa_2 型，也称为细胞介导的嗜酸性粒细胞性超敏反应或慢性过敏性炎症，核心内容为 $CD4^+$ 2 型 T 淋巴细胞（T_H2）识别以 MHCⅡ型限制方式来表达抗原的抗原提呈细胞。细胞毒性 2 型 T 淋巴细胞也可能产生此反应。③Ⅳb 型，又叫组织损伤型，主要内容为 $CD8^+$ 细胞毒性 T 淋巴细胞识别以 MHCⅠ型限制方式来表达抗原的抗原提呈细胞。在细胞与细胞接触时引起靶细胞凋亡。

从理论上说，变态反应性疾病可分为上述四型，但临床上的变态反应性疾病往往不是单一型的表现。

二、关于过敏原

随着经济的发展和社会的进步，各种新的安全威胁也应运而生。螨及其残留物也导致人体免疫方面的损害，从而诱发过敏性疾病。在计划经济时代，物质不太丰富，人们的饮食结构以米饭为主，刺激免疫系统的食物较少，发生过敏性疾病的概率也相对较小。而到了社会主义市场经济时代，人们的饮食结构发生了根本性改变，食谱变得丰富起来。这样，摄食刺激免疫系统的食物不断增多，也就是说，刺激免疫系统的食物来源的蛋白质逐渐增多，导致不少人成为“过敏体质”，进而发生过敏性疾病。此外，食品添加剂的使用和儿童的偏食，可能会导致“过敏体质”人群的增加与扩大。

除了食物因素以外，含有螨、真菌等的居室内灰尘也是重要的诱因。因螨及其残留物而导致的过敏性疾病，以前的确被忽略了。

习惯上，我们将引起人体发生过敏反应的物质统称为“抗原”“过敏原”。这种过敏原在我们的日常生活中大量存在。例如，食品、花粉、真菌孢子、灰尘、螨虫等等，这些物质就是引起过敏的“元凶”。

我们的身体一旦接触这些物质，对其敏感的人会出现“激烈”的反应，这就是过敏症状。这些过敏原对于人的身体来说是异物，当异物侵入身体时，我们自身的免疫系统就会启动某种机制，来处理这些异物。为处理异物而启动的免疫反应，一般称之为“过敏反应”。

在此强调一下，日常生活中的“不能喝酒”“考试前身体衰弱”等，是一些具体的生活现象，并非真正意义上的过敏。

过敏原出现后，我们的身体会发生一些反应，产生特殊的抗体。此时，会有瘙痒、疼痛、浮肿、肿胀等症状产生，这就代表有过敏原侵入身体，导致身体过敏。

如今，伴随着经济的发展和社会的进步，一些所谓的“现代病”并没有出现减少的迹象，反而显著增加。譬如，哮喘、鼻炎、荨麻疹、药物过敏等。

过敏，在医学上称其为变态反应性疾病，发作症状常常难以忍受，如果本人不重视而耽搁治疗的话，只会逐渐恶化。一旦发生了过敏，基本上难以治愈。特别是小儿哮喘和变态反应性皮炎，在儿童中发生的比例较高，具体数据在临床上也难以统计。

变态反应的发病根源为过敏原，其对人来说是异物。通常，过敏原大致可分为：① 吸入性过敏原；② 食源性过敏原；③药物过敏原；④感染性过敏原。其中，吸入性过敏原最为关键，其危害范围也最广（见图3－1）。吸入性过敏原包括居室内垃圾、专业垃圾、花粉、化妆品、动物脱落物、杀虫剂、报纸碎屑、食物香味、真菌、螨类等。特别是螨类及其尸骸、蜕皮、粪便等，都是湿疹、哮喘和鼻炎等的诱发物质。过敏原的粒径大小与其可能停留的部位有直接的关系。

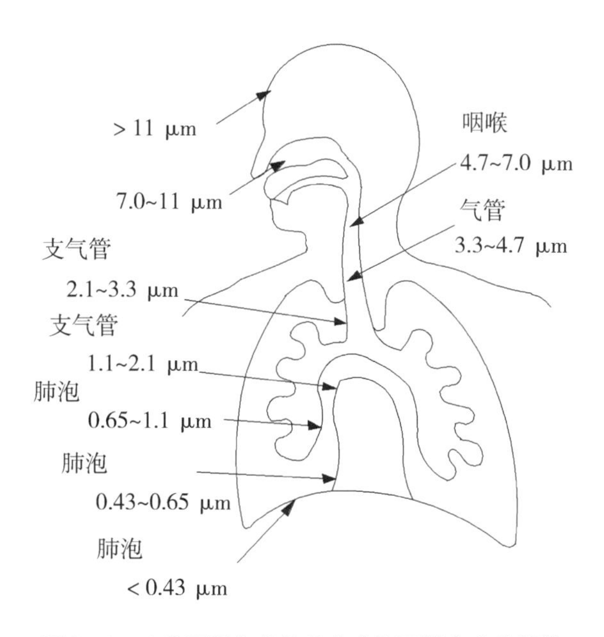

图3－1　人体可吸入物体的大小和可能存在的部位

人类自远古时代开始就与昆虫、蜱螨等打交道。由于社会的持续发展，生产生活活动的日益增多，人类与之接触的机会也相应增加，这直接导致发生变态反应的人数增加。诱导人发生变态反应的物质，即过敏原，在环境中大量存在。许多过敏原来源于蜱螨，而且种类繁多。根据蜱螨与人类之间的相互关系，大致可分为两大类：吸入过敏原和叮咬过敏原。其中，经吸入而导致变态反应性疾病发生的情况最为普遍，其危害也较大。

对于尘螨过敏原而言，WHO（World Health Organization，世界卫生组织）统一了各种过敏原的命名，命名原则是：采用过敏原生物学名的属名前3个拉丁字母加种的第一个字母，最后一个罗马数字代表该过敏原提纯的时间先后次序。因种内和种间的不均一性，过敏原被称为组（group），已经确定的尘螨过敏原的种类有24组之多，最主要的螨过敏原是第一组过敏原（Der 1）和第二组过敏原（Der 2），Der 1来源于尘螨的粪便（见图3－2），而Der 2来源于尘螨的虫体。（见表3－3）尘螨过敏原对普通人群来说，是非常麻烦的一类物质，它们来源于尘螨，属于蛋白质。尘螨过敏原在自然界中性质非常稳定，不易分解，且非常难于失活。根据日本学者桥本知幸的报道，即使在200 ℃的高温状态下加热600 s，尘螨过敏原也不失活。

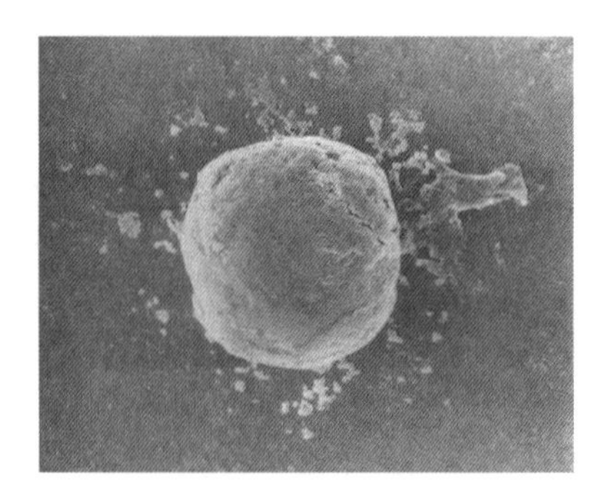

图3－2　尘螨的粪便（直径10 μm，扫描电镜2700倍）

表3－3　几种关键的尘螨过敏原

过敏原名称	氨基酸残基数	分子质量/kDa	化学性质	IgE结合率/%
组1（Der 1）	223	25.191	半胱氨酸蛋白酶	80～100
组2（Der 2）	129	14.021	附睾蛋白（脂结合蛋白）	80～100
组3（Der 3）	232	24.954	胰蛋白酶	16～100
组9（Der 9）	132（Ⅰ）	14.374	溶胶原丝氨酸蛋白酶	90
组11（Der 11）	692（Ⅰ）/875	81.372/102.417	副肌球蛋白	80
组14（Der 14）	1788	96.920	卵黄蛋白原	90
组15（Der 15）	535	61.111	几丁质酶	70
组24（Der 24）	357	13.000	泛醌细胞色素c结合蛋白	50

（1）因吸入过敏原而导致的变态反应。当空气中飘浮着来源于蜱螨的微尘时，人吸入后对其敏感，进而发生变态反应。蜱螨属于小动物，数量巨大，其产生的有机物和微粒子不仅种类多，而且数量大。人吸入这些物质后会导致气管和支气管黏膜过敏。

因吸入过敏原而导致变态反应的情况非常普遍，患者的数量也比较多。在日常生活中有过这种经历的人也不在少数。比较常见的疾病包括：变态反应性气管支气管哮喘、变态反应性鼻炎、变态反应性皮炎、睑缘炎以及荨麻疹等。

因长期吸入过敏原而导致变态反应性疾病的病因，经患者的皮肤试验测试，确认是居室内灰尘。随后对其具体的致病因素进行了系统的研究。20世纪60年代，欧洲和日本的居室内发现许多螨类滋生，其中，尘螨科和麦食螨科的螨最多，当时认为它们为重要的过敏原。随后，在世界范围内进行了大量的调查与研

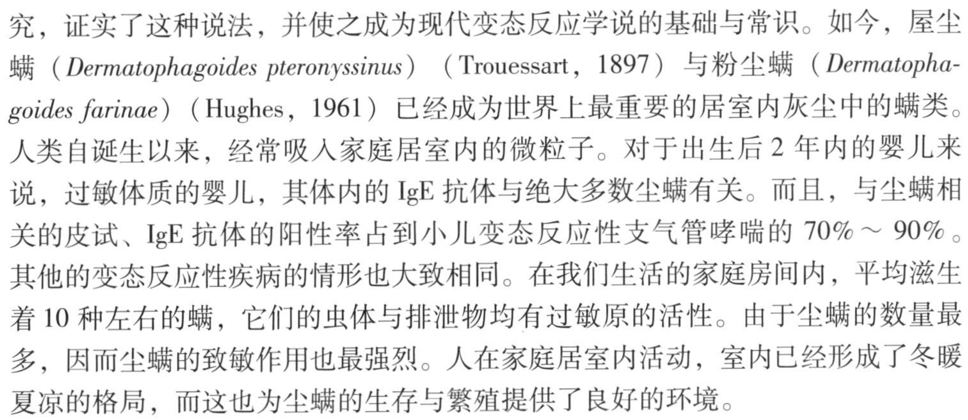

究，证实了这种说法，并使之成为现代变态反应学说的基础与常识。如今，屋尘螨（*Dermatophagoides pteronyssinus*）（Trouessart，1897）与粉尘螨（*Dermatophagoides farinae*）（Hughes，1961）已经成为世界上最重要的居室内灰尘中的螨类。人类自诞生以来，经常吸入家庭居室内的微粒子。对于出生后2年内的婴儿来说，过敏体质的婴儿，其体内的IgE抗体与绝大多数尘螨有关。而且，与尘螨相关的皮试、IgE抗体的阳性率占到小儿变态反应性支气管哮喘的70%～90%。其他的变态反应性疾病的情形也大致相同。在我们生活的家庭房间内，平均滋生着10种左右的螨，它们的虫体与排泄物均有过敏原的活性。由于尘螨的数量最多，因而尘螨的致敏作用也最强烈。人在家庭居室内活动，室内已经形成了冬暖夏凉的格局，而这也为尘螨的生存与繁殖提供了良好的环境。

（2）因叮咬而导致的变态反应。人体是一个有机体，因此，昆虫和蜱螨为了获取人体的血液和体液，常常来叮咬人体，有时吸附于人体体表。对蜱螨而言，它们正是通过叮咬的方式将虫体分泌的毒液传给人体，使被叮咬者产生机体损伤。

三、几种代表性的变态反应性疾病

变态反应性疾病的典型代表有哮喘、变态反应性鼻炎、变态反应性皮炎以及变态反应性眼结膜炎。

1. 哮喘

哮喘是一个年代久远的疾病，据说存在的历史相当长，可追溯到公元前。其发病年龄比较小，10岁以下的患者占到患者总数的30%～40%。男女患者的比例为2∶1，男性患者较多。哮喘患者可有胸闷、干咳，随后是呼吸障碍，特别是呼气困难，可听到呼吸音，胸部有局促感，剧烈咳嗽，咳痰，待咳出浓痰后症状缓解，发作趋于平息。发作症状一般持续数分钟至数日，有时会持续数周。哮喘症状有时在感冒时发作，有时在换季时发作。重度患者可每天发作，亦可一天内发作数次。哮喘通常夜间和清晨发作，由于平躺体位易于诱发哮喘发作，患者因此常常需要坐着入睡。

儿童产生的哮喘分为过敏性哮喘、运动诱发性哮喘、心源性哮喘、感染性哮喘以及其他的哮喘。在这些类型的哮喘中，过敏性哮喘占80%左右，居于首位。感染性哮喘主要由病毒和细菌引起，有时不止一种，也有数种哮喘同时发作的病例。

过敏性哮喘的病因是居室内灰尘（包括尘螨、真菌等）、花粉、食品、药品等，它们对于机体来说是过敏原。过敏性哮喘和感染性哮喘与居室内空气、居室周边的生活环境密切相关，感染性哮喘的改善可以有效预防过敏性哮喘的发生。

哮喘在某种意义上可以自我识别，某些患者不去医院而是去药店买药应付一时的发作，也有患者尝试用民间偏方来医治。哮喘是一种难治的疾病，患者非常痛苦，也影响个人的工作、生活以及学习，我们期待着有效的疗法早日问世。

2. 变态反应性鼻炎

变态反应性鼻炎是指特应性个体接触过敏原后，主要由 IgE 介导的介质（主要是组织胺）释放，并有多种免疫活性细胞和细胞因子等参与的鼻黏膜非感染性炎性疾病。其发生的必要条件有 3 个：①过敏原即引起机体免疫反应的物质；②特应性个体即所谓过敏体质的人；③过敏原与特应性个体二者相遇。变态反应性鼻炎是一个全球性健康问题，可导致许多疾病发生和劳动力丧失。

变态反应性鼻炎患者具有过敏体质，通常显示出家族聚集性，已有研究发现某些基因与变态反应性鼻炎相关联。

过敏原是诱导特异性 IgE 抗体并与之发生反应的抗原。它们多来源于动物、植物、真菌等。其成分是蛋白质或糖蛋白，极少数是多聚糖。

3. 变态反应性皮炎

变态反应性皮炎是由于接触过敏性抗原而引起的皮肤过敏反应，它主要是由 IgE 介导的 I 型变态反应。凡对特异性抗原有遗传的或体质上易感的人，在接触这种抗原时，可导致速发型或迟发型变态反应性皮炎，主要是指人体接触到某些过敏原而引起皮肤红肿、发痒、风团、脱皮等皮肤病症。每类过敏原都可以引起相应的变态反应，主要表现为多种多样的皮炎、湿疹、荨麻疹。出现变态反应性皮炎时，应尽快找出病因，做好护理，同时及早治疗。而远离致敏因素是预防变态反应性皮炎最根本的办法。尽可能减少环境中的过敏原，如吸入性过敏原（凡是能够经呼吸道吸入的物质都是潜在的过敏原），包括尘土、尘螨、棉絮、花粉（春夏和秋季）、动物皮毛、真菌、昆虫和烟等。

4. 变态反应性眼结膜炎

变态反应性眼结膜炎是特异性 IgE 抗体介导产生的局部或全身的过敏反应累及眼部时出现的炎症反应，包括在眼睑、结膜及角膜上的炎症损伤。诱发变态反应性眼结膜炎的致敏原，比较常见的是空气中飘浮的过敏原，如花粉颗粒、尘螨排泄物、真菌菌丝及孢子、动物皮屑等。变态反应性眼结膜炎主要表现为流泪、眼痒、眼红、眼涩、眼肿、眼刺痛。患者常有流泪、烧灼感、畏光及眼部黏液性丝状分泌物增加等自觉症状。这些症状的严重程度会随着气候及患者的各种活动而起伏。在天气温暖干燥时，症状会加剧；在温度较低及雨季时，症状会得到缓解。一般来说，该病表现为轻微的眼痒症状，但也有重症的患者。

活螨本身带来的问题是一个方面，活螨排泄的粪便、死后留下的尸体、蜕掉的皮也可引起过敏，这是应该引起注意的。

第四节　蜱螨所致相关疾病的临床病例

本节重点介绍由蜱螨引起的相关疾病的典型临床病例。

见图 3－3，宠物狗身上的蜱虫（左图为正常拍摄图片；右图为局部放大图，蜱体和蜱足清晰可见）。

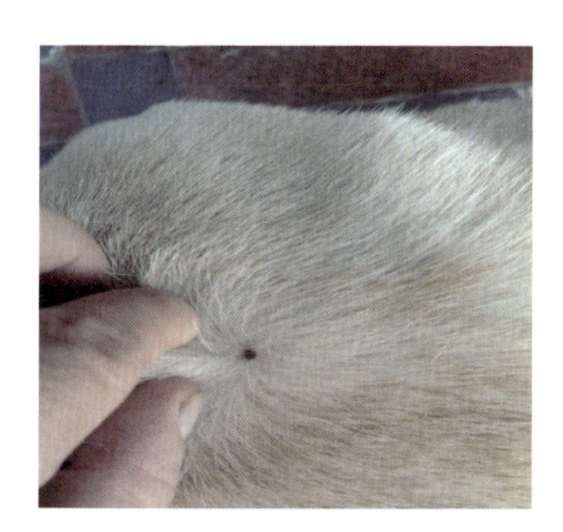

图 3－3　宠物狗身上的蜱虫

见图 3－4，10 个月左右的幼儿，男性，因睡眠左侧面部枕用一毛绒玩具后，出现局部大片潮红斑，散在小红斑、丘疹，诊断为皮炎，为螨虫叮咬过敏引起。右侧面部正常。

见图 3－5，8 个月左右的幼儿，男性，使用放置较长时间未清洗的毛毯后，右侧面部现散在丘疹、有水泡，左侧面部正常，诊断为虫咬皮炎，为螨虫叮咬导致过敏所致。

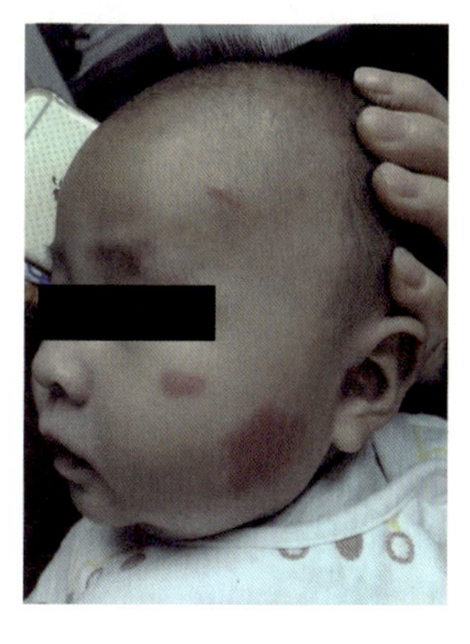

图 3－4　虫咬皮炎病例之一

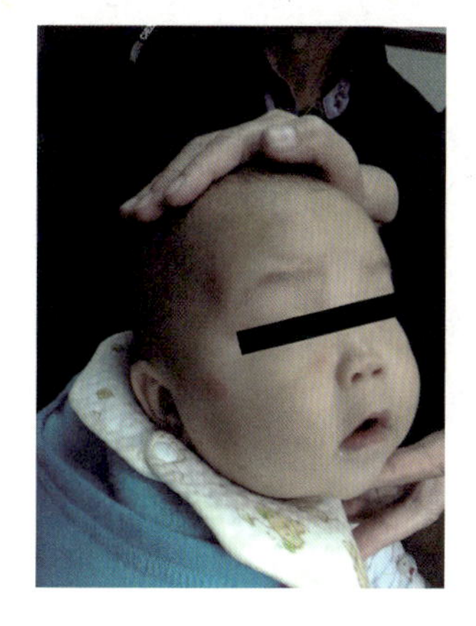

图 3－5　虫咬皮炎病例之二

见图3-6，某患过敏性皮炎的幼儿，头面部皮肤损害明显。

见图3-7，某患过敏性皮炎的幼儿，皮损遍及全身各处。

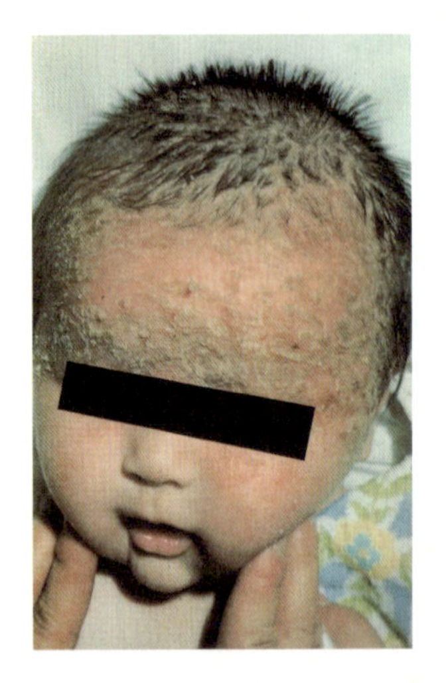

图3-6 过敏性皮炎病例之一

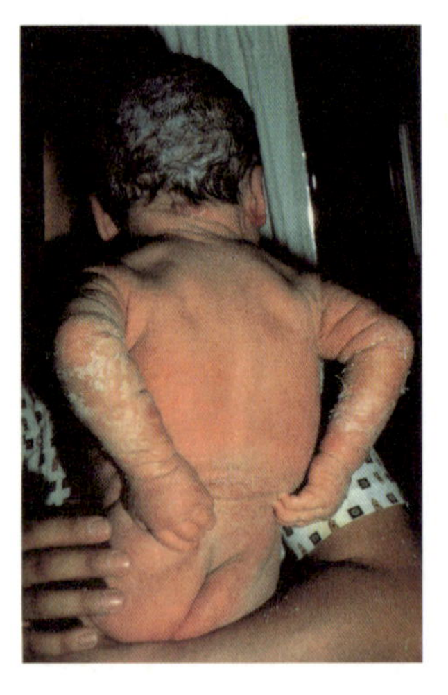

图3-7 过敏性皮炎病例之二

见图3-8，某男性患者，因腹部出现不规则分布的潮红斑、瘙痒一天，前来就诊。发病前曾在睡觉时用一旧毛毯盖腹部，其他部位无类似情况，诊断为螨虫过敏。患者自诉曾做过敏原检测，屋尘螨过敏达5级，平时有严重的过敏性鼻炎，打扫卫生、进入仓库时，明显有鼻痒、鼻塞、流鼻涕等症状发生。

见图3-9，某女性患者，12岁，因睡一张久未使用的床，起床后发现右侧（右侧卧位）肩背部有散在分布的红疹，局部剧烈瘙痒，其余部位少见。诊断为螨虫叮咬所致的皮炎。

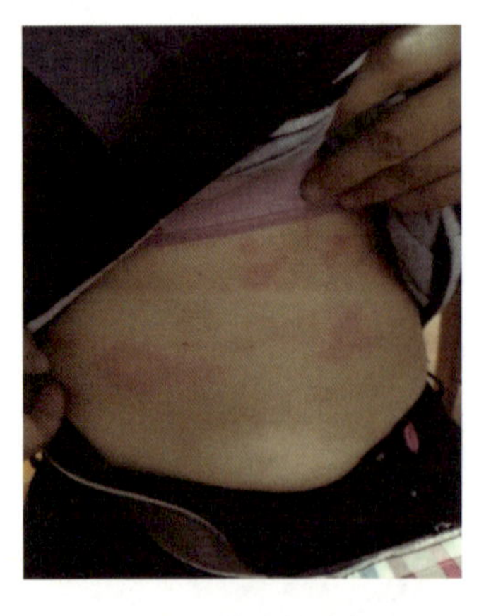

图3-8 尘螨过敏病例之一

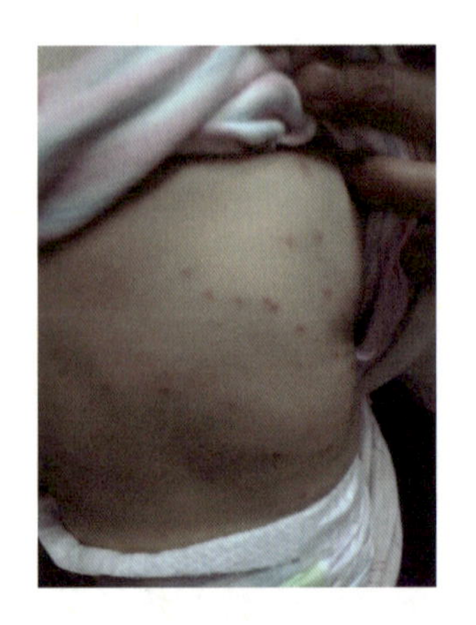

图3-9 虫咬皮炎病例之三

见图3－10，某男性患者，因睡用未经清洗的凉席后，出现背部较密集、芝麻至绿豆大小的丘疹、局部瘙痒，考虑为尘螨过敏。平素有对灰尘过敏的情况发生。(左图为背部患处的丘疹；右图为胸部侧面照片，胸部侧面、前胸、腹部以及四肢皮肤光滑，无皮疹)

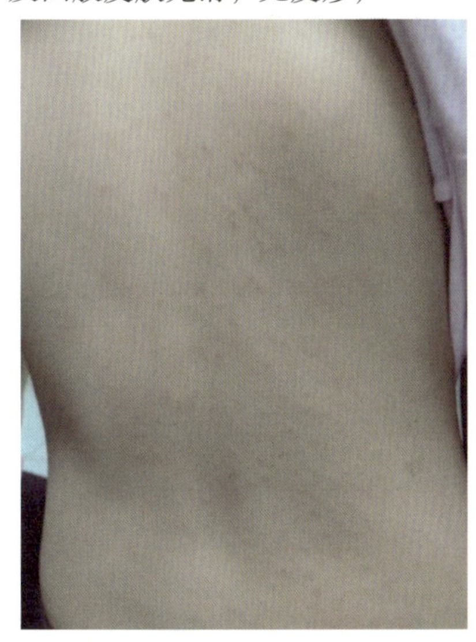
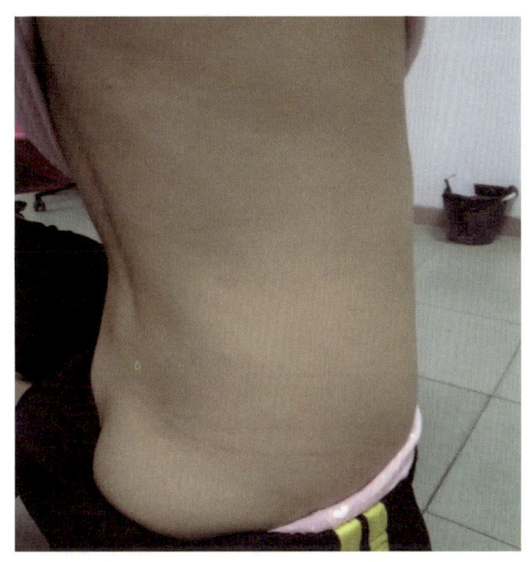

图3－10　尘螨过敏病例之二

见图3－11，某患者的双侧手臂皮肤，发生过敏性皮炎，患处留有挠抓的痕迹，形成湿疹。

见图3－12，某患者，头面部及胸颈发生过敏性皮炎，为重症患者。

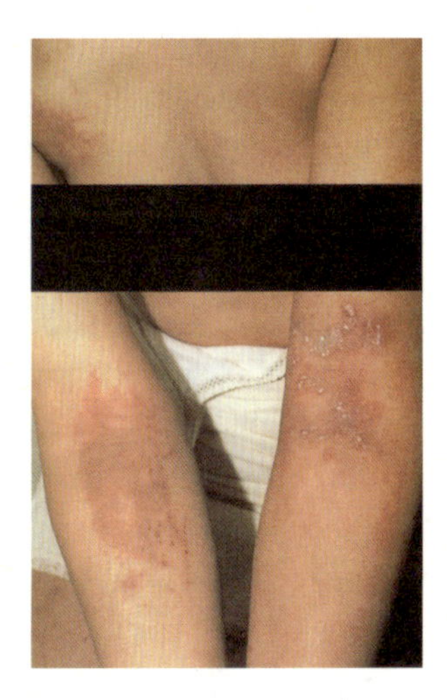

图3－11　过敏性皮炎病例之三

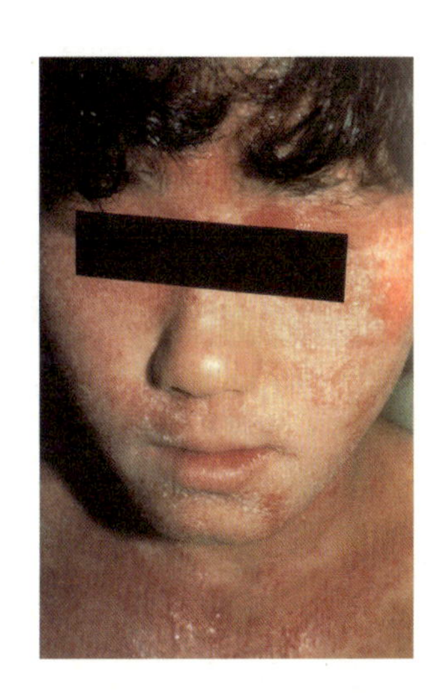

图3－12　重症过敏性皮炎病例之一

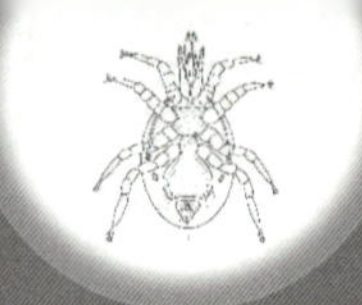

见图3－13，某男性患者，对尘螨反应强烈，患过敏性皮炎，弥漫至全身，为重症患者。

见图3－14，某男，患过敏性皮炎，并伴有湿疹。

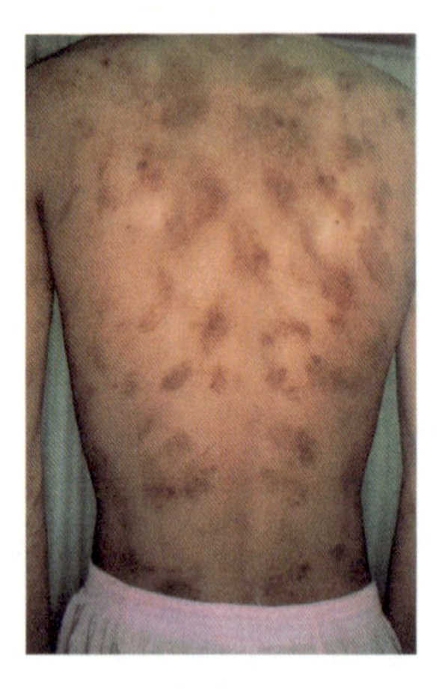

图3－13 重症过敏性皮炎病例之二

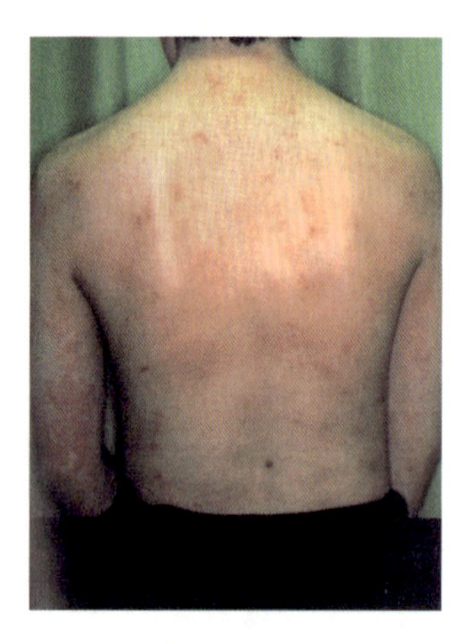

图3－14 过敏性皮炎伴湿疹病例

见图3－15，6岁女孩，手指缝及腹部丘疹、瘙痒，夜间明显加重。其爷爷患同样疾病。皮损刮取液显微镜检查检出疥螨。疥疮是常见皮肤寄生虫疾病，具有强烈的传染性，在卫生条件欠佳的集体宿舍，如学生宿舍、老人院（老年公寓）、家庭成员间互相传染。（上图：女童患者背部所见；中图：该患者的手，指缝可见丘疹，这是疥疮特征性表现。下图左：该患者左手指缝皮损中查到的疥螨显微镜图像，疥螨为成虫；下图右：放大图）

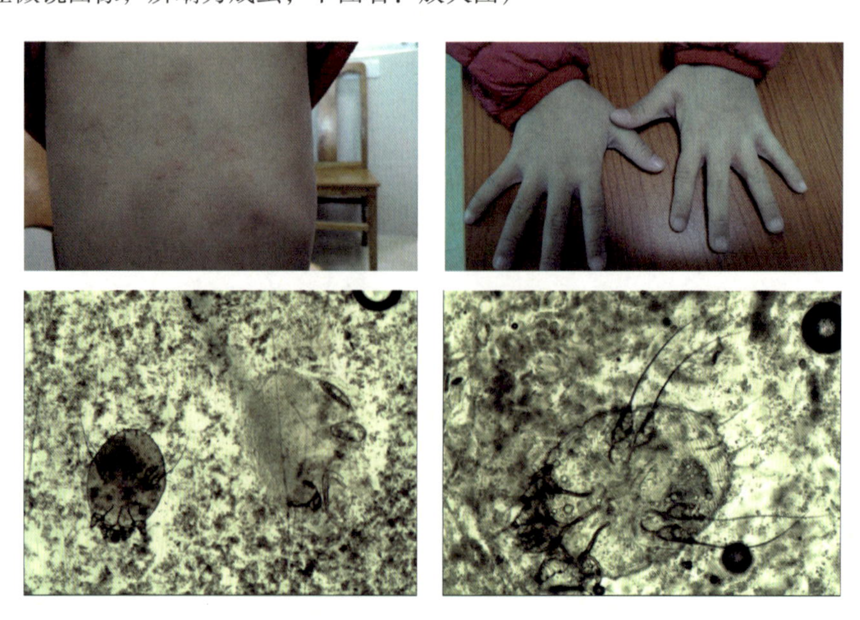

图3－15 女性疥疮病例之一

见图3－16，某男性患者，76岁，因照顾在老人院休养的岳父而感染疥螨。导致家庭内5人全部出现皮肤丘疹、水疱、结节等症状，患者患处瘙痒，而且夜间尤为剧烈。该患者双侧臀部出现多个比较大的结节，呈脐样凹陷。体质虚弱或免疫力降低的患者如老人，疥疮表现为更大的结节，且剧烈瘙痒。在受压部位附着大量黄褐色或灰白色银屑病样鳞屑，内藏大量疥螨，传染性强，医学上称之为挪威疥疮。（上图：患者臀部所见，双侧臀部出现数个较大的结节，呈脐样凹陷，水疱破溃口已经结痂。中图：该患者龟头、阴囊上可见数个疥疮结节；下图左：该患者皮损中查到的疥螨成虫的显微图像，亦可见到疥螨若虫；下图右：查到的疥螨虫卵）

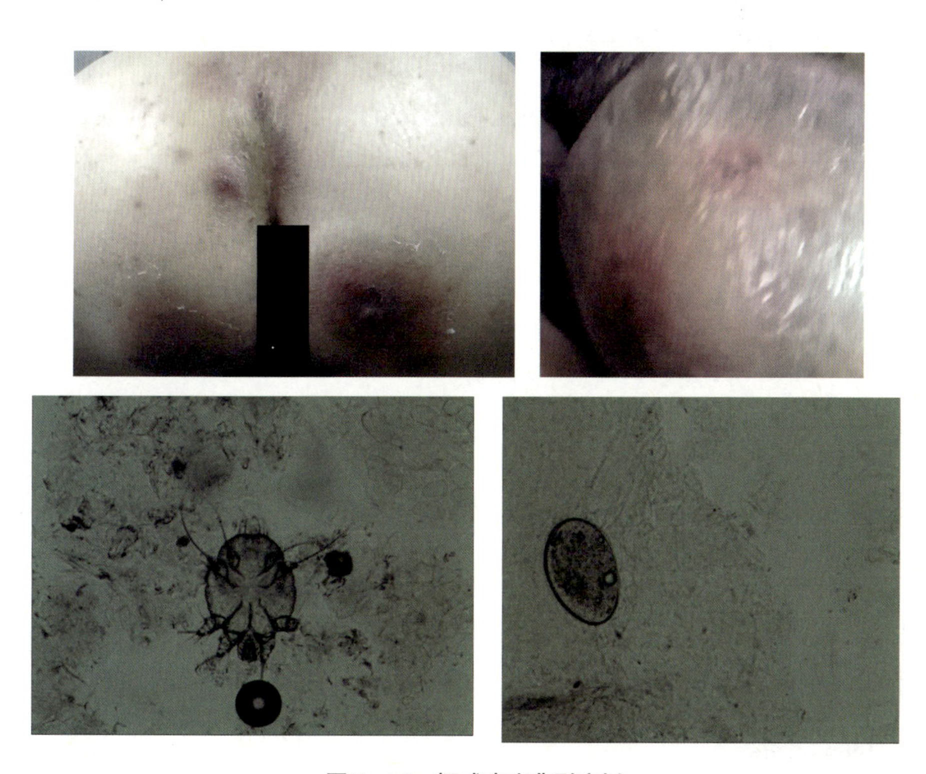

图3－16　挪威疥疮典型病例

见图3－17，前述76岁老年患者的妻子，可见腹壁皮肤上散在红色丘疹，夜间瘙痒明显加剧。

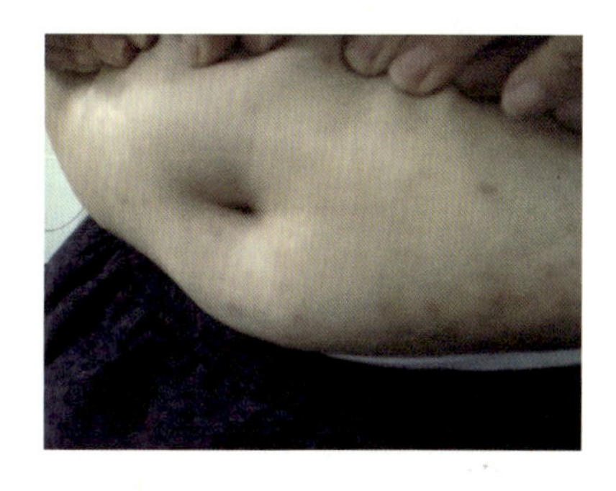

图3－17　女性疥疮病例之二

见图3－18，前述76岁老年患者的孙子，高中生，16岁，臀部可见散在丘疹、结节，伴随瘙痒，且夜间明显加剧，确诊为疥疮。（上图：患者臀部所见，可见散在性丘疹和结节；中图：阴茎上见丘疹上水泡破口中央凹陷，阴囊皮肤上见结节；下图：扫描电镜下观察到的疥螨雌螨）

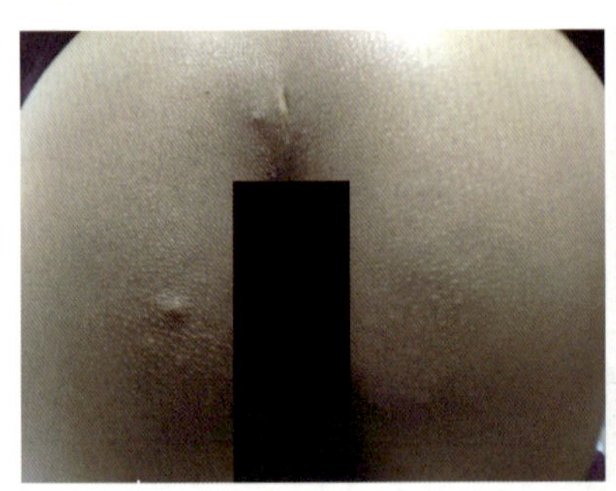
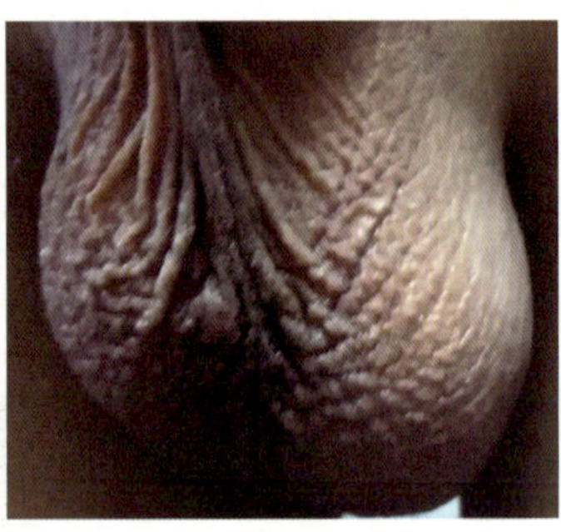
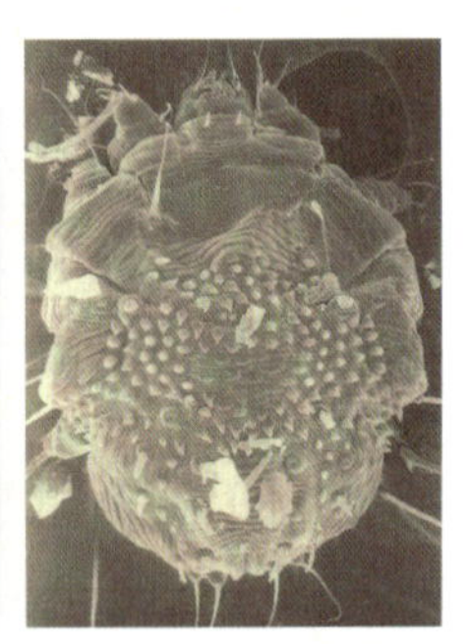

图3－18　男性疥疮典型病例

见图3－19，某男性患者，17岁，面部为聚合性中度痤疮。寄生于毛囊里的螨虫称为蠕形螨，该螨容易寄生于油腻性皮肤毛囊中，导致毛孔粗大，进而形成毛囊炎，严重者为痤疮。蠕形螨严重影响容貌，甚至导致毁容性损害。（上图：患者面部；下图：蠕形螨成虫的显微图像）

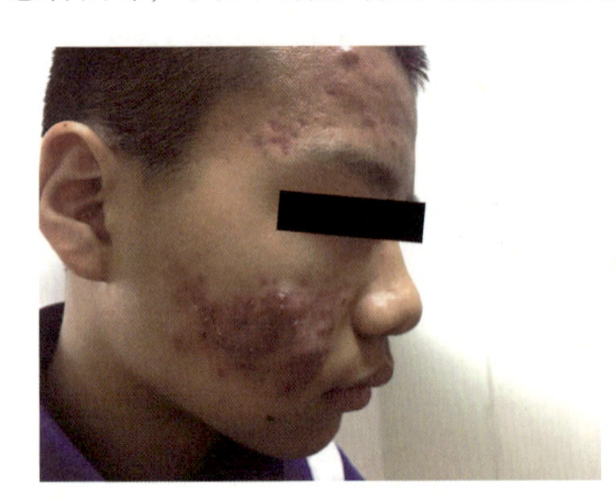
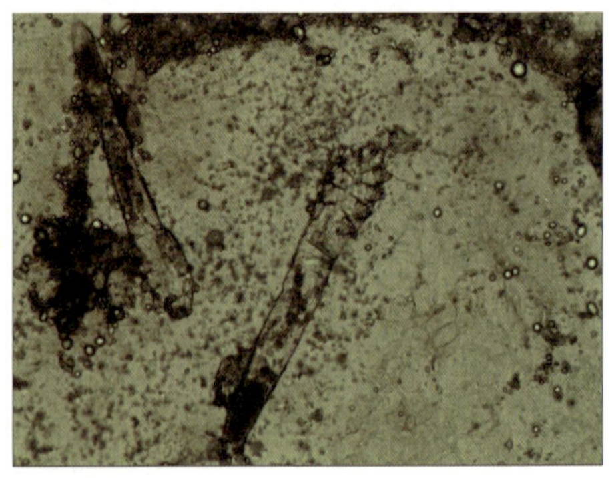

图3－19　蠕形螨所致痤疮病例

见图3－20，某男性患者，22岁，原有严重痤疮，经治疗好转，但仍遗留疤痕、凹坑。现面部毛孔粗大、毛囊口周围出现脓疱。（上图：患者面部局部图片；下图：镜检蠕形螨成虫的显微图像，成虫数量较多）

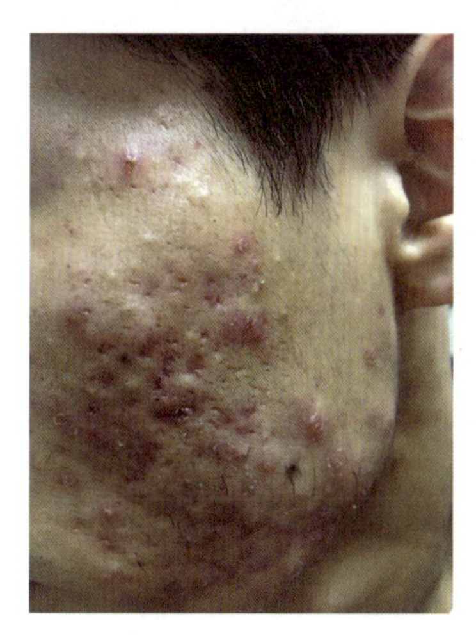

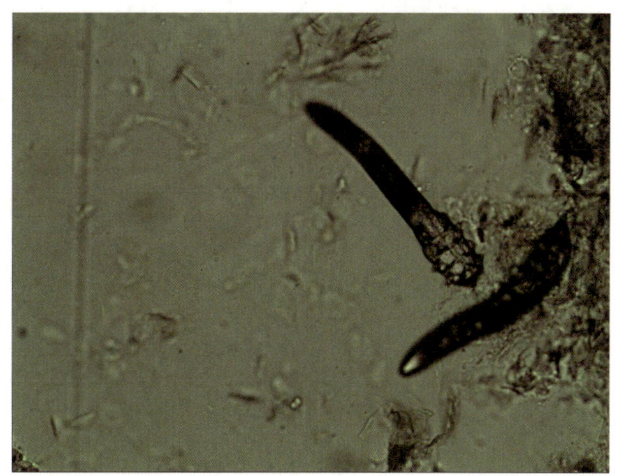

图 3-20　蠕形螨所致重症痤疮病例

见图 3-21，某女性患者，21 岁，前额、面颊部现毛囊炎、脓疱，确诊为蠕形螨感染者。

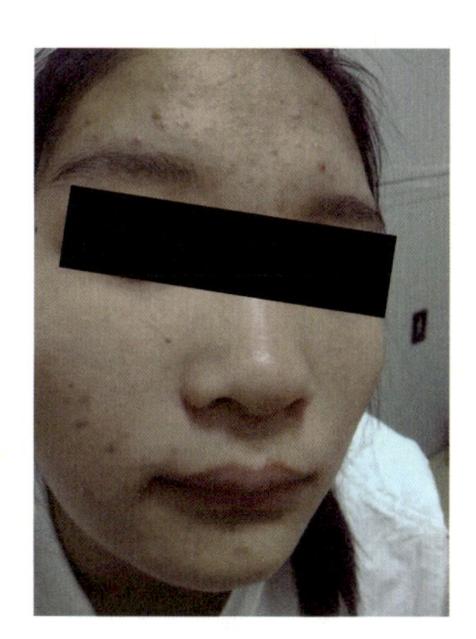

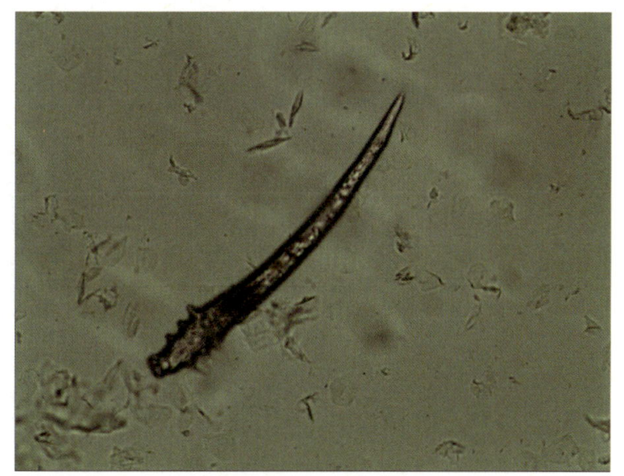

图 3-21　女性蠕形螨感染病例之一

见图 3-22，某女性患者，16 岁，面部毛囊性丘疹、脓疱，为蠕形螨感染者。经用 10% 的硫黄软膏外涂面部一周后复诊图片，原有的毛囊性丘疹、脓疱全部消失。（左图：患者面部；中图：蠕形螨的显微图像；右图：治愈后照片）

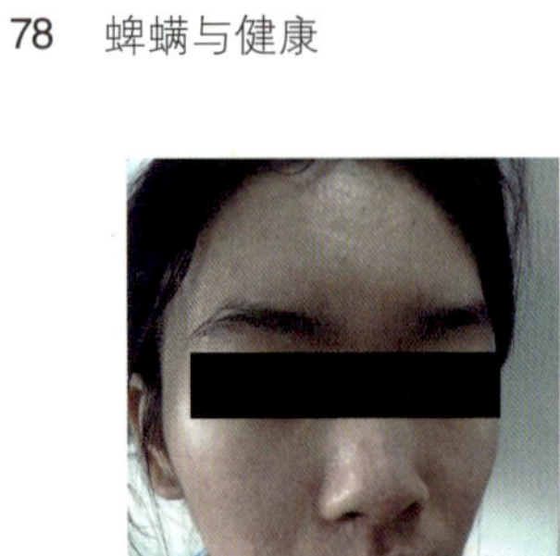

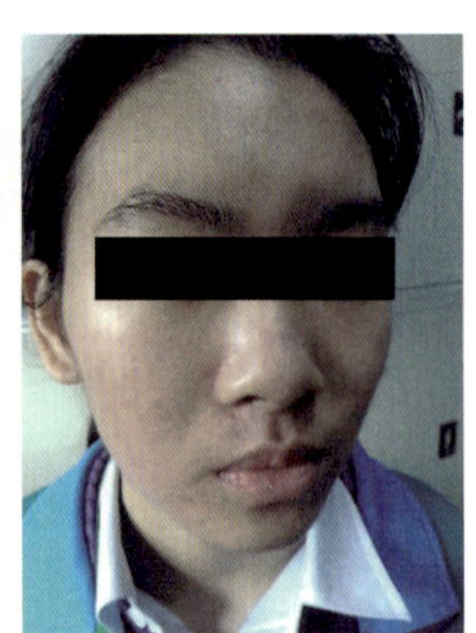

图 3－22　女性蠕形螨感染病例之二

图 3－23，某男性患者，17 岁，腹部、大腿内侧、双手指缝、双手腕皮肤现丘疹、水泡、伴随瘙痒，夜间尤甚。同时一起玩的伙伴中多人有类似症状。在病变部位查出疥螨，诊断为疥疮。(左图：患者手背部，可见丘疹；右图：患者手心部，可见丘疹；下图：镜检疥螨成虫的显微图像)

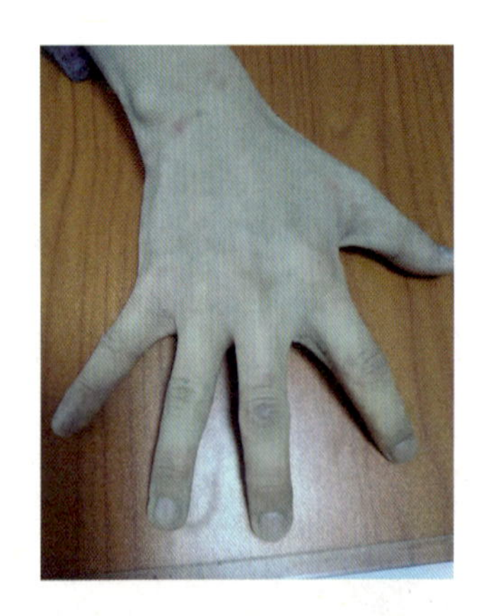
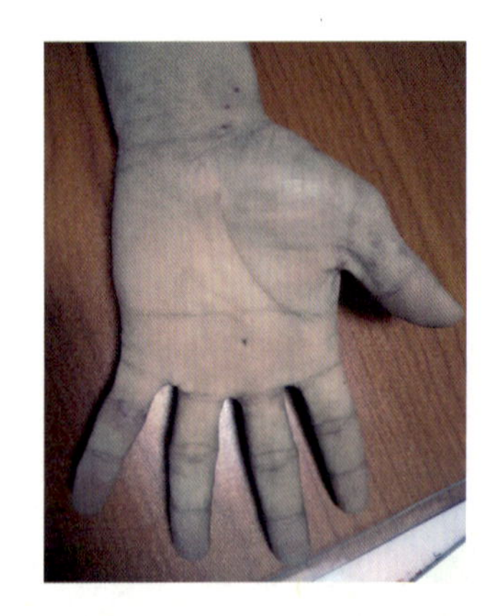
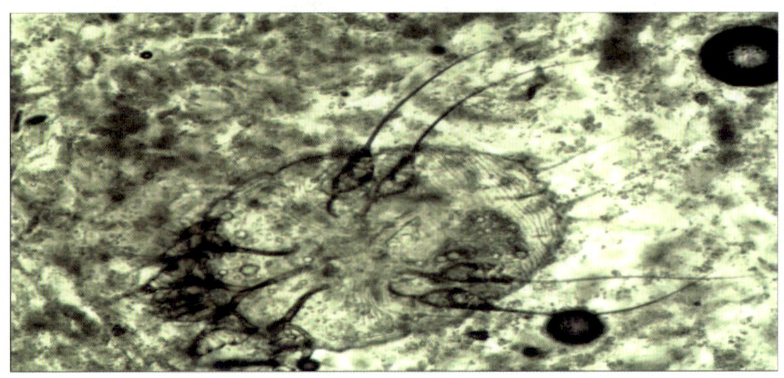

图 3－23　普通疥疮感染病例

见图3－24，某男性患者，22岁，面部的鼻尖、鼻周、口周发红、脱皮、有脓疱形成，局部刺痒感。病变部位查出蠕形螨，诊断为酒糟鼻（玫瑰痤疮）。（左图：患者面部病理表现；右图：镜检蠕形螨图像）

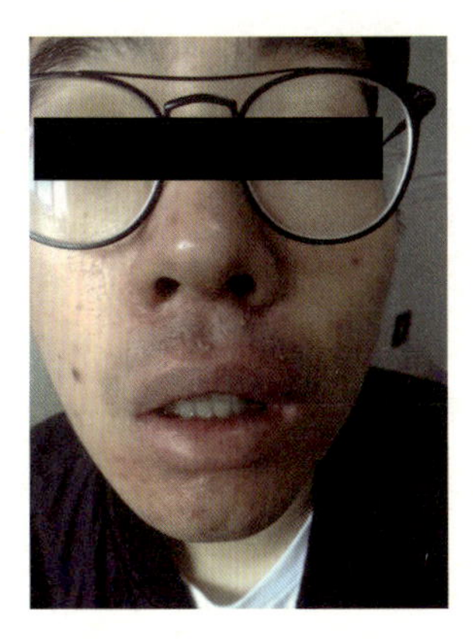

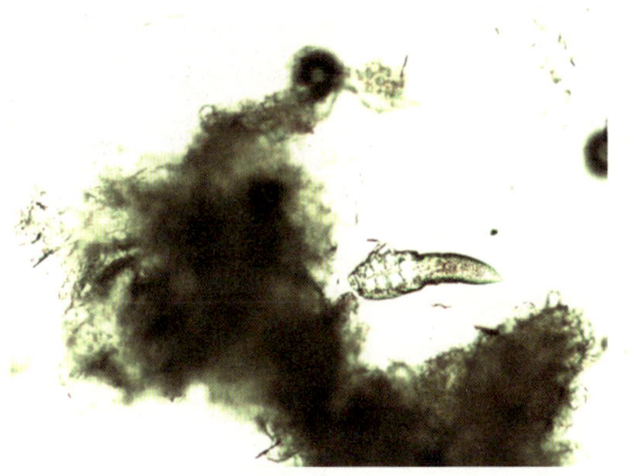

图3－24　典型酒糟鼻病例

见图3－25，某挪威疥疮患者（严重感染者）的手部所见。

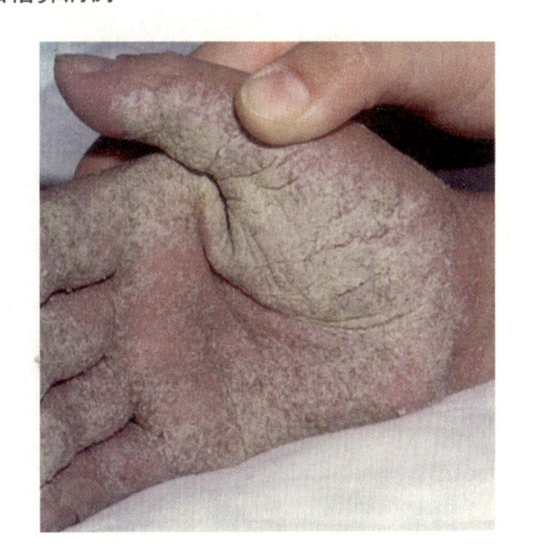

图3－25　挪威疥疮手部所见

见图3－26，两张图均为恙虫病患者的焦痂，周围红晕，可见散在丘疹。

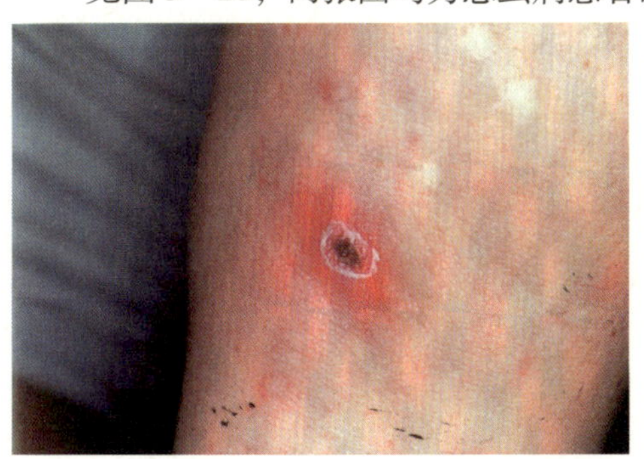

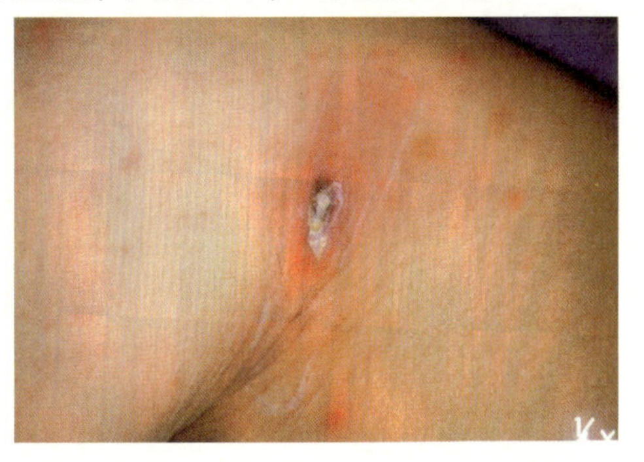

图3－26　恙虫病患者的焦痂

见图 3－27，被柏氏禽刺螨咬伤的某患者，图片为腹部所见。

见图 3－28，被鸡皮刺螨咬伤的某患者，图片为腹部所见。

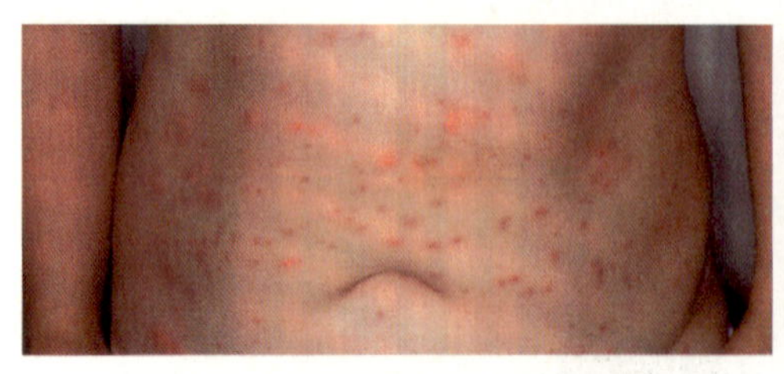

图 3－27 柏氏禽刺螨咬伤病例

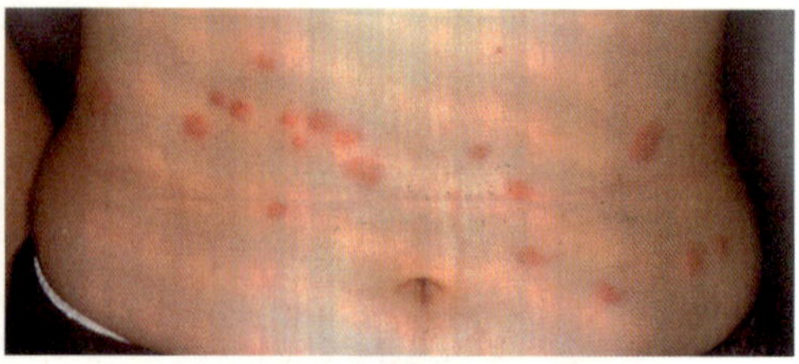

图 3－28 鸡皮刺螨咬伤病例

见图 3－29，蜱虫在人体吸血，耳郭的凹陷处。

见图 3－30，蜱虫叮咬人体吸血，蜱的头部已深入皮肤内侧。

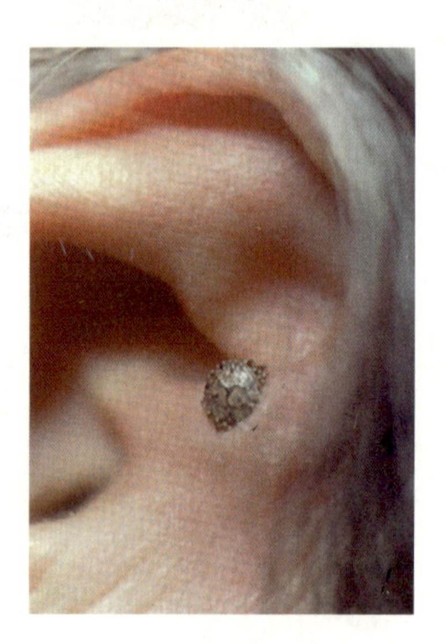

图 3－29 蜱虫感染病例之一

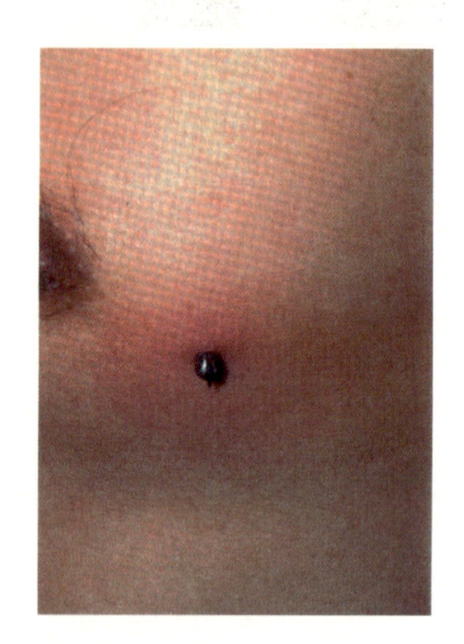

图 3－30 蜱虫感染病例之二

见图 3－31，蜱虫叮咬皮肤吸血，创口皮肤红晕。

见图 3－32，恙虫病患者，躯干及肩部现暗红色充血性丘疹。

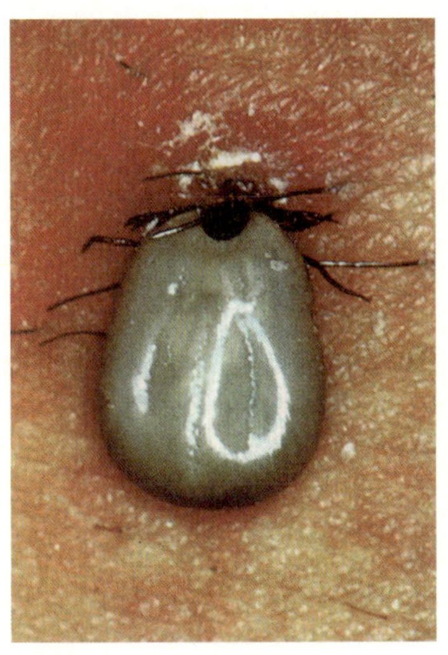

图 3－31　蜱虫感染病例之三

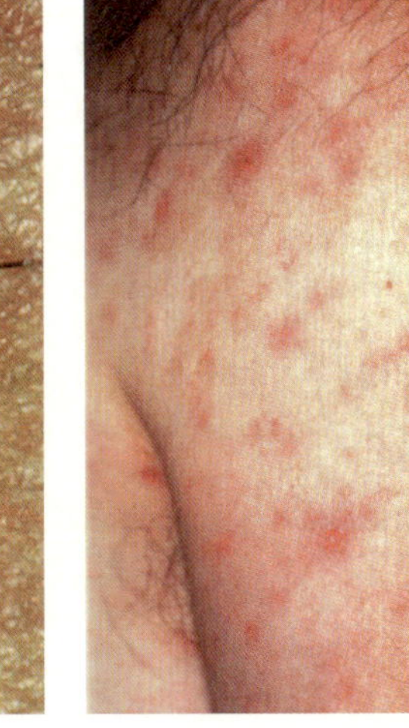

图 3－32　典型恙虫病病例之一

见图 3－33，恙虫病患者，胸腹部呈现出暗红色充血性丘疹。

见图 3－34，莱姆病临床病例。

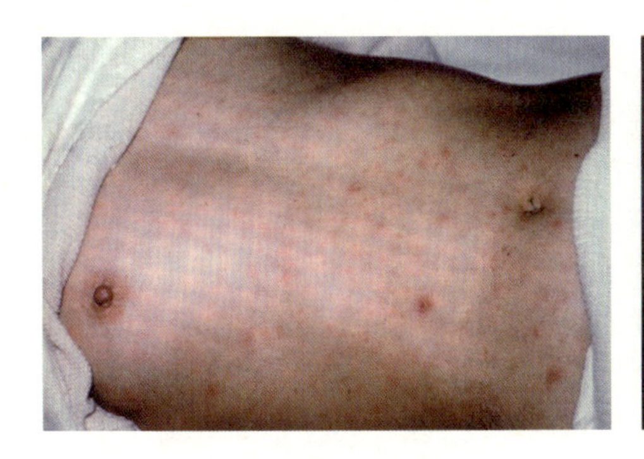

图 3－33　典型恙虫病病例之二

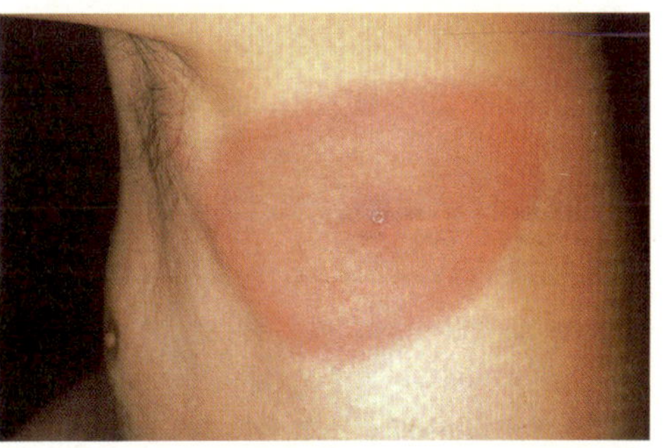

图 3－34　典型莱姆病病例

第四章　常见的蜱螨性疾病与防治

前面数章我们概述了蜱螨的一般性常识。在现实生活中，我们随时都有可能遭受蜱螨的伤害。譬如，螨类在人体内的寄生，蜱的吸血，蜱螨的叮咬以及在皮肤上来回爬动引起的瘙痒等。近些年，由蜱螨的虫体和排泄物诱导的过敏性皮炎等引人关注。

第一节　人体内螨病

从人体体内可以检出螨，这是很多专业期刊都报道过的事实。如疥螨、蠕形螨寄生于人体内。在这里，我们介绍“人体内螨病”。

从人类的体液和排泄物中，比如，胆汁、痰液、尿、粪便等，可以检测出螨类。据悉，有一个病例，其自称尿中有血，是一位年龄约37岁的农民，从他的尿液中先后检出25只螨，此螨定性为 *Nephrophagus sunginarius*。随后，对所有检出的螨进行了简单分类，它们分别是粉螨、尘螨以及叶螨。但是，螨的感染途径以及与疾病的因果关系依然是一个谜。

谈及人体内螨病，很容易让人联想到的是：我们进食时误食了被螨污染的食物，而最终螨从粪便中被排出。在经济不太发达的时期，卫生状况也不尽如人意，加之电冰箱还没有大量普及，食品在保存时易受到螨类的污染。因此，可认为人体内螨病来源于食品的污染。

首先，不仅是食品，与农业相关的物资与作物受到的污染也不容忽视，譬如，饲料、肥料、干草、蔺草、农作物等。其次，黏附于粉尘上的螨也可能被人体吸入，伴随着咳痰而被排出体外。这是对人体内螨病感染途径的一般猜测。相关的文献报道了类似的病例，但是原因分析莫衷一是。尽管该病从发现至今已有一个多世纪，但是学界仍没有定论，难以解释与相关疾病之间的因果关系。

注：部分图片引自［日］夏秋优：《虫与皮炎》，秀润社2013年版。

第二节　颜面部的螨——蠕形螨

寄生于人体的螨类之一的蠕形螨（demodicid mites）属于小型永久性寄生螨，隶属蠕形螨科（Demodicidae，Nicolet），其所在属共分 5 属，与致病关系密切的是蠕形螨属。其寄生部位主要为人类的颜面部，位于毛囊和皮脂腺中，也可寄生于睑板腺、耵聍腺、表皮凹陷处、腔道和内脏，导致蠕形螨病。

蠕形螨是体型微小的螨类，体长仅有 1 mm 的 1/4。寄生于人体的蠕形螨目前确定有 2 种，一种是毛囊蠕形螨（*Demodex folliculorum*）（Simon，1842）；另一种是皮脂蠕形螨（*Demodex brevis*）（Akbulatova，1963）。

蠕形螨虫体细长，呈乳白色，半透明，体表有明显的环状皮纹，足很短，体表无刚毛，螨体分为颚体、足体和末体。①毛囊蠕形螨的虫体细长，雌虫大于雄虫。雌虫有一指状肛道，雄虫无。国内报道毛囊蠕形螨的雌螨体长 294. 0 μm，雄螨体长 279. 7 μm；而国外报道毛囊蠕形螨的雌螨体长 290. 0 μm，雄螨体长 280. 0 μm。毛囊蠕形螨的卵小，发育成熟后卵呈蘑菇状，无色半透明。②皮脂蠕形螨的虫体较短，较粗。前端有明显的咽管通道。雌螨、雄螨均无肛道。国内报道皮脂蠕形螨的雌螨体长 203. 2 μm，雄螨体长 148. 1 μm；而国外报道皮脂蠕形螨的雌螨体长 210. 0 μm，雄螨体长 170. 0 μm。螨体宽均为 50 μm。卵为椭圆形，无色或浅黄色，半透明。毛囊蠕形螨和皮脂蠕形螨的螨体大小有差异，毛囊蠕形螨的体型稍大。

两种蠕形螨的生活史基本相同，分为 5 期，即卵（ovum）、幼螨（larva）、前若螨（protonymph）、若螨（nymph）以及成螨（adult）。各期的发育必须在人体上进行，迄今为止未见人工培养蠕形螨成功的报道。

人的颜面部感染率最高，依次为鼻尖（69. 7%）、鼻翼（68. 3%）、颏（56. 8%）、眼睑（46%）、外耳道（38. 5%）。通常在颜面部毛囊中，一个毛孔可有 3 ～ 6 只蠕形螨寄生，多时可达 20 只左右。它们可以混合寄生，因而通常蠕形螨病的患者感染，两种蠕形螨在体内均有寄生。从人体总感染率上看，毛囊蠕形螨的感染率和感染度均大大超过皮脂蠕形螨。蠕形螨除寄生于人体之外，文献报道还可寄生于兔与犬的颜面部，另外，也有文献报道其寄生于犬类、猫等家畜的体内。

蠕形螨在人体内和其他动物体内寄生，主要以这些宿主的脂肪细胞、皮脂腺分泌物、角质蛋白质和细胞代谢产物作为食物而寄生繁衍的。

蠕形螨未见有呼吸系统存在。但由于它们分别寄生于毛囊和皮脂腺内，可以周期性地从毛囊口爬出来获取外界的空气。两种蠕形螨昼夜均可活动，但因其具有负趋光性，夜间光线昏暗时活动力增强，故夜间比白天检出率高。

蠕形螨感染除可能引起皮炎之外，还可能引起细菌感染。这两种螨在婴幼儿体中不常见，但随着年龄的增加，病例数会逐步增加，人群感染率较高。人体蠕形螨在一定条件下可引起皮肤疾病、睑缘炎、外耳道瘙痒症、脱发、外生殖器炎症甚至肿瘤等。例如，酒糟鼻、痤疮、结膜炎、睑腺炎、外耳道病变以及秃发等。

蠕形螨在人体颜面部长期寄生，可导致颜面部的皮肤损伤。市场上有各种针对此两种螨的护肤杀螨产品面世，然而其真实的护肤效果还有待检测方法的开发与实际的效果验证。

第三节　皮肤黏膜的螨——疥螨

疥螨（sarcoptes scabiei）是一种永久性寄生螨类，寄生于人和哺乳动物的皮肤表皮层内，引起一种有剧烈瘙痒的接触性传染性皮肤病，即疥疮（scabies），疥疮为性传播疾病。

疥螨属于寄生于人体和哺乳动物的一种危害性较大的螨。雌螨的大小为(300～500)μm×（250～400)μm；雄螨的大小为（200～300)μm×（150～200)μm。而国外文献报道疥螨的雌螨体长为 380 μm，雄螨的体长为 220 μm。疥螨的身体近圆形，背部隆起呈地球状，乳白色，半透明，螨体无眼无气门，有 4 对足，雌螨和雄螨的足都短，螨体由颚体和躯体两部分组成，体表有大量的波状横行皮纹，成列的圆锥形皮棘，成对的粗刺和刚毛。疥螨的卵为长椭圆形，淡黄色，壳很薄，大小为 180 μm×80 μm。通常在一条隧道内有 4～6 个卵群集在一起。卵需要 3～8 天才能孵化成幼螨，幼螨的大小为（120～160)μm×(100～150)μm。幼螨的形态类似于成螨，但是只有 3 对足。随后经过 2 个若螨期（雄螨仅有 1 个若螨期）的发育，疥螨发育成为成螨。完成一个生活史周期需要 10～14 天。

有些人认为，疥螨属于蛛形纲无气门亚目疥螨科（Sarcoptidae）。Fain (1968）将其分为 2 个亚科和 10 个属。分别为疥螨亚科（Sarcoptinae）的疥螨属(*Sarcoptes*)、前疥螨属（*Prosarcoptes*)、同疥螨属（*Cosarcoptes*)、猿疥螨属(*Pithesarcoptes*）以及鼠疥螨属（*Trixacarus*)；背肛疥螨亚科（Notoedrinae）的背肛疥螨属（*Notoedres*)、翼手疥螨属（*Chirophagoides*)、抢叶蝠疥螨属（*Chirnyssoides*)、皱唇蝠疥螨属（*Chirnyssus*）和蝠疥螨属（*Nycterdocoptes*)。而引起人体疥疮的螨主要是疥螨属的人疥螨。

疥螨为全球性分布，对人与哺乳动物的危害巨大。已有记载的疥螨有 28 种

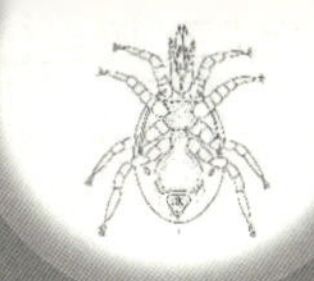

和15亚种，宿主除了人以外，还有牛、马、骆驼、羊、犬、兔等。按照宿主的不同可以如下的方式命名，如人疥螨、犬疥螨、兔疥螨等。许多种动物体的疥螨也能够传播给人，但是寄生的时间较短，危害较轻。

疥疮的发生与社会因素、经济状况以及个人卫生状况密切相关。美国的某医学家总结了其发生和流行的诸多因素。①贫困；②恶劣的卫生环境；③性自由化；④误诊，如激素类药物的滥用；⑤劳动力人口的迁徙；⑥旅行者的增加；⑦免疫机能低下；⑧生态学原因。疥疮在世界范围内流行，国外报道疥疮有30年的流行周期，一般每隔30年大流行一次。例如，日本在20世纪70年代(1975年)，发生过一个周期性的大流行。而在20世纪40年代，也就是第二次世界大战结束时的1945年，也发生过一次大流行。当时某大学附属医院的皮肤科门诊，近八成都是疥疮患者。而日本在此之前，称为大正时期，当时发生疥疮感染被称为“大正疮”［注：大正是日本的一个年号，其他的年号如明治、昭和、平成等］。据资料记载，在大正七年（1918年）和大正八年（1919年）发生了疥疮大流行。这次大流行距离1945年的大流行，在时间上也将近30年。

在欧洲，自拿破仑在欧洲的政治舞台上如日中天之时开始，欧洲就在关注疥疮的流行。在获知每隔30年大流行一次这一规律时，也认识到其是伴随着战争而流行的这一事实。因此，得出的结论是：疥疮是由于战争的爆发而导致的贫穷与卫生条件恶劣所带来的疾病。这些例子正好印证了日本20世纪40年代发生的疥疮流行与战争后的贫穷、卫生条件恶劣以及营养不良有关。而现阶段的疥疮发生与人群的免疫机能低下有关。

疥疮发生的部位以手、手掌、手指以及手指连接部为主，腕关节的尺骨侧、手掌、手指侧面以及手指连接处等，都是疥螨产卵的较好场所。疥螨挖掘的隧道既有笔直的，也有弯弯曲曲的，长度从数毫米到1～2 cm。交配后的疥螨雌螨钻入手指等处皮肤的角质层，向与皮肤处于平行的方向挖掘隧道，边挖边产卵。疥螨每天可产1～3个卵，产卵期可持续2个月。疥螨螨卵需要3～8天孵化，由卵发育至成虫需要2周时间。感染后，本病的潜伏期可达1个月之久，随后患处出现奇痒，夜间为甚，影响睡眠。皮肤可见线状的皮疹，皮疹处的皮肤与正常皮肤相比没有异常。皮疹的前端可见水疱，水疱中常有雌螨在产卵，这时如果用消毒了的针挑破水疱的尖端，将水疱内容物挤出即可获得雌螨。另外，除了手和手掌之外，肘部、足部、外阴部以及腋下等处的皮肤相对柔软，所以也是疥螨喜欢寄生的部位。当患者挠痒挠破皮肤后，可有出血和浆液渗出，形成水疱和丘疹，成为渗出性红斑性湿疹。

疥疮也是性传播疾病（sexually transmitted diseases），具有传染性。人与人之间通过皮肤接触可以传染，因此对于人和哺乳动物的危害较大。在现实情况下，虽说疥疮也是性传播疾病，但是并非像真正的性病那样，经过短时间的接触就会传播该病。疥疮的传染需要有一个相对较长的期间，传染者与被传染者之间密切接触，在同一个场所居住，就很容易发生传染。疥疮呈现出家族式传染的特点，如父母与子女之间、兄弟姐妹之间。另外，集中式居住场所如托儿机构、学校、酒店、医院、集体宿舍以及老年公寓等，也是爆发风险较高的地方。

通过共用卧具的方式传染，也是疥疮传播的特点。这些例子在国内屡见报端。例如，一般来说，在酒店入住，床单、被套、枕套以及毛毯套等卧具是人手一套的，新客入住都要重新更换。但是，鉴于有些时候更换工作不彻底，盖被、毛毯和褥子等还是保持着共用的状态，因此存在着疥疮传染发病的可能性。国外有学者猜测，这种概率有数百分之一。

还有一种传染方式，就是来自挪威疥疮患者的传染。所谓挪威疥疮，并非指在挪威流行了的疥疮，而是因为此种疥疮由挪威学者最先报道，所以称其为“挪威疥疮”。挪威疥疮与普通疥疮相比，在寄生的疥螨种类上没有差异，而仅有寄生疥螨数量上的不同。普通疥疮的重症患者，体内仅有1000只左右，而挪威疥疮的患者，体内竟有100万～200万只。挪威疥疮的特点是：手、足、身体可见大量的过度角化鳞屑；但鳞屑自患者身上脱落后，经风吹散附着于人体体表，就非常容易感染上普通疥疮。因此，挪威疥疮的传染性很强。国外的老年医院和老年公寓屡见此种方式的疥疮传播。挪威疥疮的患者多见于高龄、体衰、有重症疾病者以及免疫力低下的人群。基本经过一个月的潜伏期后，出现瘙痒和皮肤丘疹，瘙痒出现在夜间临近休息和睡眠时，瘙痒难忍与难以入睡是其特点，这也是患者最为痛苦的时刻。晚上入睡前皮肤瘙痒是一个典型的症状，多种皮肤病都有此种表现，因此疑似罹患疥疮不要自我判断，需要找皮肤科医生诊治。一般表现为：以腹部肚脐为中心，有红色丘疹散在发生，同时腋下、大腿、手腕处也有红色丘疹出现。随后，手上和手指处有小水疱和疥疮隧道出现，还有患者会出现外阴部的硬结。

研究证明，疥螨在离开人体后，只要外界条件合适，亦能生存数日。例如，当外环境在8～10℃以及相对湿度为52%～66%时，疥螨能够生存4～5天。因此，注意个人卫生，特别是在公共场所的个人卫生和个体防护是一个不容忽视的问题。近年，饲养宠物的人越来越多，但宠物身上也有疥螨存在，还可能传播给人。例如，在美国，犬疥螨传播给人的病例时有发生，我国也有养兔场兔疥螨引起人疥疮流行的报道。

疥疮的预防主要以加强个人卫生和居家防护为主。治疗时可用肤安软膏、苯甲酸苄酯乳剂、复方甲硝唑软膏等药物，以复方甲硝唑软膏的疗效为佳。国外的治疗药物主要有二氯苯醚菊酯（permethrin）、苯氧司林（phenothrin）和伊维菌素（ivermectin）。前两种药物属于拟除虫菊酯类杀虫剂，特点为高效、低毒、使用方便。伊维菌素是放线菌属所产生的大环内酯阿凡曼菌素Bla二氢衍生物。伊维菌素属于一种广谱抗寄生虫感染药物，用来治疗疥疮，疗效可靠、安全，是唯一可以系统应用的药物。值得一提的是，日本北里研究所的大

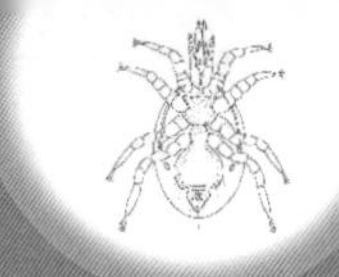

村智博士因发现了治疗寄生虫（疥螨）的特效药伊维菌素，而获得2015年诺贝尔医学与生理学奖。

第四节　蜱虫的侵害

近年，因蜱叮咬伤人致死的事件屡见报端。例如，自2007—2010年，河南省信阳市和商城县等地发生了蜱虫叮咬使人致病的公共卫生事件，累计发现发热伴血小板减少综合征病例558例，死亡18人。自2008年到2010年9月9日，山东累计发现发热伴血小板减少综合征病例182例，死亡13例，其中，蓬莱市26例，死亡6例。部分病例有明确的蜱叮咬史。自2009年至2010年9月的这段时间，江苏省共发现发热伴血小板减少综合征病例13例，死亡4例。2006—2010年，安徽省共发现发热伴血小板减少综合征病例10例，死亡1例。另外，四川省、海南省、广东省、湖北省以及北京市都有被蜱虫叮咬致病的病例发生。具体死亡病例不详。

这些蜱叮咬致死事件引起了卫生部门的重视，中国疾病预防控制中心会同有关医疗部门经过鉴定，确定病原体为一种新型布尼亚病毒。而布尼亚病毒是一个大类，新型布尼亚病毒可能会被认定为一种新病毒。有公开资料显示，布尼亚病毒自然感染见于许多脊椎动物和节肢动物（如蚊、蜱、白蛉等），可感染小鼠，并能在一些哺乳类、鸟类和蚊细胞中培养生长。对人可引起类似流感或者登革热的疾病、出血热以及脑炎。有蚊媒、蜱媒、白蛉媒3种传播类型，而且有些病毒在其节肢动物媒介中，可经卵、交配或者胚胎期传播。

蜱（ticks）俗称“扁虱”“壁虱”“草爬子”“狗豆子”等，是专性吸血的有害节肢动物（见图4－1）。蜱属于寄螨目（Parasitiformes）蜱亚目（Ixodida）蜱总科（Ixodoidea）。其成虫在躯体背面有壳质化较强的盾板，通称为硬蜱，属于硬蜱科；无盾板者，通称为软蜱，属于软蜱科。全世界已经发现800多种，计硬蜱科700多种、软蜱科约150种、纳蜱科1种。我国已经记录的硬蜱科约100种、软蜱

图4－1　蜱的外形

科 10 种。蜱是许多种脊椎动物体表的暂时性寄生虫，是一些人畜共患病的传播媒介和储存宿主。在虫媒病中，由蜱传播的病原体种类最多，包括病毒（如森林脑炎、出血热）、螺旋体（如各型回归热、莱姆病）、立克次体（如斑疹伤寒、Q 热、埃立克体）、细菌（如土拉伦菌病、布氏杆菌病）、原生动物（如家畜各类焦虫病）等。

由此可知，蜱的吸血造成的危害巨大，被吸血者不仅有血液的损失，还有罹患虫媒病的风险。作为应急措施，要知晓其“钻入皮肤”的特性。当蜱叮咬人后，会分泌对人有害的物质，并将头埋在皮肤内吸血。因此，蜱虫钻入人体需要及时取出。如果没有及时取出，轻者可能出现瘙痒难忍，重者可能出现高烧不退、深度昏迷、抽搐，甚至引发森林脑炎。蜱蜇伤的特点有：出现皮疹，为水肿性丘疹或小结节，有红肿、水疱或者瘀斑，中央有虫咬的痕迹，有时可发现蜱虫。

被蜇伤者感觉瘙痒或者疼痛。可发生蜱麻痹，系由蜱唾液中的神经毒素所致，易发生在小儿，表现为急性上行性麻痹，可因呼吸衰竭致死。另外，可有蜱咬热，在蜱吸血后数日出现发热、畏寒、头痛、腹痛、恶心、呕吐等症状。

与螨类相同，蜱类的个体发育通常包括 4 个阶段，即卵、幼蜱、若蜱和成蜱。幼蜱发育为成蜱，每一变态期均由蜕皮完成。硬蜱科种类一生中仅产卵 1 次，卵期持续 20 ～ 45 天。卵发育成幼蜱，幼蜱吸血蜕皮成为若蜱，若蜱吸血蜕皮成为成蜱。硬蜱科与软蜱科的差异在于软蜱的若蜱有 3 ～ 8 龄，需要蜕皮 3 ～ 7 次方可蜕化为成蜱；而硬蜱科种类的若蜱仅仅只有一个龄期。

第五节　宠物与螨害

自改革开放以来，我国国民经济迅速发展，人民群众的生活水平日益提高，普通民众的消费水平也不断增强。近些年，许多消费者喜爱小动物，有饲养小动物的嗜好，这些小动物多半为狗、猫、兔、鸟、鼠、乌龟等，甚至还有人饲养藏獒、猴子等，人们称这些小动物为宠物。这些宠物大致可以分为啮齿类动物、爬虫类动物、两栖类动物。由于这些动物生存与活动的区域各不相同，甚至有的来自国外，可能将当地的蜱螨类节肢动物和病原体带入家庭，导致家庭成员染病。

的确，饲养宠物，与它们朝夕相处，能够给人生活带来快乐。但是，宠物也会给人带来一些负面的影响。由于蜱螨在全球的各类场所均可滋生，因此，寄生于宠物身上的蜱螨种类也不少。在这些蜱螨当中，有些是单纯寄生的，有些是吸血性的，还有些是叮咬性的，对于这些潜在危害，宠物的主人和普通民众可能并不一定知晓。

虽说现在的宠物以狗、猫居多，但是寄生于各种动物身上的蜱螨则各不相同。

与人类罹患的疥疮一样，狗的身上也有犬疥螨寄生，它的学名为：*Sarcoptes scabiei* var. *canis*。而猫的身上寄生的疥螨是猫耳螨（见图4-2），学名为 *Notoedres cati*。此外，马的疥螨为 *Sarcoptes equi* 或者 *S. scabiei* var. *equi*；猪的疥螨为 *Sarcoptes suis* 或者 *S. scabiei* var. *suis*；牛的疥螨学名为 *Sarcoptes bovis* 或者 *S. scabiei* var. *bovis*；绵羊与山羊的疥螨学名为 *Sarcoptes ovis* 或者 *S. scabiei* var. *ovis* 和 *Sarcoptes caprine*（*S. scabiei* var. *caprine*）；兔的疥螨学名为 *Psoroptes cuniculi* 兔痒螨；大鼠的疥螨学名为 *Sarcoptes muris*；鸟类的疥螨学名为 *Cnemidocoptes mutans* 突变膝螨。总之，寄生于宠物的疥螨种类也是十分丰富的。另外，狐狸身上也有与人疥螨相类似的螨寄生，且狐狸的感染率非常高，这一点应该引起注意。当人与上述这些动物接触时，这些“宠物”身上的疥螨会引起一过性皮炎。因此，在购买或者接收宠物时，首先要仔细确认宠物是否患有皮肤疾患；其次，在喂养宠物时，要注意与其他动物之间的交叉感染。

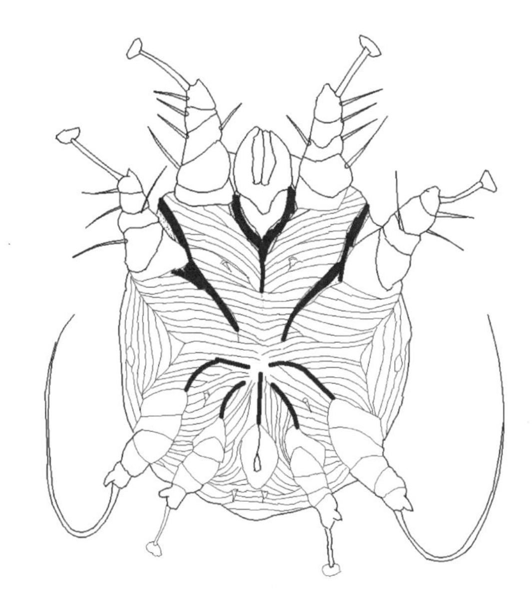

雄螨腹面

图4-2　猫耳螨

这些宠物身上寄生的螨类，它们的一生都在宠物的皮肤中度过。在宠物的身体之外难以生存；离开了宠物身体后，它们仅仅能存活2天。它们大多寄生于狗和猫的耳朵、颜面部以及眼睑等处，进而弥漫至全身。主要会引起饲养人或者接触者的一过性皮炎。这些宠物疥螨在形态上极其相似，非常难于区分。它们大多数的长度为200～300 μm。雄螨体型小，雌螨体型大。一只雌螨一天产卵2～3个，一个月可产卵约50个。表4-1归纳了宠物及其他动物身上寄生的危害人类的一些蜱螨。其中，犬蠕形螨、麻雀羽螨见图4-3、图4-4。

表4-1　宠物及其他动物身上的危害人体的蜱螨

狗	犬疥螨、犬耳疥螨、犬肉食螨、犬蠕形螨、蜱虫类
猫	猫耳螨、猫肉食螨、猫蠕形螨

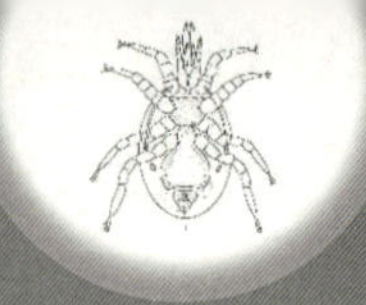

（续上表）

兔	兔痒螨、兔肉食螨、蜱虫类
鼠	柏氏禽刺螨、厉螨、恙螨
鸟类	鸟疥螨、林禽刺螨、鸡皮刺螨、麻雀羽螨
家畜	蜱虫类、鸡皮刺螨等
其他	蒲螨等

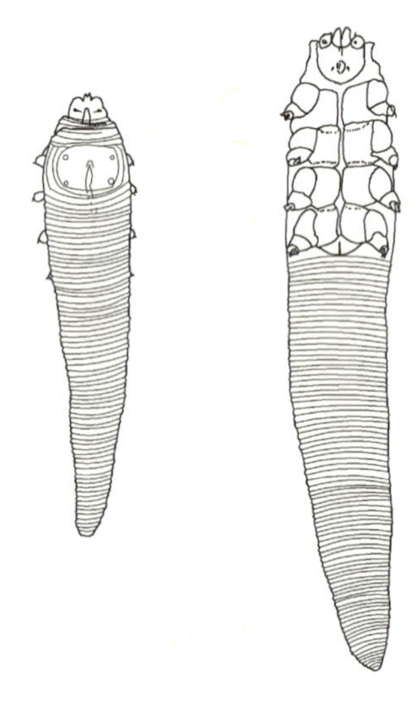

左：雄螨背面；右：雌螨腹面

图4－3　犬蠕形螨

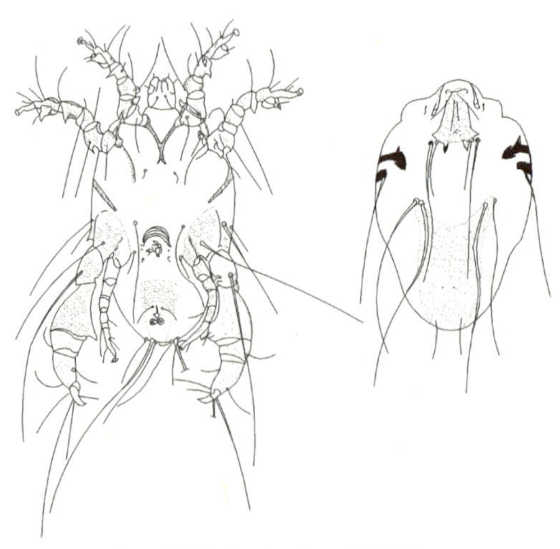

左：雄螨腹面；右：雄螨背面

图4－4　麻雀羽螨

犬耳疥螨是寄生于宠物耳朵内的一种螨，正式名称是“*Otodectes cynotis*”（见图 4－5），主要寄生于狗、猫、狐狸、白鼬等动物的耳中，其长度为 300～400μm。当宠物饲养人饲养宠物猫时，若有带虫的猫（多为流浪猫或者野猫）与自家的宠物猫在一起玩耍，则可能引起交叉感染，使得自家的猫传染上该螨。一般来说，宠物饲养人与宠物一起生活起居，亲密接触，很容易感染宠物身上寄生的螨类。犬耳疥螨一般寄生于狗和猫的耳朵中，虽然这些螨类一般不感染人，但确实存在人耳中有螨类爬入的病例。人类感染了这些螨类后，一般会有耳部不适、耳鸣等感觉，严重感染者会影响生活。这是因为螨在人的耳朵内部和鼓膜等处往返爬动，寻找合适的寄生部位的缘故。总之，宠物饲养人平时要注意流浪猫或者野猫的动向，因为普通人不能掌握它们的健康状况。而一旦动物间因亲密接触而发生交叉感染时，则自家的宠物定会受累，进而给自己带来健康上的风险与危害。

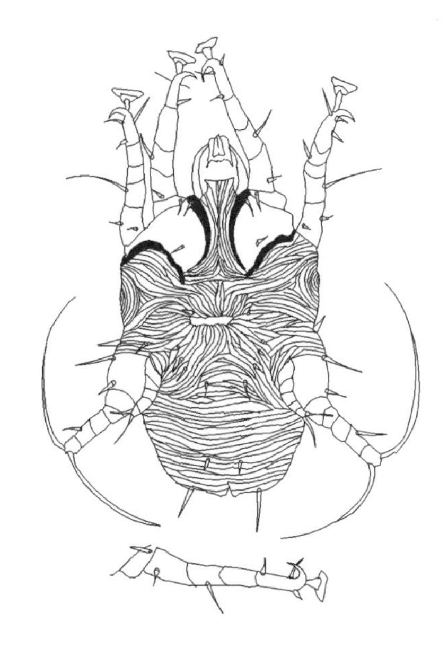

上：雌螨腹面；下：第一足

图 4－5　犬耳疥螨

犬疥螨是寄生于狗的一类螨，正式名称是“*Sarcoptes scabiei* var. *canis*”。感染犬疥螨后，宠物狗主要表现为频繁地用爪挠痒，伴随着皮肤炎症的发生；而且随着时间的推移症状不见好转，且与宠物狗密切接触的人近期也出现皮肤病症状，病情迁延不见好转。此时，采集宠物狗居所处的灰尘与遗留物，在显微镜下观察，如果发现了犬疥螨，即可确诊为疥疮。由于犬疥螨也引起人感染疥疮，因此在饲养宠物时，务必特别注意犬类的卫生。

另外，还有一些螨类也应该引起宠物饲养者们的关注。有些螨类寄生于宠物，吸食宠物身上的血，刺扎宠物的皮肤并吸吮它们的体液，这类螨也引起人患上皮肤病。由于它们的种类较多，在此大致分类见表 4－2。其中，林禽刺螨、囊禽刺螨、鸡皮刺螨、燕皮刺螨、球腹蒲螨分别见图 4－6 至图 4－10。

表 4－2　引起人患上皮肤病（皮炎）的螨虫类别

1	柏氏禽刺螨、林禽刺螨、囊禽刺螨等
2	鸡皮刺螨、燕皮刺螨等
3	恙螨等

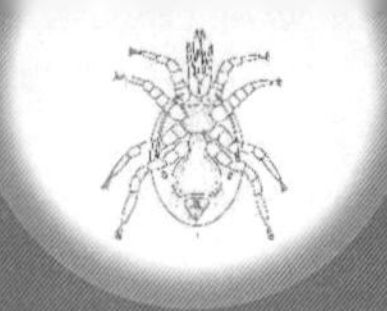

（续上表）

4	蜱虫等
5	肉食螨等
6	球腹蒲螨等

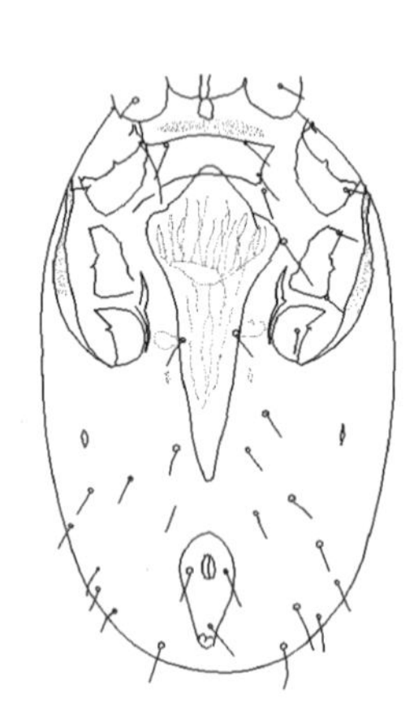

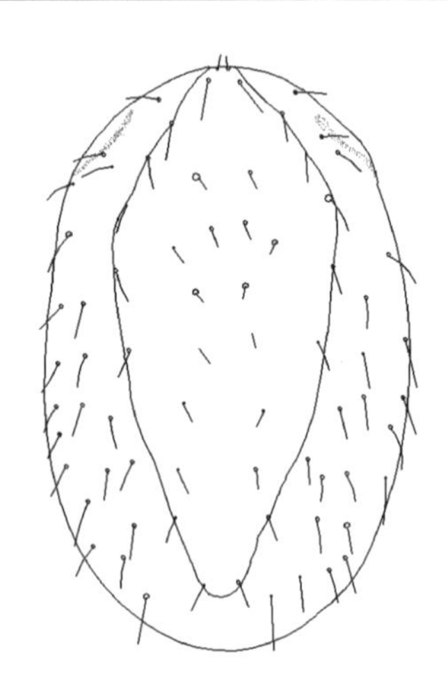

左：雌螨腹面；右：雌螨背面

图 4－6　林禽刺螨

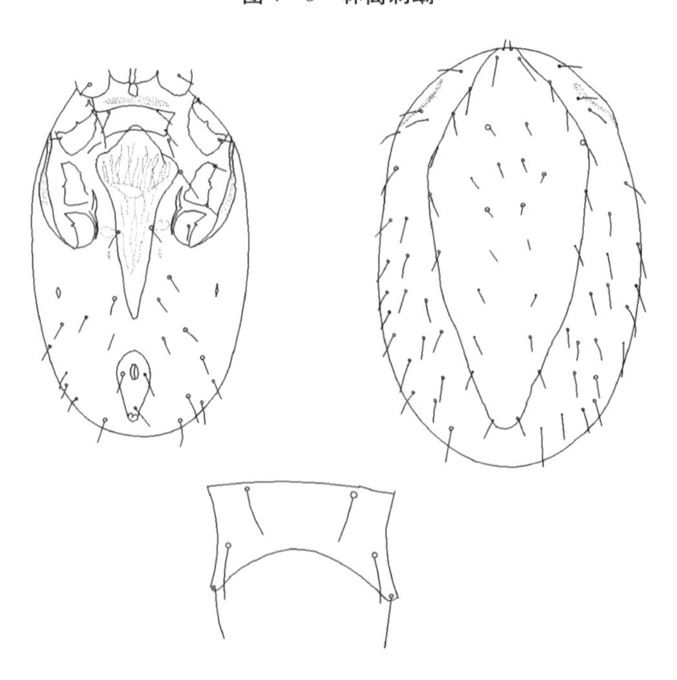

左上：雌螨腹面；右上：雌螨背面；下：雌螨胸板

图 4－7　囊禽刺螨

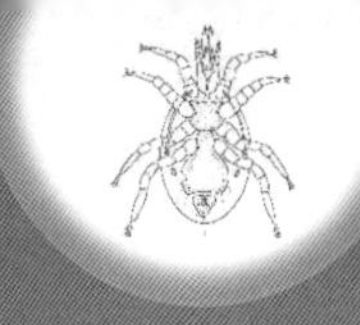

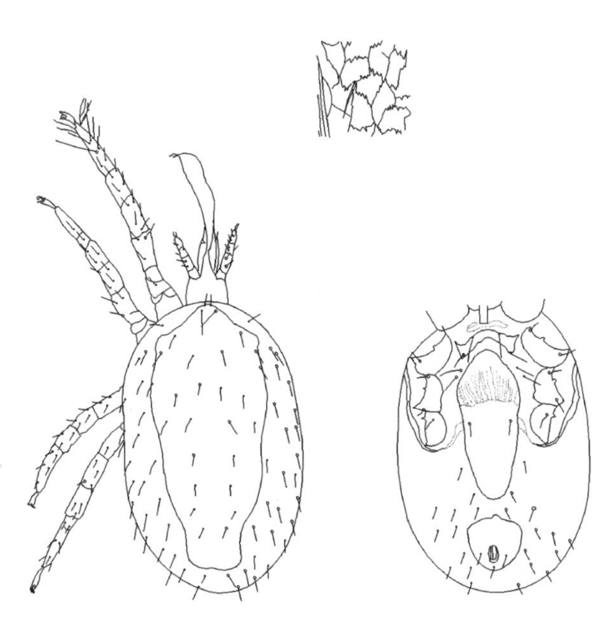

上：雌螨背板纹理；左下：雌螨背面；右下：雌螨腹面

图4－8　鸡皮刺螨

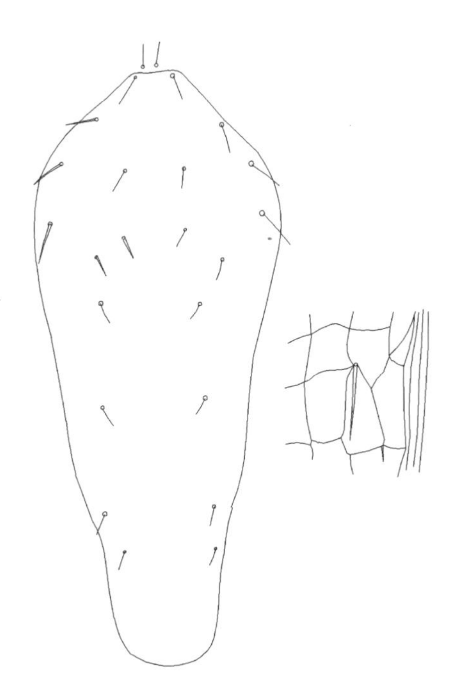

左：雌螨背板；右：雌螨背板纹理

图4－9　燕皮刺螨

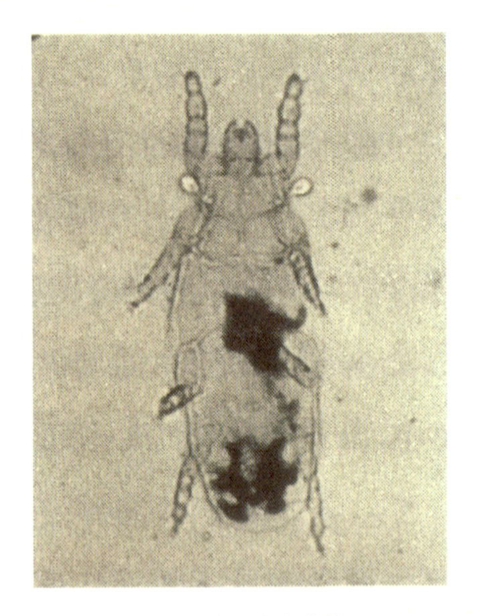

图 4-10 球腹蒲螨

此外，还有肉食螨，它们寄生于宠物，刺咬并吸吮宠物的体液，同样也会引起人的皮肤炎症。众所周知，在宠物猫的体毛中寄生着一种肉食螨，称为布氏姬螯螨（*Cheyletiella blakei*）；而宠物狗的体毛中寄生着的肉食螨叫作牙氏姬螯螨（*Cheyletiella yasguri*）；在宠物兔的体毛中寄生着的肉食螨叫作寄食姬螯螨（*Cheyletiella parasitovorax*）。宠物不同，其身上寄生的肉食螨也不尽相同。肉食螨一般寄生于狗、猫等宠物身上，这些宠物通常处于放养状态，有可能将外面的寄生性螨类带到家中，这也是一个值得注意的问题。

至于鼠类，我们知道有小家鼠、仓鼠、豚鼠等，近年来有些人饲养起这些动物来了。对于这些啮齿类动物来说，它们身上有柏氏禽刺螨、厉螨等吸血性螨寄生，如果接触频繁，可能导致饲养者出现皮肤炎症，需要留意。

值得一提的是，这些肉食螨平时主要寄生于野生动物和宠物身上，吸食它们的血液，且通过刺咬并吸吮它们的体液和组织液等来满足自身的生存需要。当人过多接近野生动物和宠物时，就有遭受健康损害的风险。另外，对于鸟类来说，有羽螨寄生于其体表。而在植物，则有叶螨等寄生。它们同样能够给人带来皮肤损害。寄生于动物或者宠物的螨类，在一定条件下，仅给人体带来一过性皮炎之类的损害，而并非长期寄生于人体；一旦治愈了动物或者宠物身上的螨害，则人体遭受的螨害也会随之消失，不会带来长期或者永久性的螨害困扰。因此，这是让人安心的地方。

另外，饲养宠物还有一个风险，就是罹患蜱螨媒性疾病的概率增加。相对于人来说，动物遭受各种疾病的患病风险较高，一旦染病，与其密切接触的人就会遭受较高的患病风险，例如，患上脑炎、出血热、回归热、兔热病等，莱姆病是

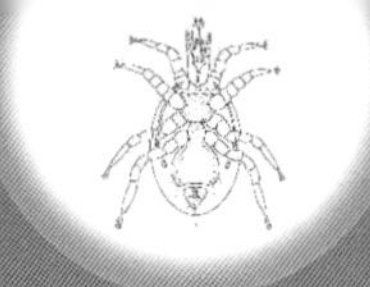

由蜱虫媒介传播的，而恙虫病则是由恙螨媒介传播的。蜱螨媒性疾病的病原体经由蜱螨媒介传播，使得动物或者宠物感染，进而感染密切接触的人或宠物主人。因此，这些风险应该得到充分的认识，并予以积极的应对。

第六节　简易防治

在日常生活中，我们需要从事各种生产生活活动，接触各类物品和工具。对生活中涉及的生物安全知识，特别是蜱螨方面的知识，应该及时了解，才能在生活中避免螨害的发生。首先，是蜱螨的普遍存在性，以前由于卫生条件的限制，食物、水等受污染的情况时有发生，导致普通人发生人体内螨病，这种疾病的发生与经济和卫生状况息息相关。其次，平时应注意食品的保存与加工，饮用水也要尽可能密封，做到不喝生水，以减少和预防人体内螨病的产生。

说到皮肤，有两种螨害最引人关注。一种是蠕形螨，我国普通人群的面部感染率很高，达到七成，包括儿童和老年人，儿童的男女感染率没有明显的差别，成年男性的感染率高于女性。严重时还会伴有其他的病变出现。症状严重者宜药物治疗，基本上可以治愈，而未经治疗不会自行消失。因此，蠕形螨的传染源只能是蠕形螨病患者和健康带虫者。蠕形螨的感染，毛囊蠕形螨约占 90%，皮脂蠕形螨约占 10%。这两种蠕形螨的成螨、若螨以及幼螨均能传播该病，成螨是主要传播者。蠕形螨常常活动于人体皮肤的毛囊口附近以及体表皮肤，通过接触可以传播。蠕形螨病的传播可以分为异体传播和自体传播。异体传播是主要的传播方式，人与人之间可有直接接触感染，如哺乳、亲吻、握手、按摩等接触方式。间接传播的方式为共用物品，如共用洗漱用具、毛巾、脸盆、梳子、化妆品以及化妆用具等。另外，诸如旅馆、饭店、美容美发店、足疗店以及化妆室等公共场所是造成蠕形螨间接传播的主要场所。自体传播是从人体的一个部位传播至另一个部位，导致人体的感染范围扩大。

为此，预防措施包括：避免或回避与蠕形螨患者的直接接触，如亲吻、握手等；避免与蠕形螨患者的间接接触，如共用毛巾、脸盆、卫生洁具等；蠕形螨患者和感染者接触过的物品，宜用 54 ℃以上的高温杀螨，不能消毒的物品最好丢弃不用；定期用硫黄皂清洁面部以预防蠕形螨感染的发生；人体蠕形螨的反复感染是难以解决的问题，感觉面部不适者应该去专业部门接受检查，以防患于未然。

另外一种是疥螨，其引发的疥疮属于接触性传染性皮肤病，易流行，传播快，危害大。因此，必须有“洁净卫生”的生活观念。在改善居住条件的同时，加强个人卫生防护，做到“勤洗、勤换、勤晒”。常保持居室内的通风换气，避免与疥疮患者本人及其物品接触。若有家庭成员感染了疥疮，应该立即隔离并根治疥疮，使感染局限于较小范围。患者的随身用品应使用沸水浇烫，以杀灭离体疥螨。另外，疥疮患者应该以治愈为标准，防止病情反复。

蜱虫与喂养宠物是现实生活中存在的威胁，尤其是蜱虫，已经在我国引发了公共卫生事件，致人死伤，产生了严重的负面效应。一方面，自然界中存在的蜱虫可叮咬人且吸血，它们并不一定带有致病菌或者病毒；另一方面，当蜱虫寄生于宠物或者家畜后，其可能带有致病菌或者病毒，其后通过叮咬吸血的方式将这些致病菌或者病毒传染给人类，就会引发一系列的突发公共卫生事件，因此，防范蜱虫叮咬是一个重要环节（见图 4－11）。尽可能减少接触宠物，也是重要措施，最好是能够阻断与宠物的接触。即便是喜爱宠物，经常与其亲密接触，也要了解宠物的基本习性和健康状况，掌握防蜱螨伤害的基本技巧，也是非常必要的。

宠物狗勿进入草地，那里有吸血和寄生于狗的蜱

图 4－11　防范蜱虫的叮咬是重要的环节

野外作业或者需要到草丛中工作时，宜在衣服和裸露的皮肤上喷涂避蚊胺和驱蚊液，最好穿着长筒胶鞋，着长袖防护服，穿长裤，扎紧裤脚、袖口和领口，尽量减少皮肤裸露的面积。作业和工作结束后，不宜将上衣和防护服带回家，以免蜱虫误入家中。洗澡时，须仔细确认自己是否被蜱虫咬伤？随身衣服上是否粘有蜱虫？衣服上如果粘有蜱虫，宜用透明胶带粘住，处死后丢弃。如不慎被蜱虫

咬伤，千万不要惊慌。蜱常附着于人体的头皮、腰部、腋窝、腹股沟以及脚踝下方，宜用酒精涂在蜱身上，使蜱的头部放松而自行松口。找不到酒精时可用百草油、乙醚、煤油、松节油、旱烟油等涂在蜱身上。不宜用普通镊子等工具将其除去，也不能用手指将其捏碎。要用尖头镊子将蜱虫取出，也可以用烟头、香头轻轻烫蜱露出体外的部分，使其头部自行退出。切勿生拉硬拽，谨防拽伤皮肤，或者将蜱的头部留在皮肤里，因为蜱将头钻入皮肤内时，由于蜱的口器很复杂，口器里长有倒刺，会越拉越紧。而蜱的头部如果留在皮肤内，则可能在局部形成肉芽肿，需要手术切除。取出蜱虫后，再用碘酒或酒精做局部消毒处理，并随时观察身体状况，如出现发热、叮咬部位发炎破溃及红斑等症状，要及时就诊，以免错过最佳治疗时机。

对蜱虫的叮咬，国外学者总结了几种处理方法，包括两种工具和一种应急处理法。第一种工具就是蜱虫电击棒，这是一种物理去除蜱虫的工具。使该工具的一端带电，当接触到蜱虫时，会产生电击作用，导致蜱虫休克，继而安全地将蜱虫自人体皮肤内移除（见图 4－12）。第二种工具是蜱虫移除器，该工具自蜱虫的腹部和背部紧紧地钳住蜱虫的虫体，然后慢慢地将蜱虫从皮肤上移开（见图 4－13）。这些对付蜱虫的工具，消费者的反应不一，毕竟操作方法因人而异，具体操作时也有难易之分。应急处理法是凡士林法（见图 4－14）。凡士林是一种烷系烃或饱和烃类半液态的混合物，也叫矿脂，由石油分馏后制得。其状态在常温时介于固体和液体之间。天然凡士林取自烷属烃重油等石油残留浓缩物；人造凡士林则取自用纯地蜡或石蜡、石蜡脂使矿物油稠化的混合物。凡士林有矿物油气味，可用作药品和化妆品原料等。被蜱虫叮咬后，将凡士林厚厚地涂抹于被咬部位，静置 30 min，随后用镊子夹住蜱虫顺势移除。蜱虫幼虫比较容易移除，若虫和成虫相对困难。有些蜱虫甚至需要数日才能移除。此时，去医疗部门找专业医师，用局部麻醉药麻醉后取出蜱虫即可。遗憾的

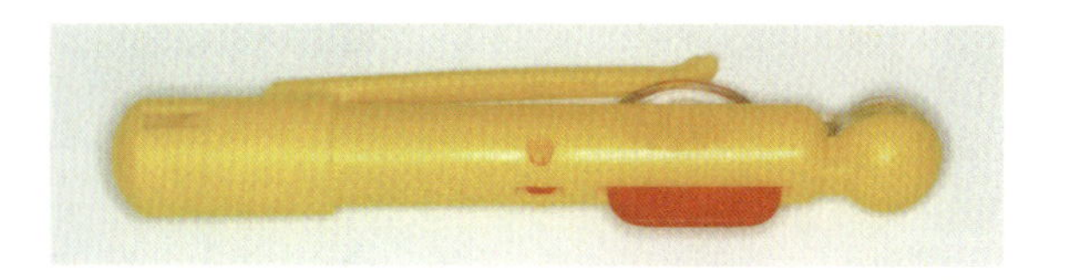

图 4－12　蜱虫电击棒

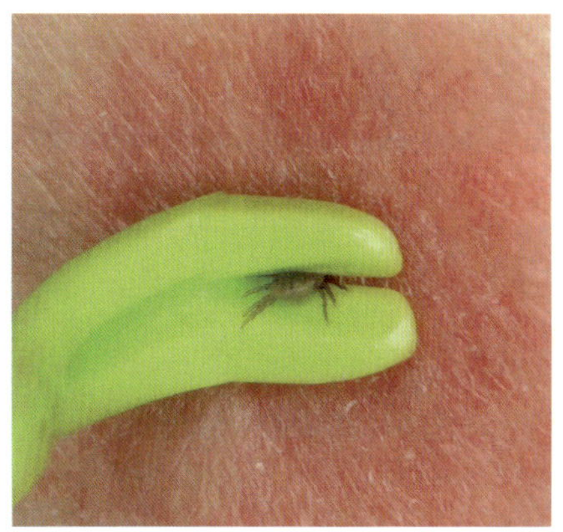

图 4－13　蜱虫移除器及其操作

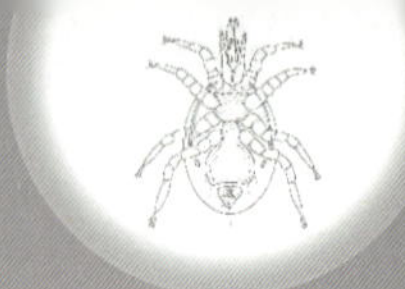

是，用此法移除的蜱虫，已经很难用于研究了，只能舍弃。

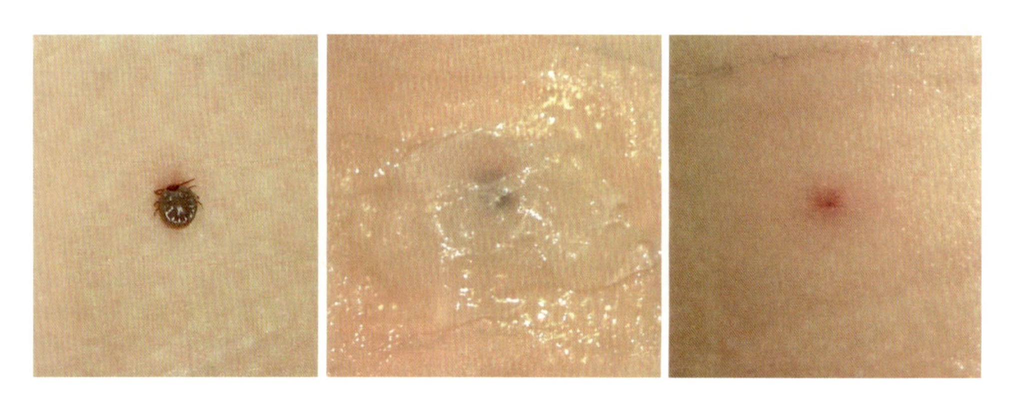

图 4－14　用凡士林法移除皮肤上的蜱虫

第五章　食品与防螨

第一节　居家食品与螨

食品是我们满足生存需要的必备物质之一。现在，社会在高速发展，人们的生活水平在不断提高，对于食品的要求也越来越高。多年来，食品安全是一个关注度很高的话题，也是媒体争相报道的焦点。

在日常生活中，食品中混入异物的情况并不罕见。国外的某调查研究资料显示，在全部食品安全投诉案件的744件案件中，有关“混入昆虫和节肢动物”的投诉案例最多，达到了271件，占总数的36.4%。其他的投诉原因包括：有动物性异物（107件，占14.4%），金属与矿物性异物（105件，占14.1%），纸张、木屑、纤维以及寄生虫等（65件，占8.74%），以及其他原因（如重金属、微生物等）（152件，占20.4%）。我国食品安全事件也屡遭曝光，如近期曝光的安徽省芜湖市某幼儿园出现了生虫米和过期白醋事件、前些年被曝光的雪碧“虫子门”事件、费列罗巧克力生虫事件等。从以上这些数据可以看出，螨和害虫对于食品的侵蚀与破坏不容忽视。

随着现代生活节奏的加快，食材种类也在不断增加，同时针对混入食品的“昆虫和节肢动物”的投诉也不见减少，因此，对于普通公众来说，具备一些基本的防虫知识还是很有必要的。总之，“防虫”与“控虫”主要着眼于三个方面，即食品的生产场所、居家生活的场所以及食品成品和原材料的保管场所。对一般公众来说，主要涉及的是居家生活的场所，居家的“防虫”与“控虫”，与自身的食品安全息息相关。

在经济不发达时期，人们的居住环境不理想，基本上难以保证食品的安全储藏和安心食用。随着经济社会的不断发展，电冰箱、冰柜、冷库等电器设备的普及，家庭的食品保存与防虫抗菌水平得到了空前的提高，许多以前存在的食品安全风险得到了有效的控制与改善。许多长期储存的食品基本上都采用了真空包装，这也进一步降低了虫害发生的概率，是时代进步的标志。

另外，在日常生活中，对食品的保管保存也存在着差异。有些节肢动物

（如螨类）是依据居家人群的食品保存状态来确定自身生存的。而且食品的保存最忌讳高温高湿。一旦保存状况不佳，总会有霉菌和螨类等的滋生。例如，奶酪、巧克力、酒糟、豆面酱等，这时食品上可见螨类大量滋生。有些食品本身可助长螨类的繁殖，有些可能没有。螨类的繁殖与食品的种类密切相关。日常生活中，比较容易发生螨害的食品有奶酪、巧克力、奶粉、辣椒、豆面酱、酒糟、西餐汤料、花椒、芝麻、鱼干等等，在此不一一罗列。总之，在不经意间将螨类食入腹中也是常有的事情。但即便如此，也不会马上患病。发生螨害的食品通常保存欠佳，因此，尽可能食用未被螨污染的食品，食品的保存场所要求湿度低，避免日晒，凉爽通风。已开封的食品尽可能一次性吃完，不给螨类觅食和滋生的机会，这同样也适用于真菌和细菌。

农作物和果蔬也是螨类寄生的重要对象。这些螨类主要有叶螨、细须螨、粉螨、食甜螨、跗线螨以及瘿螨。叶螨一般认为其为红色，实际上，叶螨的颜色非常丰富，有黄色、橙色、绿色、红色以及褐色等，且种类繁多，全世界已知的叶螨竟然有1000多种。果蔬的害虫是瘿螨，其种类有2000种以上。农作物与果蔬的害螨，在植物生长发育和储藏保存的过程中，都可能损害果实。害螨啃食和破坏果实，降低其作为食物的营养价值，使其糜烂变质以至于无法食用。这类螨主要是粉螨类和食甜螨类。

干燥食品是比较容易发生螨害的。这类食品在普通家庭中较为常见。例如，面粉、小麦粉、大豆粉、麸皮、米糠等；另外，成品类食品如方便面、面包、饼干、巧克力等，调味品如鱼干、鱼粉、奶酪、奶粉、黑砂糖、豆面酱、香辣调味料也是螨类喜好的食品。由于螨类以真菌和食物碎屑为食，所以在发生螨害的食品中，会出现寿命殆尽而死亡的螨体以及螨体碎片、螨类裂解产物、活螨蜕下的皮、螨排泄物、代谢产物以及真菌和其他微生物等。被螨类啃食了的食品，其危害不仅局限于食品的外观，也影响了食品的色泽，甚至改变了食材的风味。直观地讲，螨害食品的口感大打折扣，吃起来也不香，且食品的品质已经下降，使食者的进食欲望下降，有时还诱发恶心、腹泻等反应。

螨害食品中的螨类与食品中的霉菌有着密切的关系。有鉴于此，食品的防螨方法与防霉方法同等重要，且原理大致相同。食品中的寄生螨类与居室内灰尘中的螨类有许多是同类型的螨，但是以粉螨居多，而最值得关注的螨是腐食酪螨。

下面简要介绍一些在食品中寄生的螨类。

甜果螨（*Carpoglyphus lactis*）体长400 μm左右，身体呈椭圆形，表皮半透明，足和螯肢淡红色，属粉螨。正如其学名一样，该螨喜好味甜的食品，在全世界分布广泛。在果脯、黄油奶糖、饼干、红糖、黄糖、油炸糖点心、豆面酱、花生等食品中均可检出，在绝大多数的含糖食物中均有寄生。

在食甜螨科的螨类中，普通食甜螨（*Glycyphagus destructor*）和家食甜螨（*Glycyphagus domesticus*）的检出率较高。这两种食甜螨均为椭圆形，螨体长

300 ～ 500 μm，背面长有许多带刺的长毛。除在奶酪、火腿、鱼干、小麦粉中可以找到之外，在干草、蜂巢、居室内灰尘中也可以检测出。

纳氏皱皮螨（*Suidasia nesbitti*）（Hughes，1948）体长 250 ～ 350 μm，外形呈阔卵形，表皮呈乳白色，有纵纹。体表有小的鳞状花纹。纳氏皱皮螨在我国分布广泛，在大米、碎米、麦子、面粉以及其他粮食中有发现，为常见的储藏物螨类。此外，在日式建筑的隔扇中也可发现它的踪迹。国外学者研究认为其分布于温带地区。

脂螨（*Lardoglyphus*）体长 300 ～ 400 μm，在干青花鱼薄片、鱼干、鱼粉、黄豆粉中可以找到。它的休眠体可附着于干松鱼虫（一种食品害虫）的虫体上。脂螨的迁移和分布要依附于食品害虫。脂螨为全球分布的螨种。

粉螨是在食品中寄生的主要螨种。代表性的螨有粗脚粉螨（*Acarus siro* L.，1758）和腐食酪螨（*Tyrophagus putrescentiae*）（Schrank，1781）。粗脚粉螨在豆粉、油炸点心、豆面酱中可以找到。在居室内灰尘样品中也能检测到。此外，还有椭圆食粉螨（*Aleuroglyphus ovatus*）（Troupeau，1878）。

腐食酪螨（见图 5 －1），是食品中检出频率最高、分布最广、危害最大的螨。在居室内灰尘中，也是优势螨种。

图 5 －1　显微镜下的腐食酪螨

腐食酪螨的雄螨长 280 ～ 350 μm，雌螨长 320 ～ 410 μm。体表呈半透明或者乳白色，光滑，长有长毛。特别是身体后部的 6 对长毛比较明显，其长度与螨体长度相当，见图 5 －2。

腐食酪螨的发育与粉螨相同，分为 5 个阶段，即卵、幼螨、第一若螨、第三若螨、成螨，未见有休眠期（见图 5－3）。可发育的温度为 10 ～ 35 ℃，而 20 ～ 25 ℃ 是最适宜的温度。喜好高湿的环境，相对湿度 90% 左右为最适宜湿度。腐食酪螨与真菌类的关系密切，摄食青霉菌、散囊菌属菌以及曲霉菌等。

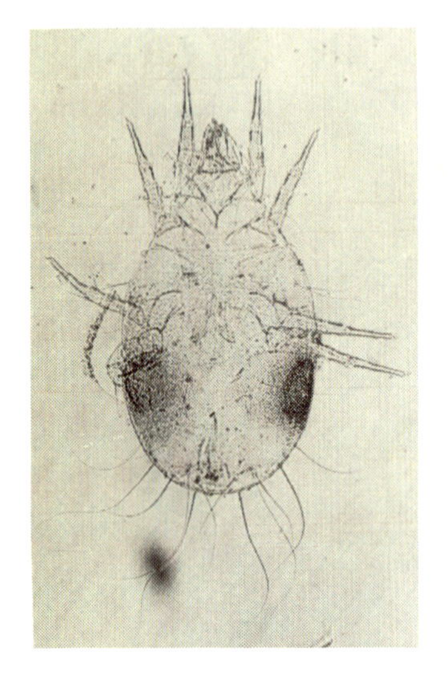

图 5－2　腐食酪螨的标本

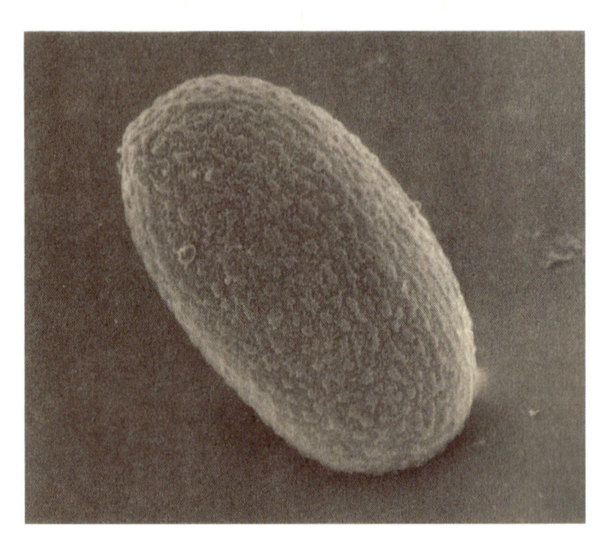

图 5－3　腐食酪螨螨卵（扫描电镜放大 400 倍）

腐食酪螨的繁殖能力惊人，如果繁殖条件适宜，一只雌螨一天可产 10 个左右的螨卵。因此，短时间内可大量繁殖，给食品带来严重的污染。这样就会形成繁殖的高峰。但繁殖高峰过后，死亡螨体就会急剧增加，不久食品就会像撒了粉一般，残留下大量的死亡螨体，难以找到产卵生存的活螨。

腐食酪螨几乎在每个家庭都能找到。只要将腐食酪螨喜好的食品放置于家庭的某处一周，只要不是冬季，都能找到它的踪迹。一般来说，每年的 1 月、2 月，气温较低，腐食酪螨的活动较少；而 6 月、7 月、9 月、10 月，腐食酪螨出现得比较频繁。

腐食酪螨比较耐低温，不耐高温。实验数据显示，若要用低温处死腐食酪螨，在 0 ℃时需要 30 个小时，而在零下 10 ℃时则仅需 3 个小时。高温处死时，35 ℃需要 1 个小时，45 ℃需要 3 min，50 ℃则仅需 1.4 s。

在普通家庭，要防止食品被腐食酪螨侵蚀和污染，最好的办法是将食品与干燥剂一起放入瓶子、罐子、塑料袋中密封保存。存放在冰箱中的食品，即使沾上了腐食酪螨，由于低温的原因，螨的活动迟缓，难以繁殖；虽然不致破坏食品，但也不容易死亡。因此，要想长期保存食品，仅仅盖上瓶盖还不行，在瓶盖处牢固地贴上塑料膜密封才有效果，否则螨会爬入其中。

在计划经济时期，食品实行配给制，卫生状况也不佳，普通的食材中都有螨类的滋生，如白糖和红糖中就有甜果螨的滋生。此外，在豆面酱、干果类食品中

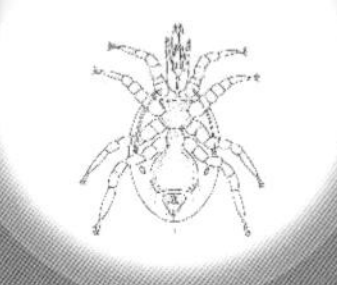

也能检测到甜果螨。那时，几乎所有家庭的储藏食品中都能够找到螨的踪迹。一般来说，滋生的螨类都是粉螨，其代表就是腐食酪螨。

改革开放后，随着经济的蓬勃发展，社会显著进步，居民的生活水平不断提高。生活家电的普及，大大降低了螨类侵蚀食品的概率。然而，腐食酪螨适应环境的能力很强，作为以前侵蚀食品的螨，现在在居室内灰尘中也能找到，而且能大量滋生。

我国居民在度夏时，喜欢睡在蔺草席上，一来可以清凉解暑，二来可以带走身体内的汗液和热量。但是不可忽视的是，腐食酪螨平时就藏在蔺草席中，如果视而不见就会成为安全隐患。蔺草席在夏季开始使用前，应该先行除螨而后再使用。

日本是一个蔺草席使用十分频繁的国家。自 20 世纪 50 年代开始，日本由于大量修建钢筋混凝土建筑，并在居室内铺设蔺草席以代替地板，形成了所谓的“日式风格建筑”，俗称为“榻榻米”。但是，其带来的安全隐患就是螨类的大量滋生，代表性的螨就是腐食酪螨，除此以外还有粉螨、尘螨、肉食螨等。而且，日本曾经发生过由腐食酪螨引起的螨害集中暴发事件，以 1968 年发生的东京都下町田市公租房住宅区的螨害大暴发事件最为令人震惊。被媒体形容为“腐食酪螨改变寄生环境，对人进行了逆袭”。

腐食酪螨在居室内多存在于家具和蔺草席的边缘区域，当居住者发现后心情会变坏，有时会明显感到被螨虫刺咬，或者皮肤瘙痒。即便现在，国内外发生的“蔺草席螨害”依然是一个绕不过去的话题，每年夏季的 6—9 月是暴发的高峰季节。积雪地域由于居室内有采暖设施，在隆冬季节和开春之前有时也会发生。

另外，我国是中医药的故乡，拥有丰富的中药材资源，中药材的产量巨大。因此，中药材的螨害也不容忽视。国内学者李兴武、李朝品、刘学文和唐秀云等先后调查了中药材的储存状况，发现了中药材中有螨类的滋生，主要为粉螨，其次为线虫和昆虫等。在生地、桑椹、独活、藕节、炒瓜蒌子、茜草、浙贝母等中药材中，均发现有粉螨、线虫以及昆虫的踪迹。这对于中医药产业来说，也是一个不可忽视的关键课题。

第二节　食品的防螨及其发展趋势

对于食品的防螨来说，其发展的目的是让人们生活得更加健康，生活品质更高，远离各种节肢动物、过敏原、生物毒素等的侵害。然而，在现实生活中，我们还远远达不到这一要求。对于食品、中药材等的储藏，在很多时候都是简单包装一下后置于阴暗、避光的场所保管。

在日常生活中，家庭必备的食品与药品包括：粮食、面粉、中药材、谷物、调味品、零食等等，这些都是粉螨与尘螨比较喜欢的食物。平时，每家每户都有一定量的食品处于储藏状态，而保存与管理就是一个难题。食品的保管与储藏需要防备节肢动物、昆虫等诸多有害动物的侵袭，如家鼠、蟑螂、苍蝇、书虱、螨类、裸蛛甲、蚜虫、摇蚊、马陆、谷象、蛾子、番死虫等。本节重点介绍螨类。

关于食品的防虫防螨对策，国外的食品企业有一些管理理念，值得我们学习与借鉴。概括起来就是“5W2H”——

(When) 何时会发生虫害（螨害）?

(Where) 虫害（螨害）发生于何处?

(Who) 虫害（螨害）发生时的责任人是谁?

(What) 导致虫害（螨害）发生的元凶是什么?

(Why) 为什么会发生虫害（螨害）?

(How to) 如何解决虫害（螨害）问题?

(How much) 解决虫害（螨害）问题需要花费多少人力和物力?

在这些管理条例中，最重要的疑问是：导致虫害（螨害）发生的元凶是什么？无疑，只要厘清了“虫”的种类，其后的虫害（螨害）问题就迎刃而解了。其次，何时会发生虫害（螨害）？虫害（螨害）发生于何处？这些疑问的关键点在于如何归纳和整理过去发生的虫害，形成历史资料，为未来的食品管理提供参考资料。食品的虫害问题不是一个孤立的事件，而是全球性问题，在发达国家发生，在发展中国家也会出现。此处不一一举例。

如前所述，食品中总会出现一些粉螨和尘螨，它们不仅污染了食品，还使食品变质、变味，甚至引诱捕食性螨类来找寻猎物。为了预防食品免遭螨类的侵蚀与破坏，充分知晓其发育过程是很有必要的。

我们在此简单梳理一下它们的特点。

1. 粉螨

就粉螨而言，日本学者认为其有6期，即1期：螨卵期（egg）；2期：幼螨期（larva）；3期：第一若螨期（protonymph）；4期：第二若螨期（hypopus）；5期：第三若螨期（tritonymph）；6期：成螨期（adult）。根据环境条件的变化，有些螨没有经过第二若螨期，而直接进入第三若螨期。第二若螨期在环境恶劣时常有，也称休止期，螨可不摄取营养物质而长期生存。粉螨的发育与温、湿度条件关系密切，在适宜的温、湿度条件下，2～3周可发育一代。

2. 腐食酪螨

代表性粉螨是腐食酪螨，学者们对它的研究最透彻。它的最适宜发育条件是：温度25 ℃，相对湿度75%。具体发育情况如下：螨卵期4～6天，幼螨期1～2天，第一若螨期1～2天，第三若螨期1～2天。

这样，腐食酪螨自产卵开始至发育为成螨需要的天数是10～11天。我们也

知道，腐食酪螨的产卵能力是惊人的。

3. 椭圆食粉螨

椭圆食粉螨螨体较腐食酪螨稍大。常发现存在于脂肪丰富的干鱼、面粉和较湿润的食材中，也见于饲料中。椭圆食粉螨的最适宜发育条件是：温度 30 ℃，相对湿度 85%。此外，椭圆食粉螨十分耐低温，在零下 30 ℃的环境下也能生存 5 h。

4. 河野脂螨

河野脂螨夏季多见，常发现存在于脂肪丰富的干鱼、面粉及其他食材中。河野脂螨的最适宜发育温度为 30 ℃。其自产卵开始至发育为成螨需要的天数较短，仅需要 6 天。

5. 甜果螨

甜果螨为世界性分布，常发现存在于粗砂糖、干果蜜饯、调味品中，范围比较局限。甜果螨的最适宜发育条件与腐食酪螨一致。在此条件下甜果螨自产卵开始至发育为成螨需要的天数是 11 天。

6. 普通食甜螨

普通食甜螨常发现存在于鱼肉产品中。普通食甜螨在欧美各国是被重点关注的食品害虫，也见于进口食品和粮食仓库中，有时会引起大爆发。

7. 纳氏皱皮螨

纳氏皱皮螨为我国常见的储藏物螨类，也见于青霉素粉剂中。

食品的防螨与其他害虫的防治大致相同。主要有以下几点：

(1) 瓜果蔬菜通常放置于厨房或者储藏室，常温或者冷藏存放，如果用于生食，最好在食用前，用普通盐水浸泡一段时间后再削皮食用，以除掉寄生于植物和蔬菜的螨及其他害虫（也有死虫）。螨常常藏匿于瓜果蔬菜的根、蒂、叶等处，盐水浸泡后害虫上浮而被除掉。

(2) 螨类常滋生于食品之中，因此很难用化学药物进行杀灭。物理方法成为行之有效的手段。主要是防止螨类的侵蚀和大量繁殖。粉螨一般不耐高温，耐温食品可用热处理方式除螨。例如，腐食酪螨在 35 ℃时，50 min 可以杀灭；45 ℃ 时 1 ～ 2 min 可以杀灭。在烹饪凉拌菜等的工序中，也应尽可能延长煮烫的时间，以杀灭残存的螨类。利用这一特点，在晴天用日光曝晒法可有效去除食品中的螨。另外，可利用的方法还有蒸汽（一般推荐高压锅）、煮沸、干热（干烤）等杀螨手段。有学者测试了高温对粉尘螨的影响与作用，详细数据请参考表 5 - 1。

(3) 低温处理在理论上也能杀灭螨类，但实际操作上还有困难。低温确实可以阻止螨类的繁殖。例如，0 ℃ 时，30 h 可以杀灭螨类；零下 10 ℃ 时，3 h 可以杀灭螨类。可利用这一特点来杀灭或者去除一些有价值食品中的螨类，如名贵中药、精加工的食材、特殊用途的食品（如军事、航空航天等领域）。对于普通消费者来说，食品低温保存后螨类没有发生大量繁殖，已经达到了既定的储藏目的。为了减少被螨类和霉菌污染，同时不给有害微生物繁殖的机会，食品应尽早食用。另外，超低温冷柜、冰柜等电器，如果长期使用，则会增加防螨的成本，这也是短处之一。

（4）调节食品的含水率和改变储藏环境的相对湿度，也是食品防螨的关键措施之一。螨类对干燥的抵抗力较弱，一旦降低了食品和食材的含水率，就能抑制螨类的发育。腐食酪螨在食品含水率低于10%时停止发育。因此，控制食品的保存环境也显得相当重要，一般来说，环境的相对湿度保持在60%以下可以获得较好的控螨效果。

（5）食品的包装对于需要储藏的食品来说必不可少。加工时调节其水分的含量也是重要的步骤。有些食品的包装袋中有吸湿剂，可吸附一些水分，降低食品的含水率。现在的食品多采用真空包装，螨类可因缺氧而死亡，从而达到控螨的目的。

（6）家庭中的防螨，还有一个措施，就是消除螨类的滋生源。剩余的食物残渣和灰尘要及时清除，以阻断螨类的食物来源。一旦发现有螨类滋生，要焚烧掉受污染的食物，用烟熏和杀虫剂来处理现场。

（7）在我国南方，饭前有用热水洗涮碗筷羹勺的习惯，这种做法或许有稀释清洁剂和洗洁精浓度的意味，但更重要的是可以除去螨等害虫及其脱落物、排泄物（过敏原），值得向公众推荐。见表5－1。

表5－1　高温杀灭粉尘螨测试数据

温度、时间	第一组活螨	第二组活螨	第三组活螨
40 ℃　30 min	活	活	活
40 ℃　1 h	活	活	活
45 ℃　30 min	活	活	活
45 ℃　1 h	活	活	活
50 ℃　30 min	活	活	活
50 ℃　1 h	死	活	死
55 ℃　30 min	死	死	死
55 ℃　1 h	死	死	死
60 ℃　30 min	死	死	死
60 ℃　1 h	死	死	死
对照组	活	活	活

注：“活”为粉尘螨存活，“死”为粉尘螨死亡。

现在，食品防螨在发达国家有新的研究动向，值得我们关注。首先，这些动向是针对食品企业的，因为食品企业是日常食品的提供方，对食品企业进行严格管理，能够使大多数消费者获得安全的食品，保证身心的健康。如“HACCP 系统”“ISO 22000”。而对于消费者的家庭来说，以上条例与标准可以作为参考。家庭与企业的食品防螨与防虫，还是需要日常“监控”，或者称为传感装置。

在普通家庭进行食品防螨，应该是不包括用化学制剂杀螨的，化学制剂也不宜用作引诱剂。因为其可能会产生环境污染，而且存在被婴幼儿误食的风险。取而代之，一般都会选用食品来作为尘螨引诱剂，因为其安全性不会受到质疑。另外，根据尘螨信息素的研究进展，通过提纯的方式，某些尘螨信息素也可以作为尘螨引诱剂来使用；但就目前来说，其应用还相当遥远。前面提到的传感装置，目的是“监视”螨类活动。通过早期发现来阻止虫害的发生，在虫害发生的初期就采取必要的措施，防患于未然。

防螨技术随着科技的发展也在不断地进步，对于杀灭螨虫来说，诱杀是一种高级手段，效率很高。因为在很多物体的表面和内部都有螨虫，主要是尘螨和粉螨的滋生。尘螨和粉螨的滋生不仅会产生大量的排泄物，也会有大量的脱落物伴随（如蜕皮等）。诱杀不仅可以杀灭尘螨，而且还可减少局部排泄物和脱落物的堆积，减少物体内部留存的灰尘和垃圾。当然，首当其冲的，是要引诱螨类来觅食，使其吃掉引诱剂。

一般而言，某种食物会刺激尘螨的味觉和嗅觉，进而吸引尘螨进食。在螨虫聚集区域，都会有各种尘螨的出现。

我国地大物博，各种可食物种类繁多，除了有普通食品，还有很多传统食品、功能食品、中药材等等，每年还有新食品问世。如此众多的食品，它们对于螨虫的感受性如何，一直未有深入的研究与探讨。另外，对于各个螨种（如粉尘螨、屋尘螨、腐食酪螨、家食甜螨等），未见有喜爱物质的排序。对这些技术资料进行挖掘与整理，是非常有价值的事情。特别是在根据不同的现场、不同的需求，制作不同的诱捕装置时，这些资料就显得弥足珍贵。

在发达国家，有许多成熟的产品是利用诱捕尘螨的原理来达到“监控螨类活动”的目的的。这可以有效掌握“螨类”的活动方式与规律，也可以保护储藏食品或者其他食品免受螨类的侵害，具有积极的预防作用。

在这里介绍一种尘螨引诱剂甄别装置及其方法。

在直径较大的平皿的正中央，放置直径较小的平皿一个，为防止直径较小平皿任意移动，其底面用双面胶固定。在直径较大平皿的空余位置均等间隔放置若干目纱筛（尺寸未公布）数个，纱筛与纱筛之间用双面胶密封，防止螨虫到处逃逸，但是纱筛可以自由拿取。纱筛与直径较小平皿之间用透明胶带搭桥连接。在前期制样时，确保所有的试验用粉末颗粒小于 0.1 mm而大于 0.015 mm。

在每个纱筛的中央位置，放置若干克待测样品（根据预备试验的情况而定），本次暂定为0.05 g（此处酌情调整粉末的量，以得到数据为准）。而在直径较小平皿中央，放置约（2000±200）只尘螨（粉尘螨、屋尘螨、腐食酪螨等均可）。

将此组合件置于长方形塑料容器中，用饱和食盐水确保其湿度为RH 75%左右，温度保持在25 ℃左右，盖上盖子，在全暗的状态下静止24 h（可调整时间的长短）。如果有条件，可在恒温恒湿培养箱中做此步骤，省去温、湿度的调控环节，但是在组合件的周围，应设置双面胶，以防止漏网的螨虫逃逸。与此同时，做一组对照组。上述测试可分温湿度条件进行，以获取更详细的数据。

试验结束后，将连接纱筛与平皿的透明胶带用剪刀剪断，连同样品一起，将纱筛置于漏斗中，注意不要使其倾覆。随后用台式日光灯照射，采取热驱赶法，赶走纱筛中所有的螨虫，其间用弯头镊子搅动样品，促使螨虫尽快逃走，并用10倍放大镜观察。在漏斗的下方，放置有水的广口收集瓶（或者烧瓶），以收集逃走的螨虫。数分钟后，确认没有螨虫留在样品中后，将样品收集合拢，称取重量并记录下来，与对照样进行比较。

食品防螨、防虫，还有许多细致的工作要做。未来，随着高技术的发展与应用，相信食品的防螨与防虫会有大的发展，家庭的贮藏食品会变得更加安全。

第六章　生活环境与尘螨

第一节　居室内的螨类

一、居室螨类的起源

人类对于居室内的螨研究得比较早，最先留下螨显微图谱的人是英国学者罗伯特·胡克（Robert Hooke，1635—1703），他是自然哲学家、建筑家、博物学家。他最先从奶酪、谷类、种子、长霉的葡萄酒桶、动物羽毛中发现了螨，并在“显微镜观察图谱”中留下了清晰的甲螨谱图。而最先发现居室内有种类繁多的螨存在，并在文档中记录下螨存在的人是荷兰学者安东尼·范·列文虎克（Antonie van Leeuwenhoek，1632—1723），他是商人、科学家，著名的“微生物学之父”。他用手工制作的简易显微镜进行了科学观察。其手工制作的显微镜仅能放大 270 倍。他仔细观察了居室内储藏的小麦粉、葡萄干、无花果干以及腊肉，发现这些储藏食物的上面聚集了很多螨类，于是，他在文献中留下了如下的记载：“在居室内生存着的最小动物是螨虫”。

数百年前，欧洲的科技比较发达。在当时的欧洲普通家庭中，至少生存着两种常见的螨，它们分别是粗脚粉螨和家食甜螨。这两种螨不仅污染储藏食物，还附着于衣服、寝具、毛巾以及手袋等物品中。到了 20 世纪 20 年代，德国人笛卡（Dekker）于 1928 年发现睡床的床垫中滋生着多种螨虫，他报道了这一事件，遗憾的是他没有进行螨种的分类与鉴定。

普通公众详细知晓尘螨滋生于居室内的现象是近几十年的事情。20 世纪 60 年代，在日本的横滨市发生过中小学生的“集团瘙痒症”。据当时的学生们叙述，只要是来到学校的学生，身体就会出现瘙痒。当时日本著名的蜱螨学者大岛司郎博士进行了详细的现场调查。他在出现病症的学校教室的地面上采集了 330 g 的灰尘，从样品中分离出了 6766 只螨，然后将其制成显微镜标本，并进行了螨的鉴定。起初，大岛司郎博士认为引起学生瘙痒的主要元凶是吸血性的肉食螨。然而，鉴定的结果却令人感到意外。在显微镜标本中，并没有发现吸血性的肉食螨，取而代之的是大量的尘螨。也就是说，发生瘙痒病症的学校教室的地面滋生了大量的尘螨，这直接反映了在学生们的家庭里滋生着大量的尘螨这一事实。大岛司郎博士将这一研究成果发表于日本卫生动物学会杂志《卫生动物》。同年，也就是1964年，以Voorhorst为首的荷兰科研小组也发表了类似的研究论文，该论文指出：自荷兰、瑞士、英国、德国等国的家庭中采集的居室内灰尘中也发现了尘螨，并且用尘螨稀释液来测试13名对居室内灰尘敏感的患者，他们全部表现为阳性反应。居室内灰尘过敏原的产生还是因为尘土中存在着尘螨，因而证实尘螨为这些事件的“元凶”，从而解开了这一谜团。

因此，包括尘螨在内的麦食螨科的螨，与人类的居住环境息息相关，这些知识已经成为一般性常识，它们越来越受到全世界的关注。

前面提到的“人体内螨病”，是因为从患者的血尿中查到了螨类，因此有部分人认为：螨虫可寄生于人体的肾脏，并将这种螨命名为“食肾血虫（nephrophagus-sanguinaris）”，这个名字听起来非常恐怖，也从另一个方面证实人体内螨病的存在。随后，不仅仅是从尿液，自粪便、咳痰、胆汁、腹水以及肿瘤等处都找到了螨虫，这使得部分人产生了疑问：难道人体内真有螨虫寄生吗？甚至有人认为，螨类不仅仅寄生于人体的体表，也会寄生于人的鼻孔、肺脏、体腔等处，这样认为似乎很有道理。

然而，从现实情况来分析，自人体内确认的螨类，并非某种特定的螨种，其种类繁多。且在患者手术时，外科医生也没有发现某个患处确实存在螨虫寄生的迹象。因此，有部分人对此持否定态度。

一般认为，自人体内检测到的螨类，都是居室内普遍存在的螨。为什么能够在体液样品中检测到螨？专家认为有3种可能：首先，考虑检查和检测的器具受到了螨类的污染；其次，考虑自人体内采集到的样品受到了螨类的污染；最后，考虑食物和饮用水受到了螨类的污染。目前，这3种观点成为专家的主流意见。

二、居室螨类的构成

经过多年的研究发现，在世界范围内，居室内生存的螨类大致可分为6类，种类超过140种。当然，也可能有另外的分类方法。一般的居室内螨类调查，最多能够确认30多种，普通的调查也能确认10种左右。

表6-1列出了国外学者研究所得的居室螨类的构成比例。

表 6-1　居室螨类的构成比（%）

	研究者	麦食螨类	粉螨类	食甜螨类	肉食螨类	跗线螨类	甲螨类
1	A（1971）	43.6	3.6	31.8	6.6	6.6	2.7
2	B（1976）	81.1～86.6	3.6～5.2	0.6～2.8	1.4～3.8	2.3～2.9	2.4～2.6
3	C（1976）	93.6	0.7	3.2	1.0	0.002	0.003
4	D（1977）	75.5～87.8	1.2～5.3	0.8～3.7	2.4～6.5	0.3～1.0	4.4～5.6
5	E（1979）	74～86	1～12	1～3	2～5	0～1	1～3
6	F（1985）	73.9	2.0	2.8	4.9	1.1	13.8
7	G（1985）	87.5	0.4	8.6	1.4	—	0.2

首先，居室内灰尘中的螨类，其来源主要有以下 3 种类型：①在居室内生存的螨类；②人或者宠物带入居室内的螨类；③随风吹入居室内的螨类。对于人类来说，最关注且最重要的是在居室内生存的螨类。因为它与我们的接触时间最长，对日常生活的影响最大。按照这些螨类的性质，可以分为：①居室内灰尘中生存的螨类；②建材和食品中寄生的螨类；③捕食上述这两种螨类的捕食螨类。另外，①与②的螨类构成为麦食螨类、粉螨类、食甜螨类。③的螨类构成为肉食螨类。

从居室螨类的构成比例来看，在居室内滋生的螨类中，麦食螨所占的比例最大，而且螨的数量最多。在此我们逐一进行分析与讨论。

三、居室螨类中的优势螨

在人类生活、居住的环境中，存在最多的螨是麦食螨类（属于麦食螨科），它们是居室螨类的优势螨种。日常我们用吸尘器吸附和清扫居室内的灰尘，分离出尘土中的螨，通常麦食螨类的数量占到全部检出螨虫总数的 70%～90%。在居室内，麦食螨类从居住者的身体、汗液以及呼出的气体中获取足够的温度和湿度来满足自身生存的需要，同时摄食自居住者身体落下的脱落物（头皮、皮屑、毛发、皮肤排泄物）和居室内灰尘来满足自身对食物的需求，因此，麦食螨类可以在居室内营自给自足的寄生生活。麦食螨类从生态学的角度看，是非常依附于人类生活的。因而，从某种意义上说，是人类在养育着麦食螨，这非常具有讽刺意味。这种类型的螨虫主要引起人类的变态反应性哮喘、变态反应性鼻炎、变态反应性皮炎等疾病，而且其诱发人类患病的作用明显强于其他各类型的螨类，居于首要地位。

麦食螨的名称，以前沿用的英语很多，称谓非常混乱。诸如，floor mite（地板上的螨）、bed mite（床上的螨）、house dust mite（居室内灰尘中的螨）。现在，各种文献与报道基本上固定称之为“house dust mite”，这些螨类一般被称为“麦食螨类”或者“尘螨类”。我国有学者认为麦食螨可以译为蚍螨，在此不一一赘述。

在1864年，苏联学者Bongdanoff发现了一种螨，将其命名为“*Dermatophagoides scheremetewsky*”。这个名字的意思是“啃食皮肤的螨”，他认为该种螨虫寄生于皮肤，可能是引起皮肤病的病因所在。而随后过了94年之后的1958年，在保管状态下的止泻药中发现了一种螨，日本学者佐佐与真贝研究了这种螨，确认与在苏联发现的螨相同，于是命名为“苏联尘螨”，这是日本对尘螨进行最早研究的记录。此外，日本学者大岛也于1968年将其命名为“麦食螨属”，在公开出版的图谱中将此类螨标注为“麦食螨”。随着研究的深入，陆续发现还有很多相同类别的螨，这些螨均与人类的居住环境有关。如屋尘螨（*Dermatophagoides pteronyssinus*）、粉尘螨（*Dermatophagoides farinae*）以及梅氏嗜霉螨（*Euroglyphus maynei*）等。而*Dermatophagoides scheremetewsky*这种螨由于最终没有进行精确的鉴定，故现在弃之不用。

关于麦食螨科的分类，蜱螨专家们的意见不一。我国学者刘志刚和胡赓熙认为：麦食螨科分为3个属，即嗜霉螨属（*Euroglyphus*）、麦食螨属（*Pyroglyphus*）、尘螨属（*Dermatophagoides*）（见图6－1）。另外，我国学者温廷桓认为：麦食螨科分为3个亚科，即蚍螨亚科（Pyroglyphinae）、尘螨亚科（Dermatophagoidinae）、俳羽螨亚科（Paralgopsinae）。蚍螨亚科有3个属，分别是欧蚍螨属（*Euroglyphus*）、休蚍螨属（*Hughesiella*）、裸蚍螨属（*Gymnoglyphus*）。尘螨亚科有4个属，分别是尘螨属（*Dermatophagoides*）、赫尘螨属（*Hirstia*）、马尘螨属（*Malayoglyphus*）、椋尘螨属（*Sturnophagoides*）。俳羽螨亚科仅有1种螨，这种螨寄生于鸟类羽毛干的管腔中（见图6－2）。而日本蜱螨学者高冈正敏认为，麦食螨科分为2个亚科，即蚍螨亚科和尘螨亚科。蚍螨亚科有5个属，分别是*Pyroglyphus*，*Bontiella*，*Euroglyphus*，*Weelawadjia*，*Campephilocoptes*；尘螨亚科有7个属，分别是*Dermatophagoides*，*Sturnophagoides*，*Hirstia*，*Pottocola*，*Capitonoecius*，*Guatemalichus*，*Malayoglyphus*（见图6－3）。高冈正敏认为，在人类居住的居室内，最常见的5属10种尘螨可以寻找到真实的螨体，它们分别是梅氏嗜霉螨、屋尘螨、新热尘螨（*Dermatophagoides neotropicalis*）、丝泊尘螨（*Dermatophagoides siboney*）、粉尘螨（*Dermatophagoides pteronyssinus*）、微角尘螨（*Dermatophagoides microceras*）、巴西椋尘螨（*Sturnophagoides brasiliensis*）、舍栖赫尘螨（*Hirstia domicola*）（见图6－4）、间马尘螨（*Malayoglyphus intermedius*）（见图6－5）、卡美马尘螨（*Malayoglyphus carmelitus*）。

麦食螨科的特点可归纳为以下5点：①体长170～500 μm，体表有细致的皱纹，有色素；②第一足的远端有2根感觉毛，第三足有1根感觉毛；③有杯状的吸盘和小爪；④雌性成螨的生殖孔大，闭合时呈现出倒置的“V”字形；⑤雄

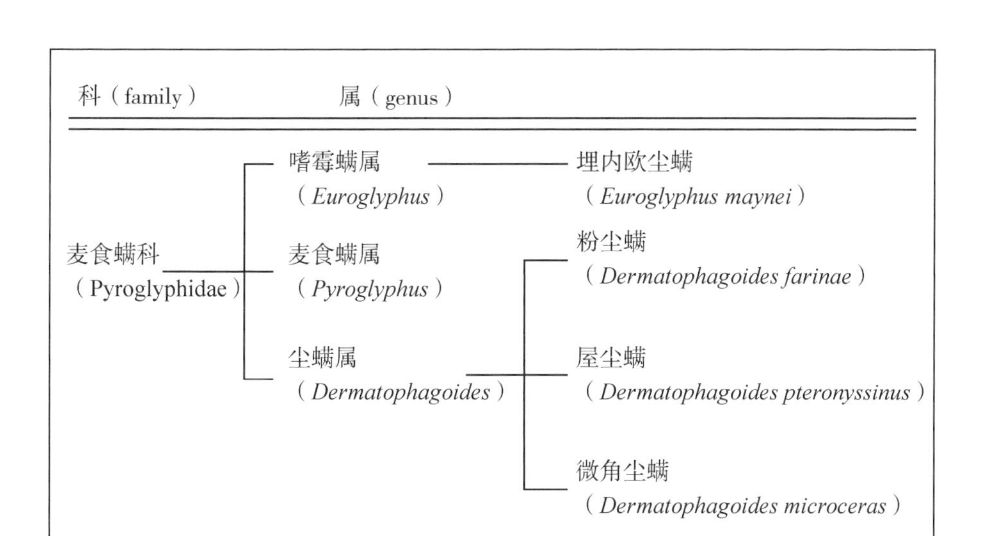

图 6－1　刘志刚等学者在麦食螨科分类上的观点

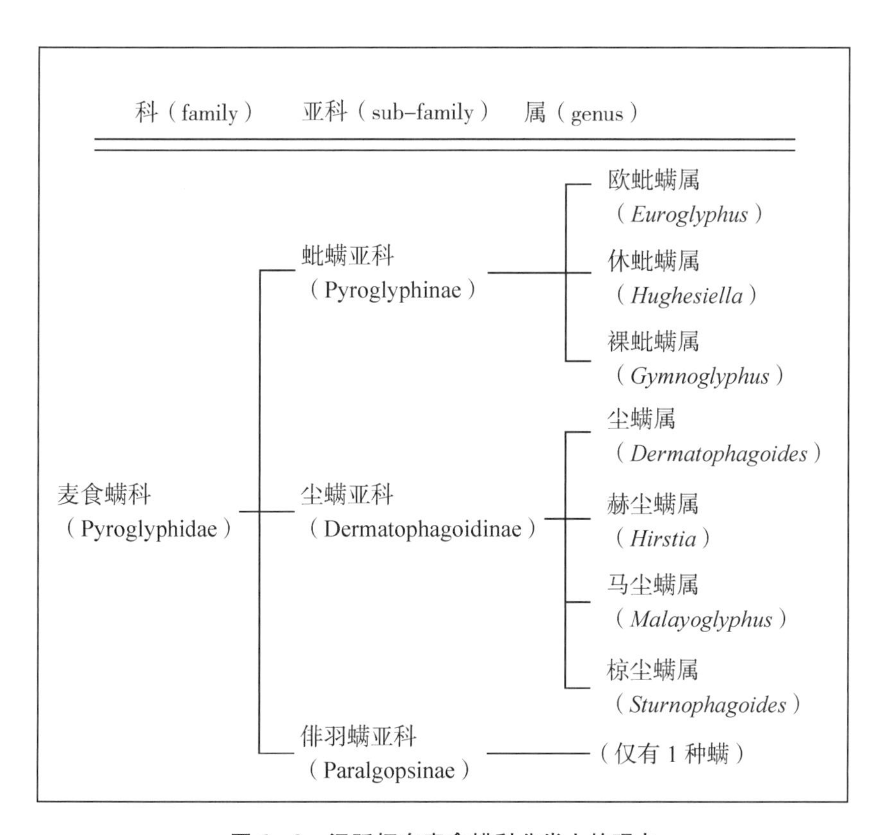

图 6－2　温廷桓在麦食螨科分类上的观点

科（family） 亚科（sub-family） 属（Genus）

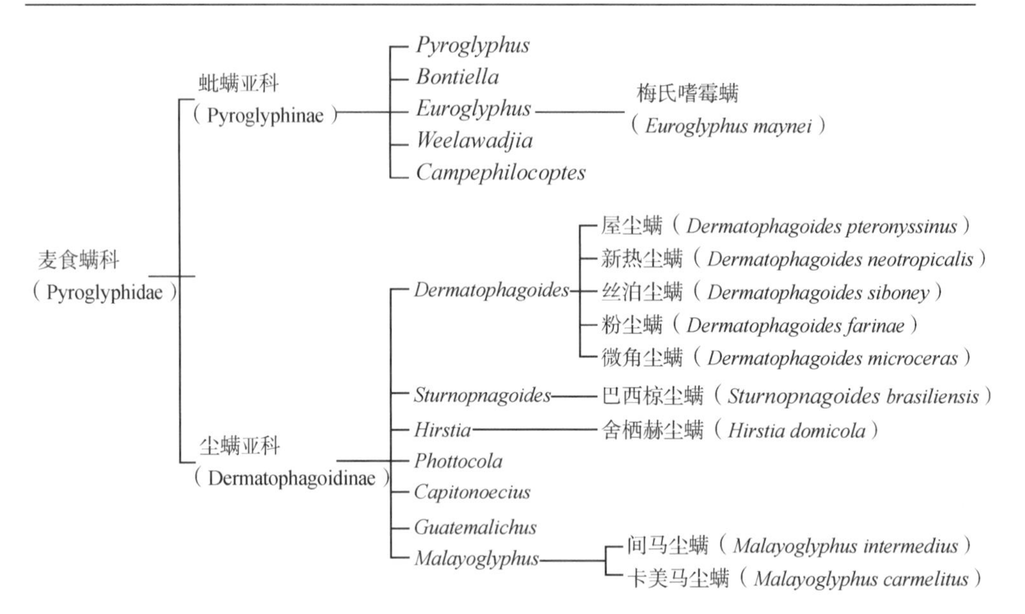

图6-3　高冈正敏在麦食螨科分类上的观点

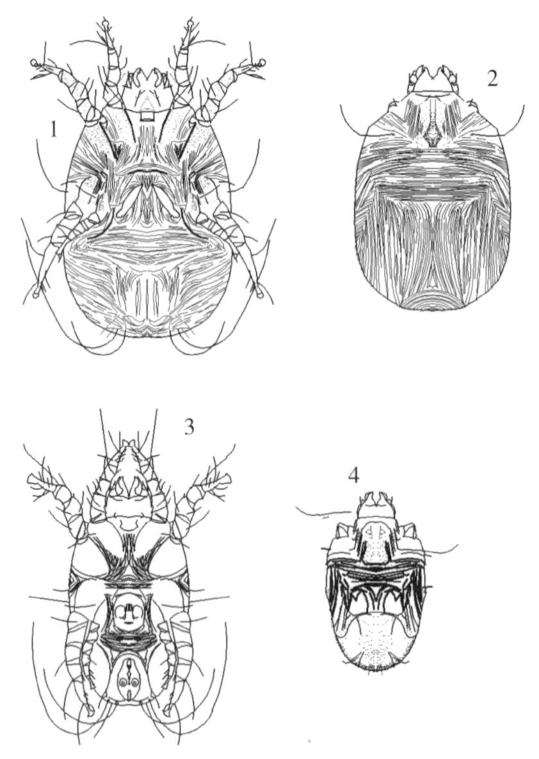

1. 雌螨腹面；2. 雌螨背面；3. 雄螨腹面；4. 雄螨背面

图6-4　舍栖赫尘螨

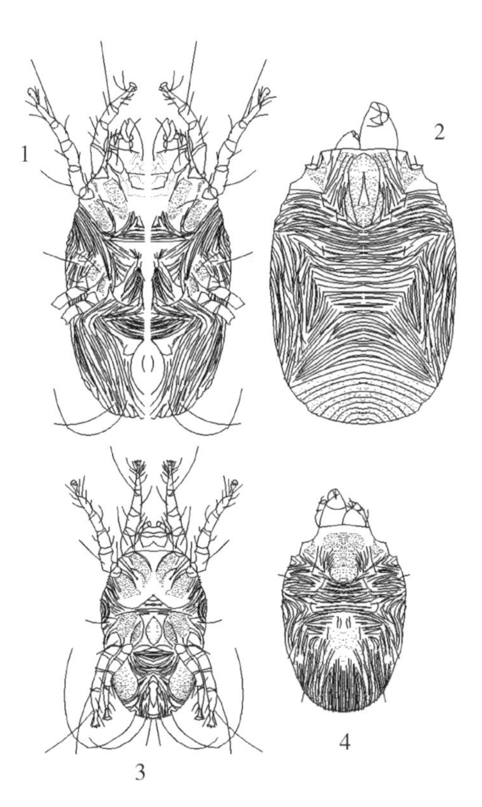

1. 雌螨腹面；2. 雌螨背面；3. 雄螨腹面；4. 雄螨背面

图 6－5　间马尘螨

性成螨与雌性成螨相比，体表较肥厚，体表和足的刚毛较短，处于退化之中。

非常有趣的是，麦食螨科的大部分螨类主要寄生于鸟类和哺乳类动物，这已经在野鼠、蝙蝠以及猿类的巢穴中得到证实；同时，这些螨类被认为以动物的脱落皮毛和皮肤脱落物为食。它们的寄生生活从动物巢穴移到了人类居住的居室内，而这种环境的适应也经历了一个十分漫长的过程。

现在，从进化论的观点来看，是寄生于野鸟巢穴的螨类移居到了人类居住的房间和居室中，还是在人们搭建自己的住家时，螨类已经悄悄地进入到我们的家中来了？这个问题的确没有考证过，但是在我们的居室中，这些螨类确实存在。此外，除了上述螨以外，还有伊凡尘螨（*Dermatophagoides evansi*）、奥连尘螨（*D. aureliani*）、差足尘螨（*D. anisopoda*）、卢尘螨（*D. rwandae*）、骨囊尘螨（*D. sclerovestibularis*）、简尘螨（*D. simplex*）、燕赫尘螨（*Hirstia chelidonis*）、氏椋尘螨（*Sturnophagoides bakeri*）、岩燕椋尘螨（*Sturnophagoides petrochelidonis*）等。

鉴于粉尘螨和屋尘螨的数量最多，因此对它们的研究也最多。它们在外形上有相似之处，但是也有很多不同之处。如背面皮纹的条纹、雌螨的生殖孔和受精

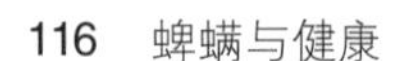

囊的形状、雄螨背板的形状等，在此不赘述。

四、居室螨类中的其他螨

居室螨类的其他螨主要有以下 5 种。

1. 粉螨类

粉螨类在居室螨类中，数量居于第二位，仅次于麦食螨类。粉螨营自由自在的生活，在日常生活领域分布广泛，食性以进食植物性食品或者真菌为主，特别与水稻科植物的关系密切。干草与谷物类等农作物如储存不当，或者置于高温高湿的环境中，就极易引起粉螨的大面积滋生与繁殖。而粉螨的大量滋生一旦发生，经济损失就不可挽回，只能舍弃不用。

粉螨一般表皮较薄，螨体柔软，呈白色或者乳白色，头部有时呈现出淡褐色，身体背面长有带刺的长刚毛，其在干草、谷物、谷物粉末等农作物中寄生，另外，也在鸟巢、鼠窝、昆虫的体表等处寄生。居室内灰尘中存在的粉螨，一般属于粉螨亚科和刺足根螨亚科，最常见且数量最多的螨是：腐食酪螨（*Tyrophagus putrescentiae*）（Schrank，1781）和粗脚粉螨（*Acarus siro* L.，1758）。

腐食酪螨在前面已经介绍过。其在居室内的蔺草席中滋生，特别是在浸湿的蔺草席中最容易繁殖。另外，在居室内灰尘的采集样品中，90% 以上的样品都能检出它。在普通的家庭中都能找到它的踪影。

粗脚粉螨的雌螨长 300 ～ 400 μm，雄螨长 300 ～ 600 μm。与其他的足相比，雄螨的第一足最粗，这是它的特点。粗脚粉螨在居室内灰尘中发现的频率很高，达到了 25% 左右；有时，在样品中它的数量比腐食酪螨还多。粗脚粉螨分布广泛，在英国、德国、美国以及日本等都确认过存在。

2. 食甜螨类

其特点为螨体背部长有比自身长 1.5 ～ 2 倍的刚毛，刚毛又粗又长，还长有刺；体表有轻微的凹凸起伏。居室内滋生的食甜螨类在谷物、干果蜜饯、奶酪、麦秆、皮革制品以及动物标本中均有寄生。

在国外进行的居室内灰尘样品调查中（样品数量 126 份），检出率最高的是普通食甜螨（*Glycyphagus destructor*），其次是家食甜螨（*G. domesticus*）。普通食甜螨的检出比例高达 50%，而家食甜螨的检出比例则仅有 20%。

食甜螨类的生存与光线的关系不大，在明亮或者黑暗的条件下均能爬行。它摄食居室内灰尘中的有机物和真菌。上述两种食甜螨在温度 25 ℃左右、相对湿度 85% 左右的条件下，用干青花鱼薄片进行人工饲养，繁殖速度最快。

3. 肉食螨类

居室内灰尘样品中检出的肉食螨，体型中等，较粉螨类和麦食螨类的体型大。其身体呈浅橙色；背面有横纹，将背面分为前后两块，背面的前后两块背板较发达；头部较大，肢体的远端长有大爪，因此而得名“肉食螨”。

肉食螨类动作迅速，身手敏捷，不仅前后进退自如，而且还能用粗壮的肢体捕捉猎物。如捕获粉螨类、食甜螨类、麦食螨类等。另外，还能捕食书虱、跳蚤的幼虫。

肉食螨为捕食性螨，当食物不足时，肉食螨之间有“同类相食”的现象发生。肉食螨的生活史也是4个阶段，即卵、幼螨、经历两期的若螨以及成螨。若螨经过一个月左右的孵化成为成螨，成螨的产卵数量为100～200个。成螨的寿命为一个月左右。雌螨寻找合适的场所产卵，并看护这些虫卵。肉食螨同伴也会袭击这些虫卵。雌螨担当警戒的角色，一旦受到袭击，感知到危险，雌螨有时会将所产的螨卵全部吃掉。

4. 跗线螨类

跗线螨体型小，螨体长100～400 μm，呈卵圆形，淡黄色，螯肢为针刺状。其生活史相对简单，营自生生活，以真菌或者小昆虫为食。它的繁殖方式除了有性生殖外，还有孤雌生殖。在诸多跗线螨中，以谷跗线螨最为常见，其与人类的健康关系密切。

跗线螨可在居室内灰尘中生存，但是比例不高。多存在于粮库、面粉厂、中药厂以及药材仓库等处。其所引发的疾病与人体内螨病有关。

5. 甲螨类

甲螨的背板非常坚硬，如甲虫一样。甲螨以摄食植物和藻类为生，为螨类的一大类群，包括150科1000多个属。甲螨大部分在土壤中营自生生活。在居室内灰尘中也会出现一些种类，但是被认为是通过货物或者人的鞋子带入居室内的，因为货物和鞋子可能会沾上泥土或者灰尘。即便如此，也存在居室内固有的甲螨种类。

在此介绍简单缝甲螨（*Haplochthonius simplex*，Willmann）（见图6－6）和网广缝甲螨（*Cosmochthonius reticulatus*，Grandjean）（见图6－7）。简单缝甲螨的身体呈白色，略显透明，背面有三条横纹，将螨体分为几个部分。网广缝甲螨的身体呈红褐色，螨体后部长有刷状的毛，螨体表面长有龟甲状的横纹。这两种螨不刺咬人和动物。在生态学方面，未知的较多，还有待进一步的研究。

左上：螨体侧面；右上：须肢；左下：螨体背面；右下：螨体腹面

图6－6　简单缝甲螨

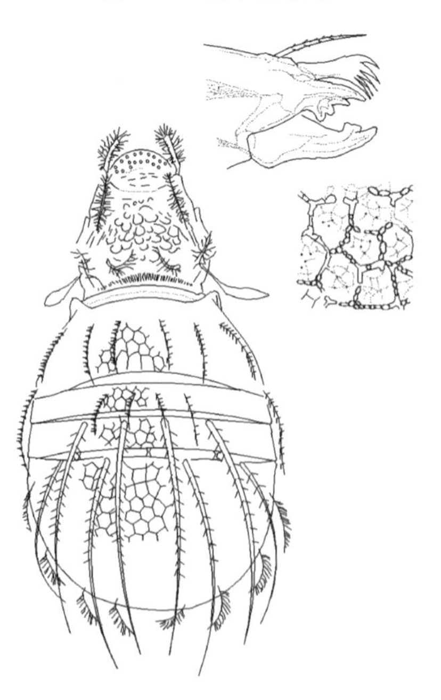

左：螨体背面；右上：螯肢；右下：背面的局部表现

图6－7　网广缝甲螨

五、自居室灰尘分离出的螨

自居室内灰尘中分离出来的螨类，整理后汇总如下：

（1）*Acropsella kulagini*（Rohdendorf，1940）。

（2）*Acaropsis docta*（Berlese，1886）。

（3）*Acarus farris*（Oudemans，1905）。

（4）*A. gracilis*（Hughes，1957）。

（5）*A. immobilis*（Griffiths，1964）。

（6）*A. siro*（Linne，1758）。

（7）*Aleuroglyphus*（Zachvatkin，1935）。

（8）*Alicorhagia*（Berlese，1910）。

（9）*Amblyseius cucumeris*（Oudemans，1930）。

（10）*Ameroseius corbicula*（Sowerby，1806）。

（11）*A. echinatus*（Schweizer，1922）。

（12）*A. pavidus*（C. L. Koch，1839）。

（13）*A. plumigerus*（Oudemans，1930）。

（14）*Amnemochthonius taeniophorus*（Grandjean，1948）。

（15）*Androlaelaps casalis*（Berlese，1887）。

（16）*Aphelacarus*（Grandjean，1932）。

（17）*Balaustium*（von Heyden，1826）。

（18）*Banksinoma*（Oudemans，1900）。

（19）*Bdella*（Latreille，1795）。

（20）*Blattisocius keegani*（Fox，1947）。

（21）*B. tarsalis*（Berlese，1918）。

（22）*Blomia freeman*（Hughes，1948）。

（23）*B. kulagini*（Zachvatkin，1936）。

（24）*B. tjibodas*（Oudemans，1910）。

（25）*B. tropicalis*（Bronswijk，Cock and Oshima，1973）。

（26）*Caloglyphus berlesei*（Michael，1903）。

（27）*Calvolia romanovae*（Zachvatkin，1941）。

（28）*C. domicola*（Oshima，1973）。

（29）*Carpoglyphus lactis*（Linne，1758）。

（30）*Chaetodactylus osmiae*（Dufour，1839）。

（31）*Chelacaropsis moorei*（Baker，1949）。

（32）*Cheletogenes ornatus*（Canestrini & Fanzago，1876）。

(33) *Cheyletia flabellifera* (Michael, 1878)。

(34) *Cheyletiella yasguri* (Smiley, 1965)。

(35) *Cheyletomorpha lepidoptorum* (Shaw, 1794)。

(36) *Cheyletus eruditus* (Schrank, 1781)。

(37) *C. forti* (Oudemans, 1904)。

(38) *C. malaccensis* (Oudemans, 1903)。

(39) *C. trouessarti* (Oudemans, 1902)。

(40) *Chirodiscoides caviae* (Hirst, 1917)。

(41) *Chortoglyphus arcuatus* (Troupeau, 1897)。

(42) *C. domicola* (Oshima, 1973)。

(43) *Cosmochthonius lanatus* (Michael, 1887)。

(44) *C. reticulatus* (Grandjean)。

(45) *Ctenoglyphus* (Berlese, 1884)。

(46) *Cultroribula* (Berlese, 1908)。

(47) *Cunaxa* (Heyden, 1826)。

(48) *Demodex folliculorum* (Owen, 1834)。

(49) *Dermacarus oudemansi* (Turk & Turk, 1957)。

(50) *Dermanyssus gallinae* (de Geer, 1778)。

(51) *Dermatophagoides evansi* (Fain, Hughes & Johnston, 1967)。

(52) *D. farinae* (Hughes, 1961)。

(53) *D. halterophilus* (Fain & Feinberg, 1970)。

(54) *D. microceras* (Griffiths & Cunnington, 1971)。

(55) *D. neotropicalis* (Fain & Bronswijk, 1973)。

(56) *D. pteronyssinus* (Trouessart, 1897)。

(57) *Eucheyletia reticulate* (Cunliffe, 1962)。

(58) *Eutogenes* (Baker, 1949)。

(59) *Eporibatula* (Sellnick, 1960)。

(60) *Euroglyphus maynei* (Cooreman, 1950)。

(61) *E. longior* (Trouessart, 1897)。

(62) *Glycyphagus destructor* (Schrank, 1781)。

(63) *G. domesticus* (de Geer, 1778)。

(64) *G. geniculatus* (Vitzthum, 1919)。

(65) *G. michaeli* (Oudemans, 1903)。

(66) *G. privatus* (Oudemans, 1903)。

(67) *Goheria fusca* (Oudemans, 1902)。

(68) *Grallacheles bakeri* (DeLeon, 1962)。

(69) *Haemogamasus nidi* (Michael, 1892)。
(70) *H. pontiger* (Berlese, 1904)。
(71) *Haplochthonius simplex* (William, 1930)。
(72) *Hemicheyletia wellsi* (Baker, 1949)。
(73) *Hirstia domicola* (Fain, Oshima & Bronswijk, 1974)。
(74) *Histiostoma feroniarum* (Dufour, 1839)。
(75) *H. laboratorium* (Hughes, 1950)。
(76) *Humerobates rostrolammellatus* (Grandjean,)。
(77) *Hypoaspis aculeifer* (Canestrini, 1883)。
(78) *H. vacua* (Michael, 1891)。
(79) *H. krameri* (G. & R. Canestrini, 1881)。
(80) *Ixodes ricinus* (Linnaeus, 1758)。
(81) *Ker bakeri* (Zaber & Soliman, 1967)。
(82) *Laelaps* (C. L. Koch, 1839)。
(83) *Lardoglyphus konoi* (Sasa & Asanuma, 1951)。
(84) *Lasioseius berlesei* (Oudemans, 1938)。
(85) *Liebstadia* (Oudemans, 1906)。
(86) *Lomelacarus weryi* (Fain, 1978)。
(87) *Macrocheles* (Latreille, 1829)。
(88) *Malaconothrus* (Berlese, 1904)。
(89) *Malayoglyphus carmelitus* (Spieksma, 1973)。
(90) *M. intermedius* (Fain, Cunnington & Spieksma, 1969)。
(91) *Melichares agilis* (Hering, 1838)。
(92) *Mexecheles hawaiiensis* (Baker, 1949)。
(93) *Micreremus brevipes* (Michael, 1888)。
(94) *Microtegeus* (Berlese, 1917)。
(95) *Mochlozetes* (Grandjean, 1930)。
(96) *Neotrombicula* (Hirst, 1915)。
(97) *Notoedres alepis* (Raillet & Lucet, 1893)。
(98) *Oppia* (C. L. Koch, 1836)。
(99) *Ornithonyssus bacoti* (Hirst, 1913)。
(100) *O. bursa* (Berlese, 1888)。
(101) *O. sylviarum* (Canestrini et Fanzago)。
(102) *Otodectes cynotis* (Hering, 1838)。
(103) *Paragarmania dentritica* (Berlese, 1918)。
(104) *Paralorryia* (Baker, 1968)。

（105）*Parapronematus*（Baker，1965）。

（106）*Peloribates*（Berlese，1908）。

（107）*Petrobia latens*（Muller，1776）。

（108）*Platynothrus peltifer*（Koch，1839）。

（109）*Podoribates*（Berlese，1908）。

（110）*Proctolaelaps*（Evans，1958）。

（111）*Punctoribates punctum*（C. L. Koch，1839）。

（112）*Pycnoglycyphagus tropicalis*（Fain，1978）。

（113）*P. herfsi*（Oudemans，1936）。

（114）*P. ventricosus*（Newport，1850）。

（115）*Pygmephorus*（Kramer，1877）。

（116）*Pyroglyphus africanus*（Hughes，1954）。

（117）*Prosocheyla*（Volgin，1969）。

（118）*Raphygnathus*（Duges，1833）。

（119）*Rhipicephalus sanguineus*（Latreille，1806）。

（120）*Rhizoglyphus*（Claparede，1869）。

（121）*Sancassania moniezi*（Zachvatkin，1937）。

（122）*Sarcoptes scabiei*（de Geer，1778）。

（123）*Scheloribates*（Berlese，1908）。

（124）*Schwiebea menoneli*（Turk，1957）。

（125）*Scutacarus*（Gros，1845）。

（126）*Seius*（C. L. Koch，1836）。

（127）*Siteroptes graminum*（Reuter，1900）。

（128）*Spinibdella cronini*（Baker & Baloch，1944）。

（129）*Sturnophagoides brasiliensis*（Fain，1967）。

（130）*Suctobelba*（Paoli，1908）。

（131）*Suidasia nesbitti*（Hughes，1948）。

（132）*S. pontifica*（Oudemans，1905）。

（133）*Tarsonemus cf. floricolus*（Canestrini & Fanzago，1876）。

（134）*T. granarius*（Lindquist，1972）。

（135）*Tectocepheus*（Berlese，1913）。

（136）*Thyreophagus entomophagus*（Laboulbene，1852）。

（137）*Trichorobates trimaculatus*（C. L. Koch，1836）。

（138）*Typhlodromus jackmickleyi*（DeLeon）。

（139）*T. rhenanus*（Oudemans，1905）。

（140）*Tyrophagus palmarum*（Oudemans，1924）。

（141）*T. putrescentiae*（Schrank，1781）。

（142）*Xenoryctes*（Zachvatkin，1941）。

（143）*Zygoribatula exilis*（Nicolet，1885）。

第二节　尘螨的滋生

公众关注的尘螨，一般认为是属于尘螨属的螨类；而专家学者认为尘螨的范围应该定义得更加宽泛一些。总之，蜱螨学界对于这一点仍没有统一的看法。

尘螨都有一个发育的过程。尘螨的发育是指从卵到成虫的整个阶段，在温、湿度适宜的情况下，需要一个月左右。雌螨每天产卵 1 ～ 3 个，一生的产卵总数为 200 ～ 300 个，成螨的寿命为 2 个月或更长。温、湿度对于尘螨的生存至关重要，根据个体培养试验的数据，培养温度 16 ℃ 时，需要 400 天才能发育成成螨；而培养温度 20 ℃ 时，约需要 60 天；当培养温度为 25 ～32 ℃时，需要 30 天左右才能发育成成螨。成螨的寿命在 21 ℃ 时，最长可以活 75 天；而在 30 ℃ 时仅有 20 天。一般来说，培养温度越高则产卵数越多，但在 32 ℃ 时产卵数反而下降。从以上几个条件分析，尘螨的最适宜培养温度是 27 ～30 ℃；而屋尘螨的最适宜培养温度较粉尘螨稍低，为 25 ℃ 左右。

普通的尘螨，当温度在 10 ～32 ℃时，其发育和繁殖不会受影响。当然也有例外的螨，其发育和繁殖的温度范围可达 10 ～ 37 ℃。由此看出，尘螨生存温度范围与居室内环境温度范围基本一致。在温度、湿度这两个条件中，起关键作用的是湿度，它决定螨类是否能够生存下来。与其他的动物相似，尘螨体重的 70% ～ 80% 为水，为了在自然界生存，螨类必须确保体内水分充足。螨类不能直接饮水，而是具有很强的吸收大气中的非饱和水的能力。因此，外界环境中的相对湿度作为螨类的水分供给源来说具有非常重要的意义。在干燥条件下，部分昆虫可将食物中的碳水化合物和脂肪氧化，通过生物化学反应在体内合成水。而尘螨不具备这种体内补水的本领，仅有部分粉螨具有这种通过物质代谢补水的本领。

螨体内约 1/3 的水要与大气中的水进行交换。如果外界环境干燥，螨体内的水分会有损失；相反，如果外界环境湿润，螨体内的水分将处于充盈的状态。上述两种情况对于螨来说都是不利的。习惯上，当大气与螨体之间的水分出入相等时，也就是从外观上看，没有水分出入的状态下，将大气的相对湿度称为临界平衡湿度（critical equilibium humidity，CEH）。环境的相对湿度偏离临界平衡湿度时，螨的发育处于停滞状态，仅能在有限时间内存活。用同位素标记水进行测试，测得粉尘螨的 CEH 是相对湿度 70%，而屋尘螨的 CEH 为相对湿度 73%。

尘螨的食物种类繁多，包括人类的脱落上皮、真菌的菌丝和孢子、细菌、植物性纤维、花粉、昆虫碎片、鸟的羽毛碎片等，居室内灰尘中的有机物都是螨类的食物。作为粉螨的食物，真菌的菌丝和孢子是重要的食物来源。同样，对尘螨来说，真菌也发挥着重要的作用。研究人员曾经在尘螨的消化管中，发现了曲霉菌属、黑霉菌属的存活孢子。另外，某些喜好干燥环境的霉菌（即喜好相对湿度在 70% ~ 80% 之间的霉菌）适度存在，可以促进螨类的生长与发育。但是，如果霉菌生长过度，则适得其反，会抑制螨类的生长与发育。这样一来，霉菌类，特别是喜好干燥环境的霉菌与在居室内灰尘中占据优势地位的尘螨之间一定存在着某种关联，这一点需要加以深入研究。

尘螨在居室内的分布广泛，在此不必赘述。在写字楼、办公室、集体宿舍、酒店、宾馆、医院、影剧院、学校、公共交通工具等处都能发现其踪迹。在普通家庭内，尘螨寄生最多的地方是地毯。这是经过很多研究证实的。此外，还有床垫、沙发、座椅、凉席、地板、毛绒玩具、毛毯、盖被、枕头等。近来，在窗框、窗帘以及换气扇等处也能发现尘螨。另外，由于居室内的空气流动和人员的移动，在一些家具（如书柜）的顶部也会布满灰尘，也能发现活动的尘螨。因此，尘螨的聚集与人在居室内的停留场所和居住习惯有很大的关联。

在尘螨中，屋尘螨、粉尘螨以及梅氏嗜霉螨是最重要的 3 种螨。从世界范围看，除美洲大陆的北纬 55°以北地区（加拿大北部和美国阿拉斯加）、斯堪的纳维亚半岛的北纬 75°以北的高纬度地区之外，几乎所有的有人居住的场所都有尘螨的踪迹。

为什么高纬度地区的住宅内没有尘螨滋生呢？主要原因是：通年的采暖降低了居室内的湿度，使得房间内干燥，因而没有尘螨的滋生。在斯堪的纳维亚半岛进行的尘螨调查也发现，在挪威和瑞典的南部，因一年中有八九个月需要采暖，而采暖降低了居室内的湿度，因此，这个区域的屋尘螨、粉尘螨以及梅氏嗜霉螨很少。如果采暖的期间延长，则可发现的尘螨数量会更少；若采暖期间每年达 11 个月，则在挪威和瑞典的北部地区就很难觅到尘螨的踪迹了。

一般来说，内陆地区的尘螨较沿海地区少，西班牙做过一项调查，其内陆地区家庭内的尘螨数量仅为沿海地区家庭内尘螨数量的 1/15。另外，海拔高度对尘螨的分布也有影响。登山是一个海拔高度变化的过程，同时也带来了环境的变化，这与在地球上自低纬度地区向高纬度地区移动而发生变化的情景相似。国外学者 Massey 做过一项调查，在美国夏威夷岛，海拔高度 180 m 左右的房屋居室内，每 0. 2787 平方米的范围内可找到 131 ～ 465 只尘螨；而到了海拔高度 2800m 左右时，仅能找到 6 ～ 26 只。学者 Spieksma 在瑞士的阿尔卑斯山地区也做过调查，以海拔高度 1200 m 为界限，当高于这一高度时，尘螨数量会急剧减少，高处的尘螨数量仅有低处的 1/6 左右，如果再增加海拔高度，就难以觅到尘螨的踪迹。因此，对于因尘螨而导致过敏的患者来说，瑞士高原是一个不错的疗养地。综上所述，高原和高山地区，由于湿度较低，因此尘螨的数量较平原地区少，而这对于过敏症患者来说意义非凡，可有效缓解病症的发作次数与发作程度。另外，在高原地区，还有可能影响尘螨的因素包括照度、气压、紫外线量等等。

第三节 居室灰尘的生态

一、居室灰尘的组成与成分

居室内尘螨的滋生源是居室内灰尘。居室灰尘不仅仅是尘螨的食物，而且还藏有细菌与真菌，也是衣鱼、书虱、跳蚤幼虫以及蟑螂等害虫的食物，并为这些害虫提供藏身之所。因此，从居室内环境卫生的角度出发，居室内灰尘是居室内所有虫害的根源。若根除了居室灰尘，居室内大部分害虫就会从此销声匿迹。

提及生态，联想到森林和湖泊以及沼泽的人一定不少。在特定的环境中，太阳的热量被植物吸收和利用，微生物与动植物之间保持着某种联系，延续着种群的繁衍，彼此和谐生存。而在居室内，以居室内灰尘为根基，微生物、螨类、昆虫聚集在一起，彼此关联，在一个相对固定的空间内和谐共存。因此，居室也是一个小小的“生态圈”。它以人类产生的居室灰尘为基础物质，在居室内形成，是一个特殊的“生态圈”。

那么，究竟什么是居室内灰尘呢？可能有人会理解为普通的“灰”或者“尘”。平时当太阳光从外面直射入居室内时，我们可以观察到在空中飞散着的成千上万的微尘粒子，或者叫作尘埃。这些微尘粒子就是居室内灰尘，而且，这些微尘粒子的直径一般都在 0.001 ～ 1.000 mm 的范围内。

关于微尘粒子的来源，有人认为是喜欢恶作剧的儿童造成的，也有人认为是从屋外飘进来的泥土和砂石形成的，但是这些都是误解。居室内灰尘的最直接生产者就是居住者本人。正确的解释是：居室内灰尘的生产者是居住者和宠物以及在居室内生存的其他生物。

人在居室内生活与活动，人体与服装、脚与地面、门与墙壁等，在这些地方会产生摩擦。摩擦与居室内灰尘的产生有直接的关联。除此以外，打扫卫生也产生灰尘，因为清洁工具与地面、墙壁、床等发生摩擦。另外，人和宠物都有生理反应，也会产生灰尘，这些灰尘是螨类、真菌以及害虫的最基本食物来源。因此，人在居室内生活与居住，必然会产生居室内灰尘。

美国国家航空航天局为了研究宇航员的太空飞行活动，曾经详细地研究了人体的物质代谢，获得了人体的基本数据并予以公开。阿波罗号宇宙飞船的宇航员，平均每天从身上脱落大约 3 g（约 2.8 mL）的上皮，脱落大约 0.03 g（约 0.03 mL）的毛发，脱落大约 0.05 g（约 0.05 mL）身体其他部位的体毛，脱落大约 0.01 g 指甲或者趾甲。这些数值都剔除了男性宇航员剃须时刮掉的胡须数量。

普通成人皮肤表面积为 1.5 ～ 1.8 m^2，表皮的厚度为 0.1 ～ 0.4 mm，真皮的厚度为 1 ～ 4 mm。至于皮下脂肪，则因人而异，男性的皮下脂肪比较薄，而女性的比较厚，一般在 0.5 ～ 2 cm 的范围内。皮肤表皮层的最外侧部分称为角质层，主要成分是角蛋白，是一种比较坚硬的蛋白质，对物理变化和化学物质的刺激等比较稳定，起到保护机体的作用。角质层的最外侧部分为上皮，发育成死皮后则会脱落，术语称为“脱皮”。由此产生的角质碎片称为鳞屑，也叫脱落上皮。

皮肤的表皮来源于基底细胞，自基底细胞生成到成熟、衰老、死亡、脱落的过程叫表皮的角质化过程。表皮从生成到脱落仅需两周时间，而整个角质化过程的完整周期则是 1 个月。脱落上皮在洗澡和洗脸时会流失一部分，大致推算一下，成年人一天约有 1 g 的脱落上皮落在居室内的地面上。此外，居室内也存在许多脱落的头发。毛发的发育也有周期，人类头发的发育分为成长期、退缩期和休止期。对应着年龄和性别，各个发育期的头发都保持着一定的比例。一般人的平均头发为 10 万根左右，平均每天自然脱落 60 ～ 80 根，这些头发也落在地面而成为居室内灰尘。因此，居室内灰尘的组成成分并不单一。

居室内灰尘随着空气气流而漂移，会散落到地面、书架、角落中，然后慢慢堆积，时间久了就成为灰尘。另外，直径较小的灰尘会飘到地毯、寝具、床垫、软垫、沙发上，由机械作用而进入物品内部沉积。

在居室内沉积下来的灰尘量，因建筑物的构造、朝向、居住者日常的生活习惯、居室内装修的类型和数量而有差异。但是，影响最大的还是日常的清洁与打扫。不管是用扫帚清扫，还是用吸尘器清扫，在地面或者地毯上还是会残留相当数量的灰尘。

现在，我们来分析居室内灰尘的组成成分。将吸尘器收集而来的居室灰尘进行过筛分离，我们可以得到大颗粒灰尘、中颗粒灰尘以及小颗粒灰尘。按照重量比例来分，大颗粒灰尘占 10% ～ 20%，中颗粒灰尘占 10% ～ 30%，而小颗粒灰尘占到 40% ～ 80%。颗粒较大的灰尘，也就是所谓的“含绵灰尘”，从数量上来讲，占全部居室内灰尘的八成。含绵灰尘包括：服装、鞋帽、箱包、寝具、玩具、室内装饰的纤维、人的毛发、宠物的体毛、羽毛等，用显微镜观察可以发现木棉、羊毛、绢丝、合成纤维、动物体毛、羽毛等。在颗粒较小的灰尘中，最多的是人和动物的脱落上皮，然后是建材和涂料的残留碎屑、烟灰、食物碎片等。也有自室外带入的，或者误入室内的物体，比如，植物碎片（枯枝枯叶）、花

粉、飞入的昆虫、跟随鞋子和物品进入室内的土石与有机物。在这些物品中，花粉的比重较大，值得关注。

有学者对居室内灰尘进行了元素分析，发现了如下数种元素，如硫、氯、硅、铁、铝、钾、钙、铬等。

相对于住宅房间，写字楼和办公室等场所的室内灰尘的成分有较大差别。除了木棉、羊毛、合成纤维、脱落上皮、皮毛和毛发以外，还有植物纤维、烟草、烟灰、木屑、黑铅、油烟、油漆、油墨、美甲碎片、黏合剂、橡皮、石英等。这样，居室内灰尘受到居住者及其工作内容、建筑物本身及其装饰材料的影响，出现一定的变化。通常，写字楼和办公室的地面会夹杂着一些矿物质。而普通居室寝具中的灰尘，几乎都是人的脱落上皮，同时夹杂着少许纤维。

学者 Davies 分析了居室内灰尘的化学成分结构，列出了化学成分构成表（见表 6－2）。由此可知，螨类以及微生物之所以能够生存下来，居室内灰尘提供的营养功不可没。居室内灰尘不仅为尘螨提供食物和营养，其自身还可调节温湿度，为尘螨提供藏身之所，给予它们适当的活动空间。因此，尘螨的滋生与居室内灰尘的“助长作用”密不可分。

表 6－2　居室内灰尘的化学成分分析（Davies，1958）

成　　分	干重/%		
	居室内灰尘（英国南部农村）	居室内灰尘（英国伦敦市郊外）	地毯灰尘（印度孟买市）
矿物质	51	53	57
脂肪	4	6	4
蛋白质	22	22	18
碳水化合物	17 ±8	25 ±10	14 ±4

注：蛋白质质量的计算是将氮的含量扩大 6.25 倍后进行计算得来的。碳水化合物量的计算是将其加水分解后转化成葡萄糖进行计算得来的。

二、居室灰尘与微生物

关于居室内灰尘中的微生物，发达国家进行过一些研究。英国的研究证实，每克居室内灰尘含有 11000 个细菌。美国的研究数据显示，每克居室内灰尘含 100 万～ 2000 万个细菌。从数据上看，美国的数据是英国数据的 500 倍以上，但是，由于采样方法、培养基类型、培养条件等各不相同，不适宜做单纯的比较。学者 Rotter 证实，欧美型住宅的地毯中，每克灰尘中的细菌数为 200 万～ 230 亿个。

日本学者也做了类似的研究，自 26 个家庭的居室中采样，每克灰尘中细菌总数为 64000 个。其中，含有大肠菌群 4800 个、金黄色葡萄球菌 2700 个、蜡样芽孢杆菌 2800 个、绿脓杆菌 120 个。大肠菌群不仅有人体消化系统的大肠杆菌，也有自然存在的一些细菌。金黄色葡萄球菌是居室内的常见细菌，在人类的皮肤和鼻腔中存在，常引起皮肤化脓和食物中毒，其繁殖时会产生肠毒素。蜡样芽孢杆菌多存在于土壤中。绿脓杆菌常分布于人类的肠道、皮肤。居室内的细菌与灰尘互相作用。藏匿于地毯中的细菌，一般不会四处飘散，而是仅仅隐藏于地毯之中。当人踩踏地毯时，会有浮尘扬起，进而带起细菌一起在空中飘浮。当我们用吸尘器清洁地毯时，可除去地毯表面 50% ～ 60% 的细菌。而使用清洁剂水洗清洁时，则可除去地毯表面 90% 的细菌。但是，漂洗要彻底，否则清洁剂会成为细菌繁殖的帮凶，反而适得其反。

居室内灰尘中也有霉菌存在，它与螨类一起成为居室内灰尘中的代表性微生物。一方面，霉菌在日常生活中为我们带来了福音，如酿酒、发酵食品的生产、医药用品的生产等；另一方面，霉菌也带来了不利，如导致食品的腐败变质、器物的老化与锈蚀、生成剧毒的化学物质和诱癌物质、感染人体后引起某种疾病等。

研究霉菌与培养细菌相同，也需要在采样后将试样接种于培养基上进行培养，使其繁殖产生菌落后，再进行单独的培养，随后观察菌丝和孢子的生长情况。霉菌的生长发育与光照、温度、湿度、氢离子浓度、营养等要素有关。因此，居室内灰尘中的霉菌试样，培养条件要与居室内的环境条件相同；否则，所得到的研究结果就没有任何意义。霉菌喜欢在高温高湿的环境中生长繁殖，而且，喜好高温高湿环境的霉菌不在少数，不过，也有喜好高温低湿环境的霉菌。通常，将生长的湿度范围在 90% ～ 100% 的霉菌称为喜湿性霉菌，将生长的湿度范围在 80% ～ 90% 的霉菌称为中等湿度性霉菌，而将生长的湿度范围低于 80% 的霉菌称为喜干性霉菌（国外学者的分类法）。细菌专家与普通试验人员一样，在培养霉菌时重视湿度条件，选用含水较多的培养基来进行霉菌培养。在相对湿度 70% ～80% 的居室内采样，然后放入湿度 100% 的环境中培养来研究居室内的霉菌。湿度 100% 的环境对人的健康不利，人不可能在如此环境中长期生活。将采集的样品放入湿度 70% ～ 80% 的环境中培养，才可能获得有价值的试验数据。

真菌可分为五类：即鞭毛菌类、接合菌类、担子菌类、子囊菌类和不完全菌类。每一类真菌在居室中均有发现，其中，不完全菌类的真菌数量占 50% 以上，尽管外界认为它并非有性繁殖。居室内灰尘中代表性的真菌有如下几个属：*Penicillium*（青霉菌属）、*Aspergillus*（曲霉菌属）、*Cladosporium*（分子孢子菌属）、*Fusarium*（镰刀菌属）、*Alternaria*（链格孢属）。每个属都有数种，例如，青霉菌属有 40 多种，曲霉菌属有 25 种左右，均在居室灰尘的样品中被检出。即使是同一个属的真菌也可以因环境条件不同而发生变化，被检出的概率各不相同。日本的研究认为，普通家庭的地毯中沉积的灰尘里，每克灰尘中的真菌数量达到5100～850000个（在普通的培养条件下），平均为35000个。英国的研究证实，每克居室灰尘中，有酵母类真菌5万个，真菌孢子3.32万个。而法国的研究证实，在1 g床垫灰尘中，检出了200～6000个真菌孢子。遗憾的是，上述研究方法各不相同，不能进行相互间的对比。看来，居室内灰尘中的真菌研究还有非常漫长的路要走。

自居室内灰尘中检测出的青霉菌（*Penicillium*，青霉菌属）有：

（1）*Penicillium albidum*（Sopp）。

（2）*P. australicum*（Olsen-Sopp）（van Beyma）。

（3）*P. brevicompactum*（Dierckx）。

（4）*P. camenberti*（Thom）。

（5）*P. casei*（Staub）。

（6）*P. chrysogenum*（Thom）。

（7）*P. claviforme*（Bainier）。

（8）*P. commune*（Thom）。

（9）*P. corylophilum*（Dierckx）。

（10）*P. corymbiferum*（Westling）。

（11）*P. crateriforme*（Gilman et Abbott）。

（12）*P. crustosum*（Thom）。

（13）*P. cyclopium*（Westling）。

（14）*P. digitatum*（Saccardo）。

（15）*P. expansum*（Link ex Gray）。

（16）*P. frequentans*（Westling）。

（17）*P. funiculosum*（Thom）。

（18）*P. glabrum*（Wehmer）（Westling）。

（19）*P. italicum*（Wehmer）。

（20）*P. janthinellum*（Biourge）。

（21）*P. lilacinum*（Thom）。

（22）*P. luteum*（Zukal）。

（23）*P. martensii*（Biourge）。

（24）*P. meleagrinum*（Biourge）。

（25）*P. nigricans*（Bainier）（Thom）。

（26）*P. notatum*（Westling）。

（27）*P. oxalicum*（Currie et Thom）。

（28）*P. palitans*（Westling）。

（29）*P. piceum*（Paper et Fennell）。

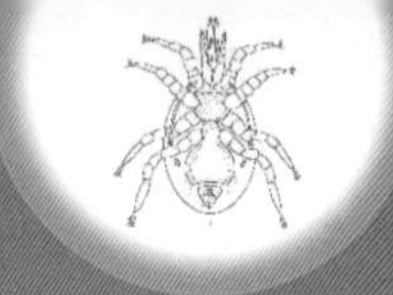

（30）*P. psittacinum*（Thom）。
（31）*P. puberulum*（Bainier）。
（32）*P. purpurogenum*（Stoll）。
（33）*P. raistrickii*（Smith）。
（34）*P. restrictum*（Gilman et Abbott）。
（35）*P. roqueforti*（Thom）。
（36）*P. rugulosum*（Thom）。
（37）*P. solitum*（Westling）。
（38）*P. spinulosum*（Thom）。
（39）*P. stoloniferum*（Thom）。
（40）*P. thomii*（Maire）。
（41）*P. variabele*（Sopp）。
（42）*P. viridicatum*（Westling）.
自居室内灰尘中检测出的米曲霉菌（*Aspergillus*，曲霉菌属）有：
（1）*Aspergillus*（*Eurotium*）*amstelodami*（Mangin）（Thom et Church）。
（2）*A. candidus*（Link ex Fr. ）。
（3）*A. chevalieri*（Mangin）（Thom et Church）。
（4）*A. cervinus*（Massee）（Neill）。
（5）*A. clavatus*（Desmazières）。
（6）*A. cremeus*（Kwon et Fennell）。
（7）*A. flavipes*（Bainier et Sartory）（Thom et Church）。
（8）*A. flavus*（Link ex Fr. ）。
（9）*A. fumigatus*（Fresenius）。
（10）*A. gracilis*（Bainier）。
（11）*A. halophilicus*（Christensen，Papavirens et Benjamin）。
（12）*A. luteoniger*（Lutz）（Thom et Church）。
（13）*A. nidulans*（Eidam）（Winter）。
（14）*A. niger* van（Tieghem）。
（15）*A. ochraceus*（Wilhelm）。
（16）*A. oryzae*（Ahlburg）（Cohn）。
（17）*A. penicilloides*（Spegazzini）。
（18）*A.*（*Eurotium*）*repens*（Corda）（Saccardo）。
（19）*A. restrictus*（G. Smith）。
（20）*A.*（*Eurotium*）*ruber*（Konig，Spieckermann et Bremer）（Thom et Church）。
（21）*A. sparsus*（Paper et Thom）。
（22）*A. sydowii*（Bainier et Sartory）（Thom et Church）。

（23）*A. terreus*（Thom）。
（24）*A. ustus*（Bainier）（Thom et Church）。
（25）*A. versicolor*（Vuillemin）（Tiraboschi）。
（26）*A. wentii*（Wehmer）.
自居室内灰尘中检测出的其他真菌（不包括上述两类）有：
（1）*Absidia corymbifera*（Cohn）（Saccardo et Trott）。
（2）*Acremoniella*（Saccardo）。
（3）*Acremonium kiliense*（Grütz）。
（4）*A. murorum*（Corda）（Gams）。
（5）*Acrospeira levis*（Wiltshire）。
（6）*Alternaria alternata*（Fresenius）（Keissler）。
（7）*A. consortiale*（Thum.）Groves et（Hughes）。
（8）*A. harzii*。
（9）*Aureobasidium pullulans*（De Bary）（Arnaud）。
（10）*Ascobolus* Persoon ex（Fresenius）。
（11）*Beauveria*（Vuillemin）。
（12）*Botryotrichum atrogriseum*（van Beyma）。
（13）*B.*（*Chaetomium*）*piluliferum*（Saccardo et March）。
（14）*Botrytis cinerea*（Persoon ex Fresenius）。
（15）*Cephalosporium*（Corda）。
（16）*Chaetomium globosum*（Kunze ex Fresenius）。
（17）*C. indicum*（Corda）。
（18）*Chrysosporium*（Corda）。
（19）*Cladosporium cladosporoides*（Fesenius）（de Vries）。
（20）*C. elatum*（Harz）（Nannf.）。
（21）*C. herbarum*（Link ex Fries）。
（22）*Curvularia intermedia*（Boedijn）。
（23）*C. lunata*（Wakker）（Boedijn）。
（24）*Doratomyces stemonitis*（Persoon ex Fresenius）。
（25）*Epicoccum*（Link ex Fresenius）。
（26）*Fomes igniarus*（L. ex Fries）（Gill）。
（27）*Fusarium conglutinans*（Wr. var. citrinum Wr.）。
（28）*F. culmorum*（W. Smith）（Saccardo）。
（29）*F. orthoceras*（App. et Wr.）。
（30）*F. oxysporum*（Schl.）。
（31）*F. sambucinum*（Fuck.）。

(32) *F. solani* (Mart.) (App. et Wr.)。
(33) *Geotrichum* (Link ex Persoon)。
(34) *Gilmaniella humicola* (Barron)。
(35) *Gliocladium roseum* (Link) (Bainier)。
(36) *Helminthosporium* (Link ex Fries)。
(37) *Humicola daleae* (Mason)。
(38) *Hyalodendron* (Diddens)。
(39) *Isaria* (Fries)。
(40) *Merulius sylvester* (Falck)。
(41) *Monascus* van (Tieghem)。
(42) *Monilia sitophila* (Montagne) (Saccardo)。
(43) *Monocillium* (Saksena)。
(44) *Monodictys* (Hughes)。
(45) *Mortierella bainieri* (Cost.)。
(46) *Mucor adventitius* (Oudemans)。
(47) *M. griseocyanus* (Hagem)。
(48) *M. hiemalis* (Wehmer)。
(49) *M. mucedo* (Fresenius)。
(50) *M. piriformis* (Fisher)。
(51) *M. plumbeus* (Bonorden)。
(52) *M. racemosus* (Fresenius)。
(53) *M. ramanmanus* (Moller)。
(54) *M. saturninus* (Hagem)。
(55) *M. spaerosporus* (Hagem)。
(56) *M. varians* (Povah)。
(57) *Mycothypha* (Fenner)。
(58) *Myrothecium* (Tode ex Fresenius)。
(59) *Paecilomyces* (Bainier)。
(60) *Papularia sphaerosperma* (Persoon ex Fresenius) (Hoehnel)。
(61) *Papulaspora coprophila* (Zukal) (Hotson)。
(62) *Pestalotia* de (Notaris)。
(63) *Phialophora* (Medlar)。
(64) *Phoma* (Saccardo)。
(65) *Rhizopus stolonifer* (Ehrenberg ex Fresenius)。
(66) *Sclerotinia sclerotiorum* (Lib.) de (Bary)。
(67) *Scopulariopsis brevicaulis* (Saccardo) (Bainier)。

（68） *Sepedonium chrysospermum* （Bull.）（Link ex Fresenius）。
（69） *Septonema secedens* （Corda）。
（70） *Sporobolomyces* （Kluyver et van Niel）。
（71） *Sporotrichum carnis* （Brooks et Hansford）。
（72） *S. quilliermondi* （Grigoraki）。
（73） *Stachybotrys alternans* （Bon.）。
（74） *S. atra* Corda ex （Fresenius）。
（75） *Stemphylium botryosum* （Wallr.）。
（76） *S. lanuginosum* （Harz）。
（77） *Syncephalastrum racemosum* （Cohn ex Schröter）。
（78） *Thamnidium elegans* Link ex （Wallr.）。
（79） *Thermomyces* （Tsiklinsky）。
（80） *Thielaviopsis paradoxa* （de Seynes） von （Höhn）。
（81） *Torula chartarum* （Link）（Lindau）。
（82） *T. sacchari* （Corda）。
（83） *Torulomyces lagena* （Delitsch）。
（84） *Trichocladium* （Harz）。
（85） *Trichoderma viride* （Persoon ex Fresenius）。
（86） *Trichothecium roseum* （Link）。
（87） *Trichosporium cereale* （von Thüm.）（Saccardo）。
（88） *Verticillium alboatrum* （Reinke et Berth.）。
（89） *V. lecanii* （Zimm.）（Viegas）。
（90） *V. nigrescens* （Pethybr.）。
（91） *Wallemia sebi* （Fresenius）（von Arx）。
（92） *Zygorhynchus heterogamus* （Vuillemin）.

第四节　螨与霉菌的关系

粉螨是食品中的害虫，与在食品中存在的霉菌有很深的因缘关系。究竟是食品先发霉了才导致螨害的发生，还是因为食品发生了螨害才使得食品发霉变质的呢？这个问题一直困扰着人们，就像鸡与蛋究竟孰先孰后的问题一样。粗脚粉螨和腐食酪螨均为霉菌食性的螨，它们摄食曲霉菌类和青霉菌类的霉菌来维系自身的生长繁殖，而曲霉菌类和青霉菌类是居室内灰尘中存在的霉菌种类。现在，有许多事实证明霉菌与螨的关系密切，如在尘螨的消化系统管腔中发现了活的真菌孢子；将经过脱脂处理的人体脱落上皮与啤酒酵母混合，以此混合物作为食物培养尘螨，尘螨会迅速繁殖；向用抗生素处理过的培养尘螨的器具里投放尘螨后，尘螨会死亡，等等。在霉菌这个群体里，特别是在居室内灰尘中，喜干性霉菌大量存在是主要原因。

为了进一步验证这一相关关系，科学家们做了一组喂养试验。选取 22 种居室内灰尘中常见的真菌，将其作为尘螨的食物应用于试验，用屋尘螨和粉尘螨来进行喂养测试。尘螨的食物分为 3 组，第一组仅有真菌，第二组有真菌（30 mg）与干燥酵母（1.0 g），第三组有真菌（30 mg）与鲣鱼干粉（1.0 g）。将这 3 组食物喂养屋尘螨和粉尘螨的成螨。在温度 25 ℃、临界平衡湿度（RH 70% ~ 73%）条件下，喂养试验持续了两个月。试验结果显示：以喜干性霉菌为食物的尘螨测试组（喂养仅有真菌食物的测试组）停止了繁殖。试验结果告诉我们，尘螨并非在摄食真菌，而是需要摄食经由真菌分解的食物，也就是需要某种程度发酵了的食物。同时，与尘螨繁殖相关的真菌也是各种各样的，这与它们的种类有关。例如，屋尘螨的繁殖似乎与喜干性青霉菌属的关系密切，然而，在居室内灰尘中广泛存在的喜干性霉菌（Wallemia sebi）似乎与屋尘螨的繁殖无关。这种关联性也是一个不可忽视的因素。

欧洲的研究证实，屋尘螨的繁殖与曲霉菌 *Aspergillus*（*Eurotium*）*glaucus* 和 *Aspergillus restrictus* 群的喜干性霉菌类，特别是与 *Aspergillus amstelodami* 和 *Aspergillus penicilloides* 等的关系密切。当真菌的密度适中时则可促进尘螨的生长繁殖，但当真菌的密度过高，且超过一定的范围时，尘螨的生长繁殖反而受到抑制。

从这些研究可以看出，在人体的脱落上皮中有喜干性霉菌在生长繁殖；作为硬质蛋白质的角蛋白，因霉菌所具有的催化作用而被代谢分解，成为尘螨的合适食物。在所有这些居室内灰尘中存在的真菌，既有尘螨喜欢的真菌，也有尘螨厌恶的真菌。在尘螨与真菌两者之间，似乎既有合作关系，也有竞争抑制关系。它们之间的相互作用很有研究的价值，值得作为课题好好研究。进行深入的研究，不仅可以探明尘螨在居室内大量繁殖的发生机理，还可能获得防控尘螨的关键提示，可谓一举两得，值得大力提倡。

第五节　与螨相关的节肢动物

在居住场所内，除了螨以外，还有将居室内灰尘作为生存栖息地的节肢动物。它们是体型微小的昆虫，很容易与螨相混淆。这些节肢动物有蜈蚣、蚰蜒、蜘蛛、伪蝎、衣鱼、书虱、蟑螂、跳蚤等。它们都将居室内灰尘作为食物，是居室房间的代表性昆虫。我们偶尔能见到蜘蛛从外环境进入到居室内；或许也能见

到蜈蚣等，为了捕食昆虫而四处活动。即使是在居室内灰尘内的微小生态系中，每天也上演着激烈残酷的生存竞争大戏。因此，我们有必要了解居室内除了螨以外的节肢动物。

1．蜈蚣和蚰蜒

蜈蚣（见图6－8）和蚰蜒（见图6－9）是外形相似的节肢动物，属于节肢动物门唇足纲。它们的特点是：白天藏匿在湿度较大、光线昏暗的角落里，夜间

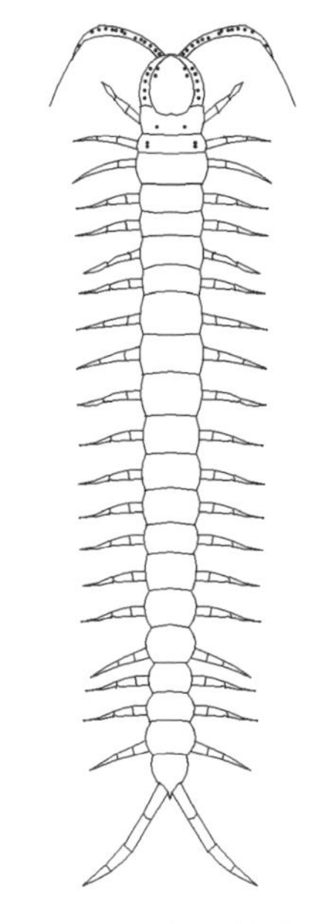

图6－8　蜈蚣的外形

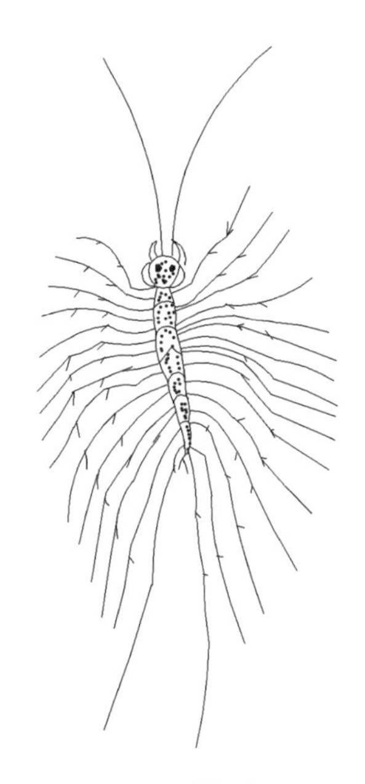

图6－9　蚰蜒的外形

出来活动觅食。潜入居室内带来隐患的是蜈蚣科的蜈蚣。主要有3种，即黑头蜈蚣、青头蜈蚣、红头蜈蚣。

黑头蜈蚣的体长为11～13 cm，头部长有一对发达的螯肢，这是毒爪，用来捕食昆虫和小动物，在居室内用它来捕食蟑螂。被黑头蜈蚣咬伤后，疼痛无比，局部皮肤潮红、肿胀，有时需要接受医生的伤口处理才能好转。

蚰蜒的成虫体长20 mm左右，长有15对细长的足，由于虫体外形比较奇特，因而使人厌恶。但是，它对人体几乎没有危害。蚰蜒在居室内捕食昆虫和小动物，因此是益虫。蚰蜒捕食的昆虫有：蟑螂幼虫、衣蛾幼虫、臭虫、家蝇、衣鱼、普通卷甲虫等。有时也会发生“同类相食”的现象。

2．蜘蛛类

蜘蛛和螨比较类似，都有4对足，可以称得上是“亲戚”。无触角，有螯肢，躯体分为头胸部和腹部两个部分。根据结网与否，分为结网性蜘蛛和穴居性蜘蛛。结网性蜘蛛靠结的网来捕获猎物；穴居性蜘蛛大多是上下活动，在地面游

猎。蜘蛛的活动范围广，除了地上以外，还有地下、水中以及空中。一般居家的蜘蛛多半是从外界潜入居室内的，在居室内长期隐藏着的蜘蛛多半属于穴居性蜘蛛。居室内的蜘蛛多半寄生于家具的间隙中、衣柜和壁橱的夹缝中、天花板等人们难以察觉的黑暗处。

白额高脚蛛（*Heteropoda venatoria*）是在热带、亚热带、温带等地域广泛存在的大型穴居性蜘蛛，体长约 30 mm，在居室内捕捉蟑螂、蛾等。

囊拟扁蛛（*Selenops bursarius*）也是穴居性蜘蛛，体长约 10 mm，夜间活动。捕食苍蝇、摇蚊、蛾等。

此外，居室内还有温室希蛛（achaearanea tepidariorum）、跳蛛（jumping spider）、华南壁钱（uroctea compactilis）、隐匿幽灵蛛（pholcus crypticolens）等。此外，日本红螯蛛（cheiracanthium japonicum）会刺咬人体，造成皮肤伤害。

3．伪蝎类

伪蝎（*False scorpion*）（见图 6－10）的体长 2～3 mm，体型较小。伪蝎在海岸边、森林的土壤中、树皮下均有发现。伪蝎在居室内较少被发现。一般认为，伪蝎捕食跳虫、螨类、书虱、跳蚤幼虫等。另外，也有捕食臭虫的伪蝎。

4．衣鱼类

衣鱼（lepisma）（见图 6－11）是一种昆虫，生存于亚热带地区的外环境中。常见的有毛衣鱼（ctenolepisma villosa）和西洋衣鱼（lepisma saccharina）。毛衣鱼在我国各地均有分布，是居室内常见的害虫。体扁平，长约 10 mm，银灰色，密被银色鳞片，头大，性活泼，畏光夜出。毛衣鱼为杂食性昆虫，在其消化

图 6－10　伪蝎捕食书虱

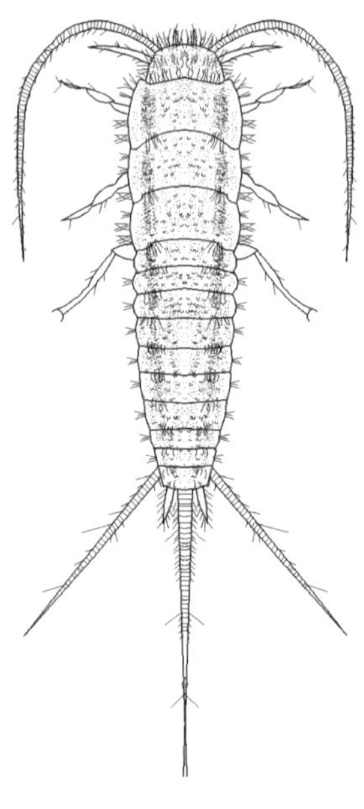

图 6－11　衣鱼的外形

系统中可发现细菌菌丝、花粉、植物碎片、真菌孢子、淀粉、羽毛、昆虫碎片等；居室灰尘也是毛衣鱼的食物之一。此外，毛衣鱼还侵蚀食品、书籍、纸张、绢丝、毛料等。西洋衣鱼呈黑褐色。在普通环境中，毛衣鱼等昆虫的破坏能力有限，窃蠹（anobiidae）的破坏能力较强。

摄食居室内灰尘的衣鱼归纳见表6－3。

表6－3　摄食居室内灰尘的衣鱼归纳

名　　称	分　　布
Acrotelsa collaris（Fabricius）	热带地区
Ctenolepisma campbelli（Barnhart）	美国
C. lineata（Fabricius）	欧洲、美国
C. longicaudata（Escherich）	热带地区、亚热带地区
C. quadriseriata（Packard）	美国
C. villosa Escherich	中国、日本、印度
Lepisma saccharina（Linnaeus）	世界性分布
Lepismodes inquilinus（Newman）	世界性分布

5．书虱类

啮虫目通称为书虱（liposcelis；dust lice；book lice）（见图6－12）；体长为1～10 mm，虫体为白色或褐色，柔软，有触角，行动迅速，有时会跳跃，有长翅、短翅、小翅或无翅等类型。世界上已知有4660种之多，可能还会更多。我国已知的有585种。在植物的枯叶、树皮、岩石上的青苔中可以发现，有的寄生于书籍、谷物中。另外，在哺乳动物和鸟类的巢穴中也能发现它的踪影。

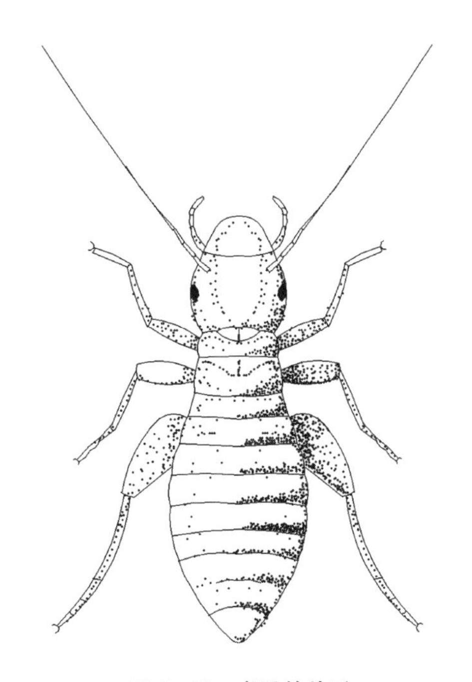

图6－12　书虱的外形

书虱为杂食性昆虫，其消化系统中可见植物碎片、花粉、其他昆虫的虫卵等。特别喜食真菌类、酵母、藻类等。野外种可发现长有翅膀的雄虫，而在居室内难以发现雄性成虫，可能是因为行孤雌生殖的种类较多的缘故。

在居室内生存的书虱，世界范围内有 40 种左右。它们不仅以居室内灰尘、活体真菌为食，而且还危害储藏食品等，是食品害虫。书虱的适宜存活条件为：相对湿度 60% ~ 98%，温度 18 ~35 ℃。书虱忌光线，白天常存在于居室地面的裂缝与间隙和图书、纸张的间隙中，以及简易床垫和带有软垫的家具中。夜间为了进食真菌、藻类，活动范围会增大。

在居室内发现的书虱种类汇总见表 6 – 4。

表 6 – 4　居室内发现的书虱种类汇总

名　称	分　布
Caecilius（Curtis，1837）	世界性分布
Cerobasis（Kolbe，1882）	世界性分布
Dolopteryx（Smithers，1958）	津巴布韦
Dorypteryx（Aaron，1883）	欧洲、美国
Lachesilla（Westwood，1840）	世界性分布
Lacroixiella（Badonnel，1943）	法国
Lepolepis（Enderlein，1906）	斯里兰卡
Lepinotus（Heyden，1850）	世界性分布
Lepium（Enderlein，1906）	斯里兰卡、中国台湾、印度
Liposcelis（Motschulsky，1852）	世界性分布
Nepticulomina（Enderlein，1906）	热带地区
Paramphientomum（Enderlein，1906）	亚洲地区
Perientomum（Hagen，1865）	热带地区
Psocatropos（Ribaga，1909）	世界性分布
Psyllipsocus（Selys-Longchamps，1872）	世界性分布
Rhyopsocus（Hagen，1876）	热带地区
Seopsis（Enderlein，1906）	热带地区
Soa（Enderlein，1904）	热带地区
Tapinella（Enderlein，1908）	热带地区
Trogium（Illiger，1798）	世界性分布

6. 蟑螂类

蟑螂是热带、亚热带特有的夜行性昆虫，喜好高温高湿，原本寄生于森林，靠摄食落叶和枯叶为生。部分种类潜入居室后，成为居室内害虫。蟑螂体型扁

平，能隐藏于狭小的空间内，白天隐匿，夜间活动。蟑螂耐饥饿，不耐寒冷和干燥。居室内蟑螂为杂食性，不仅摄食人的食品，也啃食木材、纸张、胶类、皮革、羽毛等。蟑螂活动不受限于场地，粪便常污染器物。此外，居室灰尘也可用来饲养蟑螂。

世界上蟑螂的种类有数千种，其中50种寄生于家庭之中。家居中最常见的蟑螂，大的有体长约5.0 cm的美洲蟑螂、澳洲蟑螂及短翅的斑蠊；小的有体长约1.5 cm的德国蟑螂、日本姬蠊及亚洲蟑螂，热带地区的蟑螂一般体型较大。在我国，蟑螂有200多种，常见的居室内蟑螂有10种左右，各地的分布不同，常见的有美洲大蠊和德国小蠊。

美国蟑螂（*Periplaneta americana*，即美洲大蠊）为浅红棕色，生活于户外或黑暗、温暖的居室内（如地下室和有火炉的房间）。成年期长约一年半。雌体可产卵荚50个或更多，每个卵荚内含卵约16枚，45天后孵出若虫。若虫期长11～14个月。美国蟑螂存在于热带及亚热带的美洲大陆，翅发育良好，能飞很长一段距离。

德国蟑螂（*Blattella germanica*，即德国姬蠊）是常见的居室内害虫。浅棕色，前胸区有两条黑色条纹，雌体交配后3天产卵荚，并携带约20天。体型小，故常被食品杂货店的装货袋或装货盒带入家中。已被船舶带到世界各地。一年可产3代乃至更多代。德国蟑螂在美国纽约市克罗顿（Croton）输水道的水管周围数量极多，故俗称克罗顿虫。

世界居家蟑螂汇总见表6－5。

表6－5　世界居家蟑螂汇总

名　　称	分　　布
Aglaopteryx ypsilon（Princis）	特立尼达和多巴哥
Allacta similis（Saussure）	美国夏威夷
Blaberus craniifer（Burmeister）	古巴
B. discoidalis（Serville）	厄瓜多尔、波多黎各
Blatta lateralis（Walker）	世界性分布
B. orientalis（Linnaeus）	世界性分布
Blattella germanica（Linnaeus）	世界性分布
B. schubotzi（Shelford）	喀麦隆
B. vaga（Hebard）	美国
Chromatonotus notatus（Brunner）	特立尼达和多巴哥
Cutilia soror（Brunner）	美国夏威夷

（续上表）

名　称	分　布
Ectobius duskei（Adelung）	苏联
E. pallidus（Olivier）	美国
Epilampra abdomennigrum（De Geer）	特立尼达和多巴哥
Ergaula capensis（Saussure）	喀麦隆
Eublaberus posticus（Erichson）	特立尼达和多巴哥
Eurycotis floridana（Walker）	美国
Euthyrrhapha pacifica（Coquebert）	美国夏威夷
Holocompsa azteca（Saussure）	墨西哥
H. cyanea（Burmeister）	哥斯达黎加
H. nitidula（Fabricius）	热带地区
Ischnoptera rufa（De Geer）	巴拿马、牙买加
Leucophaea maderae（Febricius）	热带与亚热带的岛屿与海岸
Leurolestes circumvagans	西班牙、美国
L. pallidus（Brunner）	古巴、美国
Methana marginalis（Saussure）	澳大利亚
Nauphoeta cinerea（Olivier）	澳大利亚、苏丹、美国、日本冲绳
Neostylopyga rhombifolia（Stoll）	美国夏威夷、菲律宾、印度尼西亚、日本冲绳以及热带区域等
Panchlora nivea（Linnaeus）	哥伦比亚
Parcoblatta fulvescens（Saussure & Zehntner）	美国
Parcoblatta lata（Brunner）	美国
P. notha（Rehn & Hebard）	美国
P. penseylvanica（De Geer）	美国、加拿大
Periplaneta americana（Linnaeus）	世界性分布
P. australasiae（Fabricius）	热带
P. brunnea（Burmeister）	热带、美国
P. fuliginosa（Serville）	日本、美国
P. ignota（Shaw）	澳大利亚
P. japonica（Karny）	日本

（续上表）

名　　称	分　　布
Phaetalia pallida（Brunner）	哥伦比亚、特立尼达和多巴哥
Plectoptera dorsalis（Burmeister）	波多黎各
Polyphaga aegyptiaca（Linnaeus）	伊拉克、苏联
P. saussurei（Dohrn）	亚洲局部区域
Pseudophoraspis nebulosa（Burmeister）	印度西部
Pycnoscelus surinamensis（Linnaeus）	印度西部、菲律宾、坦桑尼亚、特立尼达和多巴哥、美国夏威夷
Supella supellectilium（Serville）	非洲大陆、美国
Symploce bicolor	波多黎各
S. hospes（Perkins）	热带、美国

7. 跳蚤

跳蚤属于昆虫纲、蚤目（Siphonaptera），是哺乳动物和鸟类的体外寄生虫（见图6-13）。其特征是：①体小而侧扁，触角长在触角窝内，全身鬃、刺和栉均向后方生长，能在宿主毛、羽间迅速穿行；②无翅，足长，其基节特别发达，善于跳跃。

雌蚤长3 mm左右，雄蚤稍短，体棕黄至深褐色；有眼或无眼，全身多刚劲的刺，称为鬃。蚤生活史为全变态，包括卵、幼虫、蛹和成虫4个时期。

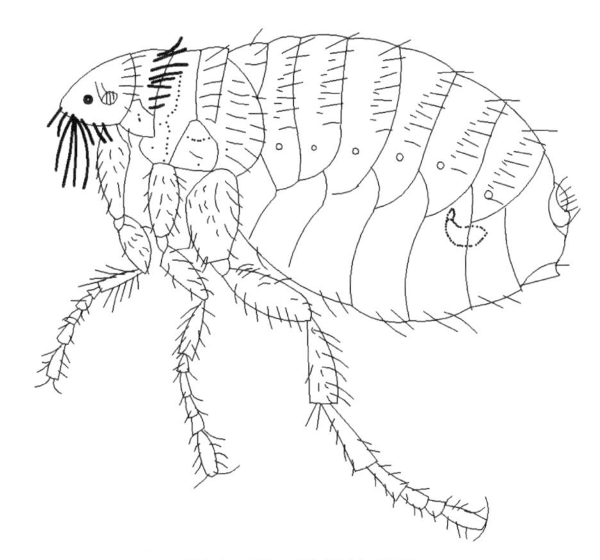

图6-13　跳蚤的外形

当人进入有蚤的场所或蚤随家畜或鼠类活动而侵入居室时，蚤可到人身上骚扰并吸血。跳蚤的危害方式主要是叮刺、骚扰和传播疾病。被跳蚤侵害后，轻者在叮咬部位常感奇痒，影响休息；严重者因抓伤而致感染，尤其是儿童被叮咬后可出现丘疹、风团等。穿皮潜蚤的雌蚤寄生于人体皮内，引起潜蚤病，其局部剧烈痛痒。

全世界共记录跳蚤2000多种，我国已知有数百种，其中仅少数种类与传播人畜共患病有关。我国国内常见的种类为致痒蚤（*Pulex irritans*），亦称人蚤，在眼下方有眼鬃毛1根，受精囊的头部圆形，尾部细长弯曲。呈世界性分布，我国各地均可见到，也是人体最常见的蚤。嗜吸狗、猪和人血，对人骚扰性较大，尤以儿童为甚。可传播鼠疫，也是犬复孔绦虫、缩小膜壳绦虫的中间宿主。另外，还有印鼠客蚤（*Xenopsylla cheopis*），其眼鬃毛1根，位于眼的前方；受精囊的头部与尾部宽度相近，且大部分呈暗色。此种跳蚤在我国沿海省市多见，主要宿主是家栖鼠类如小家鼠、褐家鼠和黄胸鼠等，亦吸人血，是人间鼠疫的重要媒介，也传播鼠型斑疹伤寒和缩小膜壳绦虫。

第六节　温度、湿度与控螨

在人类居住环境中，首当其冲是保持温度的恒定。在我们生活的地球上，南极是最寒冷的地区，最低温度可达零下88.3 ℃（观测日：1960年8月24日）；最热的地区不太固定，确切观测到的最高温度达到57.8 ℃，观测地点有两处，一处是墨西哥（观测日：1933年8月11日）；另一处为突尼斯（观测日：1922年9月13日）。

对于人来说，在无任何不适的情况下，可以生存的温度范围为18～32 ℃，而居室内最适宜温度为17～28 ℃。与地球的温度变化范围相比，人类感觉舒适的温度变化范围幅度仅有14℃，不到地球温度变化范围的1/10。

居室的作用就是当外界温度剧烈变化时，居室内的气象条件保持在舒适的范围以内。如爱斯基摩人的冰屋，当屋外温度达－34～－23 ℃时，屋内温度竟然有 －6～3 ℃，而床铺处则有0 ℃；如果内部贴上动物的皮毛来取暖，则屋内可达10～20 ℃。一般来说，居室内日平均温度低于10 ℃时，需要取暖；而居室内日平均温度超过24 ℃时，则需要制冷。

而我们的居室内温度恒定，变化较小，对螨类和其他微生物而言是非常有利的生存环境。

湿度的表示方法有两种，一种是绝对湿度，指单位体积内空气中包含的水分的量；另一种是相对湿度，是指某种温度下饱和水分与绝对湿度之间的比值。对于在居室内生存的生物而言，相对湿度是重要的条件。

关于空气调节的方式，在制热模式下，居室内处于干燥状态；相反，在制冷模式下，居室内的相对湿度增高。实际情况是：地面、墙壁、建材等水分的蒸发，烹饪、烧水等产生的水蒸气，居住者的呼吸，室内盆景与观赏植物的摆放，

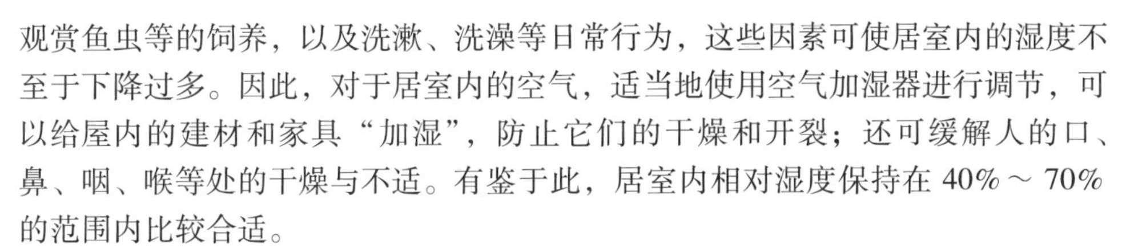

观赏鱼虫等的饲养，以及洗漱、洗澡等日常行为，这些因素可使居室内的湿度不至于下降过多。因此，对于居室内的空气，适当地使用空气加湿器进行调节，可以给屋内的建材和家具“加湿”，防止它们的干燥和开裂；还可缓解人的口、鼻、咽、喉等处的干燥与不适。有鉴于此，居室内相对湿度保持在40%～70%的范围内比较合适。

测定居室内的温湿度，一般在居室的中心点，距离地面1 m高处测量。如果考虑螨和真菌，则要分析居室的微小气候。居室内的温湿度并非均一，而是有一定起伏的。在测量点上温湿度计显示相对湿度为70%，并非意味着居室内各处灰尘堆积点的空间微小气候为70%。例如，外墙壁、地面的热传导率，防水层的位置等，都会影响湿度的数值。居室内的墙壁、窗边、地面等处湿度较大，居室中心相对干燥。因此，在地面、卧具等处滋生的螨类因湿度适宜而得以持续生存。居室内的空气是流动的，若以20～50 cm/s的速度流动，居住者会感觉凉爽宜人。居室内的空气流动影响着灰尘在居室的分布。流速快的空气流动可使大块灰尘汇合堆积，反之则使小块灰尘汇合堆积。人的脱落上皮重量较轻，汇合堆积于流速慢的空气流动区域中，而尘螨也就集中于这些区域的附近。一般来说，普通房间的地面温度为10～25 ℃，而湿度为50%～90%；日常使用的床等卧具的温度为25～30 ℃，湿度为60%～80%。这两处的温湿度都适宜尘螨的滋生与繁殖，也是居室内控制尘螨的重点区域。

第七节　居室生态圈

用“生态圈”来形容居室内的生物环境，并非不恰当。在居室房间内，以居室内灰尘作为基点，实际上构成了一个小小的“生态圈”。居住者本人就是这个生态圈的关键要素。

我们每个人在居室内生活与居住，从生活和生理的层面上来说，每天都要“生产”居室灰尘。这个生态圈的能量基础，也就是物质，均来源于居室内灰尘。居室内灰尘不仅仅包括自无机物合成的有机物，也包括自人和动物（宠物等）身上落下的脱落上皮、毛发、食物碎屑和残渣、家具和服装的脱落纤维、建材碎片、油漆残渣、花粉、泥土、美甲碎片、宠物粪便等。细菌和真菌会利用这些灰尘进行滋生和繁殖，以延续它们的后代。然后，摄食这些居室内灰尘和真菌来满足自身生存需要的生物就会出现，这些生物包括：尘螨、食甜螨、粉螨、跳蚤幼虫、书虱、衣鱼、蟑螂等。接下来，还有一些动物，它们是等待着捕食前述这些生物的。这些捕食动物包括：肉食螨、伪蝎、蜘蛛等。而位于这个生态圈顶端的生物是蜘蛛、蜈蚣和蚰蜒，它们捕食衣鱼和蟑螂。这样，以居室内灰尘作

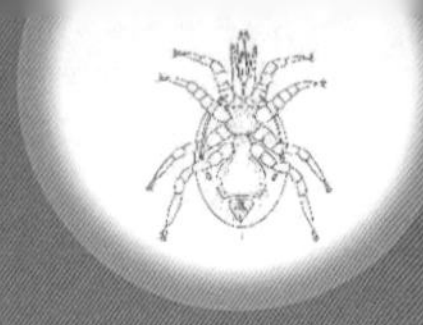

为基点的整个生态圈就形成了，在其中也包含着食物链。

温湿度环境稳定，物质基础稳固，由居住者主导的这个生态圈得以持续保持，周而复始地进行着新陈代谢，生物种群得以繁衍。生态圈的构成与生物的种类、数量、分布、比例、相互关系等密切相关，也与居住者的生活习惯、生活方式以及风俗等有着千丝万缕的联系。现代社会追求生活舒适与健康长寿，彻底而详细地研究这个生态圈，或许可以为我们找到更好的途径和方式来实现这些目标，以期达成我们的理想，享受有品质的生活。

第七章　软体家具与防螨检测

前面的章节提及居室，家庭居室里一般都会有软体家具，而软体家具与尘螨之间有着千丝万缕的关系。因此，有必要系统介绍软体家具的一般常识。

第一节　软体家具的概念

软体家具包括沙发、床垫及办公椅、办公沙发等坐、卧类家具，主要用于居家的客厅、卧室以及办公空间。由于软体家具有软包材料，贴体性较强，保证了家具的舒适性，因此成为同类功能家具中首选的家具类型，也是居家必备的家具。因此，软体家具的重要性不言而喻。

软体家具最具代表性的产品是沙发和床垫。

1. 沙发

沙发，是英文“sofa”的译音，是舶来品。沙发的中心含义是“软”，它与人体的接触部位柔软。狭义的沙发是指一种装有弹簧软垫的底座靠椅。现在，随着社会的发展与技术的进步，广义的沙发远远超出了这一范畴。具体来说，凡是装有软垫或者柔软接触表面的坐、卧用具，均可称之为沙发，如沙发凳、沙发椅、沙发床等等。

同时，软垫的构成也不一定都是弹簧。它既可以由有弹性的植物纤维、动物毛发、发泡橡胶和泡沫塑料等填充物构成，也可以由藤皮、绳索经纺织而成，还可以由密封的软套内充气或充水而成。总之，它是由弹簧与弹性填充物复合而成。

2. 床垫

床垫，英文翻译为“mattress”，通常是指弹簧软床垫（spring mattress）。床垫100多年前起源于美国，是以弹簧及软质衬垫物为内芯、外面罩有织物面料或软席等材料制成的卧具。弹簧床垫的特点是：弹性足、弹力持久、透气性好、与人体曲线的吻合度高。床垫使人体的骨骼、肌肉能处于松弛状态而获得充分的休息。

床垫行业是软体家具产业中的一个重要组成部分，目前我国床垫行业已成为

具有相当规模的行业。据统计，2003 年，全国生产床垫 1500 万张，其中，出口 161.22 万张，创造产值 4694.7 万美元；2007 年，全国生产床垫约 6000 万张，其中，出口 698.33 万张，创造产值 1.77 亿美元。

第二节　床垫与尘螨的关联性

居室内一般都配有家具，家具上的尘土都会滋生尘螨，对于居住者而言，最值得关注的家具无外乎床垫和带垫的家具（主要是沙发）。在此，我们讨论床垫与尘螨之间的关联。

床垫对睡眠者来说，是必备的生活用品。人生 1/3 的时光都在床上度过。在床垫的表面、内部、下部、床架以及床垫下方的地面等处，都发现了尘螨。如果家里饲养了宠物，那么宠物的皮毛里也能找到尘螨。更有甚者，在尘螨的种群中，还有一种尘螨比较特殊，在地面上找不到它的踪迹，而专门藏身于床垫之中，此种尘螨是新热尘螨（*Dermatophagoides neotropicalis*）。这种螨存在于南美洲的苏里南。

以前的研究证实，居室内家具与地面相比，其中的尘螨数量较多，密度较大（见表 7－1）。

表 7－1　部分国家家庭居室内尘螨的滋生情况

国家/地域	尘螨个数/每克灰尘				报　道　者
	卧　室		客　厅		
	床	地面	地毯	地面	
英国					
伦敦	2 568	—	—	22	Wraith, 1969
利兹	24	—	—	—	Sarsfield, 1974
卡迪夫	789	59	—	—	Rao, 1975
格拉斯哥	720	—	222	—	Sesay & Dobson, 1972
伯明翰	4 241	1 088	—	274	Blythe, 1974
荷兰					
某处	80	20	—	2	van Bronswijk, 1973
比利时					
埃伯利	4 293	63	260	—	Gridelet de Saint Georges, 1975

（续上表）

国家/地域	尘螨个数/每克灰尘				报　道　者
	卧　室		客　厅		
	床	地面	地毯	地面	
法国					
里昂	27	1	—	0	Rousset,1971
印度					
德里	107	—	—	52	Dar,1976
日本					
东京	—	148	—	96	Miyamoto & Ouchi,1976
东京	38	38	—	2	Ouchi,1977
神奈川	—	—	1 277	—	Moriya,1985
美国					
俄亥俄	329	360	—	438	Arlian,1978
田纳西	—	166	—	—	Shamiyeh,1973
加利福尼亚	3 356	102	1 624	—	Mulla,1975
西印度群岛					
巴巴多斯	2 962	259	—	—	Pearson & Cunnington,1973
哥伦比亚					
波哥大	277	152	—	—	Charlet,1977

有关家具类物品的尘螨状况调查，还需要进一步的研究。现在的研究证据显示：带垫家具（沙发、座椅等）较床的螨密度高，这归因于在进餐、看电视、会客时沙发和座椅的使用频率高，且这些证据在以色列、英国、印度和美国都得以确认。一般家庭，寝室地面的螨较客厅地面多。而当出现了客厅地面的螨多于寝室地面时，通常会认为是客厅里铺了地毯的缘故。

床垫各个部位都可检出尘螨，普通的调查对象为灰尘。根据 Sesay 和 Dobson 的调查，枕头的螨密度为 210 只/克灰尘，床的底部为 402 只/克灰尘，内部为 924 只/克灰尘，床的表面为 510 只/克灰尘。由此可见，在睡眠者的周围，是尘螨活动的主要区域。虽然每一块区域的灰尘量并非一致，但是在枕头、被子、睡眠者的周围，尘螨的密度较高。这是纵向观察。在横向观察上，则是研究床垫的尘螨分布特点。见图 7 - 1，尘螨在床垫表面的分布并非均匀，而是集中于睡眠者身体的两侧与头部，睡眠者身体的双下肢以及脚部等区域较少。这种现象的产生可以解释为：① 床垫长轴的两侧，也是睡眠者身体的两侧，此处相对湿度较高，易于形成尘螨喜好的滋生环境，特别是湿度适宜；② 睡眠者的头部有呼吸系统，呼吸会导致相对湿度增加；③ 双下肢和脚部的相对湿度较低，难于形成尘螨滋生的适宜环境。

对于床垫种类与尘螨的关系，Sarsfield分别做过调查，他发现家用单人床床垫的尘螨密度最高，相对来说婴儿车、婴儿床、集体宿舍床垫的尘螨密度较小，最少的是医院里的病床。酒店客床的螨密度比家用床垫要少，但是如果酒店没有采暖设施，其床垫尘螨的数量也会很多。卧室内的居住人数越多，则床垫的螨类污染越严重。

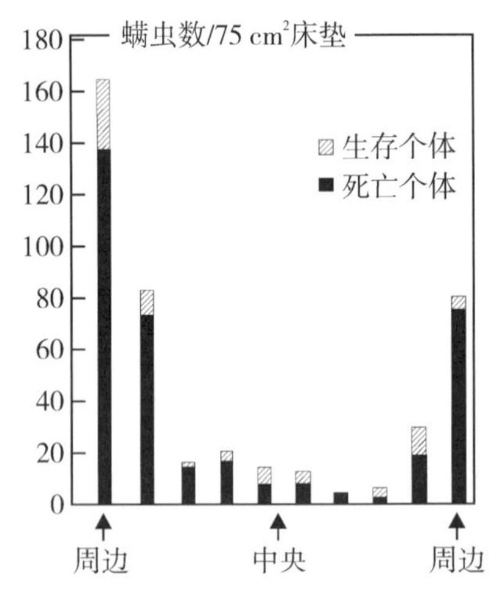

图 7－1 床垫的尘螨分布示意

一般认为，新床垫在使用初期，由于缺乏螨类的食物，螨的污染状况不太严重。随着居住者和宠物占用房间和床，人和宠物的毛发及皮肤脱落物（鳞屑等）增多，导致螨的食物增多，螨的数量也会逐渐增加，带来螨的附属物增多，因而污染逐渐加重。新床垫在使用半年后，逐步被螨污染。另外，居室内的空调使用采暖模式，当床垫没有人使用时，会趋于干燥，对于尘螨的滋生有抑制作用。如果居室内不采暖，床垫内会持续保持一定的湿度，则有助于螨的滋生。

床垫的表面——面料，也与螨的繁殖密切相关。Mumcuoglu 对此做了研究，羊毛、棉、马毛、塑料以及尿烷合成橡胶，螨的繁殖与这些材料无关。在床垫缝上纽扣部分的周围出现一些凹陷的地方，发现有尘螨在活动，并有繁殖。另外，还调查了使用 1 ～ 8 年的床垫 10 张，在床垫的平坦部分未发现螨的踪迹，而在有纽扣和接缝的部位发现大量的螨。Lang 和 Mulla 也有相同的发现，在美国南加利福尼亚地区，调查缝合床垫的饰带周围凹陷处，发现有大量的螨在活动。Blythe 发现，在英国伯明翰，调查的床垫在面料的接缝处有许多螨在活动。以前，我们的认识存在误区，以为床垫的螨污染仅仅停留在表面，最多深入床垫 1 cm 左右。然而，床垫上的毛毯、被褥、枕头等，几乎都受到了污染。另有学者建议，在儿童床垫的头部休息区，缝上小羊的皮以代替普通的面料，来达到防螨的目的。因为在此区域，螨不可能深入床垫的内部，而是停留在羊皮上，这个部分可用除螨机（除螨仪）进行频繁的清扫，每年水洗清洁 1 ～ 2 次即可。

另外，对于居室生活而言，将床垫用不透水的塑料布包裹（床垫的底部不包裹），可以起到床垫防螨的功效。Van Bronswijk 进行了尝试，半年时间里成功抑制了床垫内尘螨的繁殖，而对照组床垫则是尘螨大量滋生与繁殖。Mulla 也获得了同样的测试结果。在使用塑料布等面料的时候，应注意这些面料表面藏有灰

尘，而灰尘中也会存有尘螨，Arlian 报道塑料布上的灰尘也有较高的尘螨密度，竟然达到35 只/克灰尘。

有部分学者发现，医院病床的床垫很少发生螨的危害。Blythe 等学者通过调查发现，在英国伯明翰，调查的医院病床尘螨很少。他们认为：这与床垫套或罩的关系不大，主要是因为医院做到了经常消毒和清洁床垫，以及床垫的空置率较高等原因。

第三节　软体家具虫害的具体案例

近年，人们的生活水平不断提高。如何创造一个良好的居家环境，给居家生活者一个良好的休憩空间成为人们日常生活中密切关注的问题。家中是否有异味？日常生活用品是否有发霉的迹象？床垫上是否有小虫在活动？随处可见的小虫以及微生物都会成为影响居家生活质量的重要因素。

伴随着“家具虫害”事件与纠纷屡屡被媒体曝光，家庭内的虫害问题逐渐浮出水面，特别是人们的一些过敏性疾病和皮肤黏膜方面的损伤与危害。床垫、沙发等作为耐用消费品，它们与家庭、环境害虫之间的相关关系值得我们认真研究与探讨。

案例 1

2013 年，某家具公司突然接到客户的投诉，购买和使用了一段时间的产品上发现了虫子在活动。这个投诉一经传回公司的总部，立即就像在平静的湖面上投入了一粒石头一样，马上泛起了波澜。公司领导及各个部门立即召开紧急会议，“是什么样的虫子？为什么会有虫子？我们生产的产品能给虫子提供生息繁衍的营养吗?”公司领导层立即下达任务，必须要给客户一个满意的答复。紧急处理投诉成了当务之急。公司立即派人前往客户家中，提取了害虫样本，送至相关单位请专家进行鉴定。

鉴定结果是：此种昆虫为昆虫纲蜚蠊目东方蜚蠊（*Blatta orientalis* Linnaeus）。别称东方蟑螂、东方蠊，是一种存在于房屋内的常见昆虫（见图 7－2）。它取食各种陈腐食物，其个体呈长椭圆形、深褐色，有光泽，背腹平扁，头部较小，口器发达；有触角一对，细长如丝；复眼一对，呈肾形；足三对，腿节和胫节上有刺。此种昆虫进入居室内后到处爬行觅食，在各种仪器设备、床垫、沙发、地毯等处均可见其踪迹。

根据此种昆虫的发育与繁殖特性，判定它是家庭、房屋中的常见种，并非在家具产品的内部发育繁殖而爬出来的。在家具产品无损伤的情况下无法在家具内部生存与繁殖。

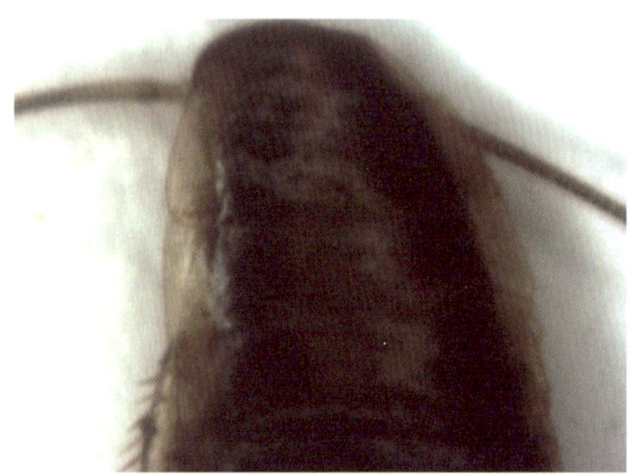

图 7－2　东方蜚蠊

找到原因后，对症下药，圆满地解决了这起纠纷，得到了客户的理解。公司根据专家们的建议，让客户对房屋进行了大扫除，并免费提供了高效的杀虫剂进行治理，从根本上解决了虫害问题。

案例 2

2013 年，山西省太原市某用户反映其全身出现不适，过敏，皮肤出现严重的皮疹。本人之前无相关病史，经多种药物治疗后皮疹消退，然而病情反复发作，最后发展到家人也出现相同症状。该用户直接将患病原因归咎于最近购买的床垫，拿着照片和在医院治疗的单据投诉并要求索赔（见图 7－3）。

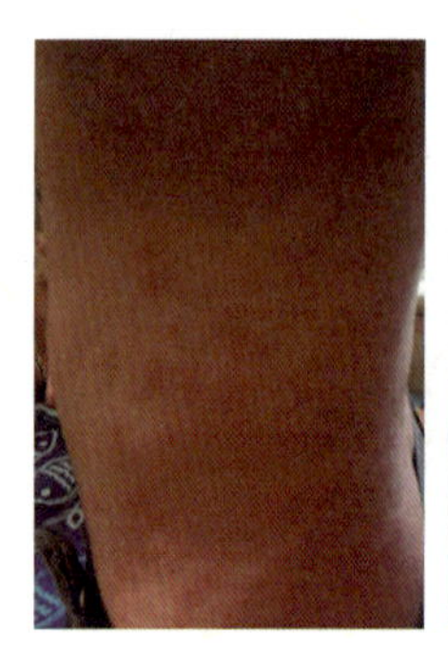
用户的皮疹图片 1

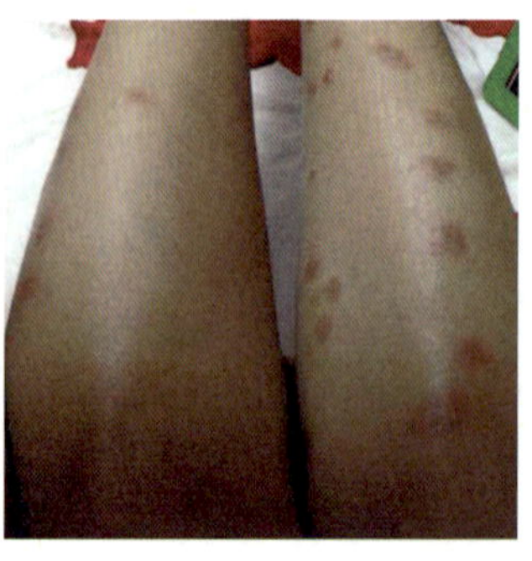
用户的皮疹图片 2

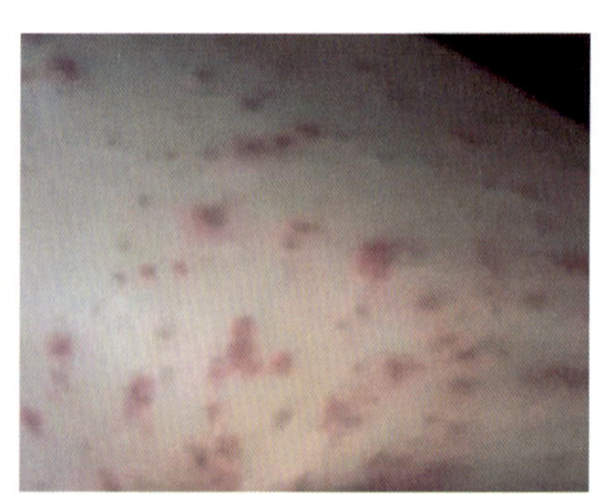
用户的皮疹图片 3

图 7－3　某床垫用户的过敏表现（局部皮肤出现皮疹）

相关家具企业接到投诉后，立即对用户进行安抚，不管是用户无理的要求，还是因产品的原因导致用户患病，只要用户提出问题，就一定要让用户满意。考虑到用户出现了过敏反应，企业立即对相关材料进行取样，以确定材料与产生过敏之间的因果关系。然而，最终的检验结论是：相关材料并不具有致敏性。

如果不是家具产品的问题，那么出现皮疹的原因可能是用户自身的问题。过

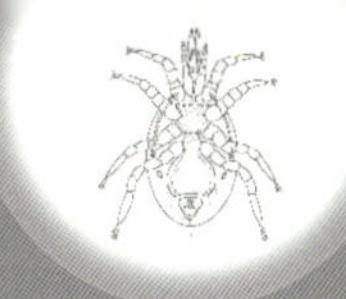

敏可能与用户平时的饮食或者与天气有关，也可能与用户的体质或家里的尘螨（见图7－4）等有关。

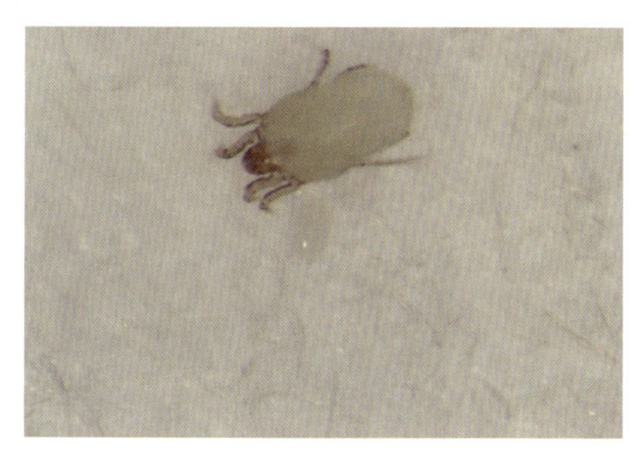

尘螨与螨卵

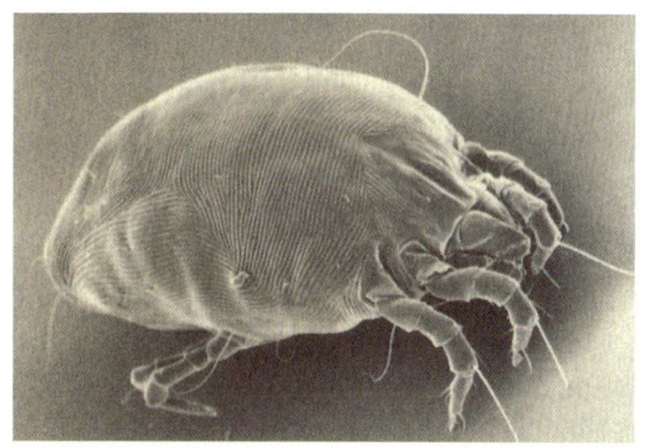

扫描电镜下的尘螨雌螨

图7－4 尘螨

案例3

河南省郑州市某用户反映，在家用的床垫表面发现有虫在活动。某企业的工作人员立即前往该用户家中，提取了昆虫的样本，送至专业的鉴定机构进行鉴定，鉴定结果为：该昆虫是书虱。其定义为：昆虫纲啮虫目书虱（*Liposcelis* sp.）（见图7－5）。

书虱是家庭、房屋中常见的害虫，主要摄食各种有机体的分解产物、自人体脱落的皮屑、细菌菌丝体、真菌及真菌孢子等等。它们在居室内活动，爬行觅食。在房屋内的各种设施、床垫、沙发、地毯、软垫等处均可见。

根据此种昆虫发育及繁殖的特点，可以认为它们并非滋生于床垫，且在床垫未被破坏的情况下无法在床垫内部长期生存。推测它们是从周围环境中潜入居室内，爬行至床垫上面的。

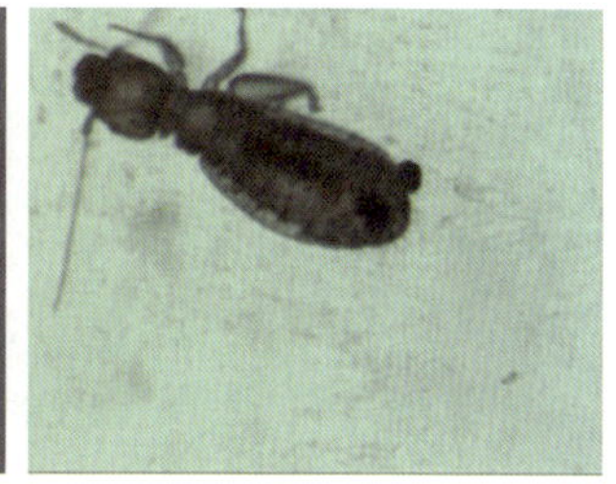

图7－5 书虱

该家具企业将书虱的生活习性以及生存条件等知识告知客户，并确认虫害的发生与家具产品无关。因为床垫没有提供给书虱生长繁殖所必需的营养物质，同

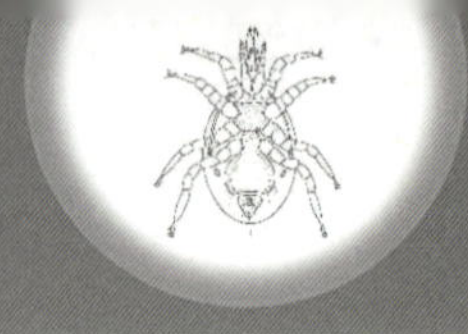

时缺乏书虱长期生存的适宜环境。

案例 4

某家具企业收到用户（其购买了含有乳胶的家具）的投诉后，自用户家中提取了昆虫的样本，送至某鉴定机构进行鉴定，鉴定报告的结论为：该昆虫是东方行军蚁。

东方行军蚁属于昆虫纲膜翅目，其拉丁名称为“*Dorylus orientalis* Westwood”，图 7－6 为成虫。

东方行军蚁是蚂蚁类群中的一种，在户外捕食小动物如昆虫、线虫、蜘蛛等，是属营群体生活、结巢、各个体分工明确的社会昆虫（分工蚁、兵蚁、蚁王、蚁后）。其侵入居室后，到处爬行觅食，在家庭、房屋内的各种设备、床垫、沙发、地毯等处可见。

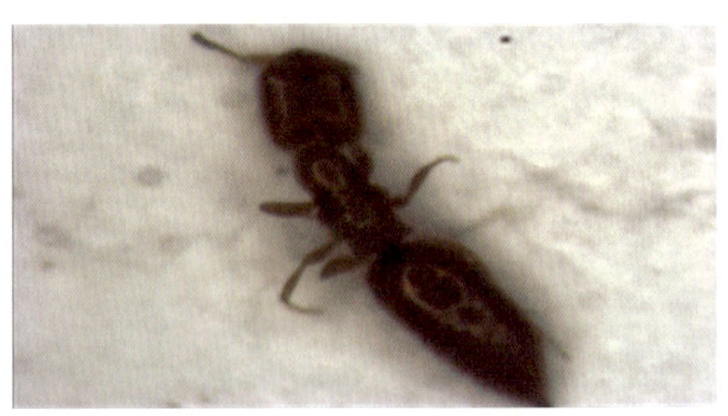

图 7－6　东方行军蚁

根据此种昆虫生长发育及繁殖的特点，可认为东方行军蚁是侵入居家房间的户外种。因而它们不属于乳胶制品的附属物，而是从周围环境中爬上去的。

该专业机构的鉴定专家建议：家庭房屋内应常保持清洁。在清洁、通风、干燥、相对湿度 60% 左右的条件下，东方行军蚁的存活率很低。另外，居室内可用菊酯类或敌百虫等农药进行喷杀，以预防其在居室内大量滋生。

案例 5

某家具企业收到用户的投诉（投诉理由是床垫生虫）后，自用户家中的床垫上提取了昆虫的样本，送至某鉴定机构进行鉴定，鉴定的结果为：昆虫是大眼薪甲。其定义为：昆虫纲鞘翅目薪甲科大眼薪甲［*Dienerella arga*（Reitter）］（见图 7－7）。

腹面　　背面

图 7－7　大眼薪甲

虫体长 1.2 ～ 1.4 mm，体狭长，两侧近平行。复眼大而突出，近圆形。触角 11 节，触角棒 3 节，第 9、第 10 节稍横宽，第 3 ～ 8 触角节近念珠状。每鞘翅有刻点 8 列。

大眼薪甲原本生长于潮湿的谷物及药材库等场所，取食各种腐烂物的有机质、发霉的菌丝体、真菌孢子等。亦在家庭、房屋中发现存在此害虫，但对家庭、房屋中的各种设备不造成直接危害。数量多时在居室内床垫、沙发、地毯等处爬行觅食，活动范围较广。

根据此种昆虫生长发育及繁殖的特点，确认它们并非滋生于床垫中，在床垫未被破坏的情况下无法在床垫内部长期生存，可认为是从周围环境中爬至居室内的，进而爬到床垫上面。

该机构专家建议：家庭房屋内应常保持清洁。在清洁、通风、干燥、相对湿度 60% 左右的条件下，大眼薪甲的存活率很低；保持清洁干净同时亦能减少各种害虫的数量。居室内可用菊酯类或敌百虫等农药进行喷洒杀虫。

综合上述几起典型的家具虫害案例，思考如何从源头解决这些虫害问题，给自身及家人营造一个健康舒适的生活环境，是一件非常有意义的事情。对于普通家庭而言，细菌、真菌、节肢动物、其他昆虫等在自然界大量存在，它们偶然侵入居室内觅食与产卵，也是常有的事情。对此，我们要正确看待这件事，不必惊慌和恐惧。需要加强相关昆虫知识的普及与宣传，切实防范节肢动物、昆虫等的侵袭，并防止其滋生；熟悉各种常见昆虫侵扰居室房间的特点及其生活习性，并牢记处置方法与要点，防止虫灾的大规模发生。

第四节 床垫的防螨与检验检测

如前所述，床垫这种大型耐用消费品，在日常使用过程中会碰到各种各样的卫生问题。床垫在生物防治方面的确存在薄弱环节，比较容易滋生节肢动物和其他昆虫。究其原因，首先，弹簧软床垫是一种以弹簧及软质衬垫物为内芯材料，表面罩有织物面料或软席等材料而制成的卧具。弹簧软床垫具有弹性好、承托性较佳、透气性较强、耐用等优点。其次，由于弹簧软床垫的原辅材料众多，其内部避光，保持温暖、湿润的环境。最后，弹簧软床垫的使用者在睡眠过程中，会留下皮肤鳞屑、毛发等脱落物，这些脱落物为上述生物提供了食物，以维持它们的生长发育和新陈代谢。

有鉴于此，床垫的防螨防虫是一个现实性的难题。在世界范围内，各国科学家也在进行深入研究，努力寻找破解这一难题的良方。通过研究昆虫与节肢动物的习性和特点，科学家也找到几种方法予以应对。这些方法是：①床垫电热式除螨。给床垫内部适当加热，以改变床垫内部的温湿度环境，以达到防螨的目的。②床垫低温除螨。将床垫包裹好，置于低温环境中（-10 ℃或者更低温度），利用低温来冻死螨类以及其他昆虫。③气调杀螨。尘螨等节肢动物需要氧气来维持生理活动，因此，消耗床垫中的氧气，使其因缺氧而死亡，也是床垫防螨的对策之一。④使用高密度织物面料。此种床垫的面料由高密度织物组成，因其孔径较小，可以阻挡尘螨进入床垫的内部，因而具有一定的防螨作用。但是，这种床垫并不能使床垫周围的螨类密度降低，因此其防螨效果具有局限性。由于床垫面料的孔径太小、太细，也会影响床垫的透气性。此外，因为自人体蒸发的水分（主要来自汗液和呼气）无法进入床垫内部，内部填充料的吸湿功能会受影响，睡眠者会感到闷热；与此同时，床垫内部的水分也难以挥发。

关于床垫的整体防螨性能测试，目前国内外研究得不多，相关的书籍和专业文献介绍得比较少。我国轻工行业标准 QB/T 1952. 2—2011《软体家具　弹簧软床垫》规定了床垫防螨性能试验方法和指标要求，是目前我国唯一一部床垫类产品防螨性能测试和评价标准。对于大型耐用消费品来说，评价其生物功能，最关键的操作步骤不是接种测试生物，而是测试结束后，如何回收这些测试生物。弹簧软床垫体积庞大，如果随机布放测试生物，最终的回收工作是非常困难的，而回收的效率高低直接影响测试的结果，所以测试标准的研制应该充分考虑回收测试生物的效率。从国外的新型床垫研制过程来看，这一思路无疑得到了充分的体现。就现阶段来说，测试床垫的杀螨性能，是需要首先考虑的问题。在解决了测试生物的回收效率后，测试的布点也需要认真研究。在 QB/T 1952. 2—2011 标准中，有 4 个测试点选在了床垫长轴两侧的边缘，因为这 4 个部位是人体经常接触的部位，在此处选点有代表性。最后，测试时间也是需要研究的，测试时间与杀螨方法和杀螨效率息息相关。QB/T 1952. 2—2011 标准的测试螨种为粉尘螨，为国际国内标准的代表性测试螨。

另外，关于标准的及格限，与杀螨方式和科技水平有着直接的关系。化学杀螨法与旧方法相比，由于摒弃了剧毒农药，而大量采用除虫菊酯类化合物，故其杀螨率也受到了一定的限制。除虫菊酯类化合物由于经受了较长时间的检验，其毒性和杀螨效率逐渐被人们所认识并慢慢接受。此外，除虫菊酯类化合物还有忌避作用，这对于床垫防螨来说也具有现实意义。化学杀螨法着眼于螨虫的虫体，取决于螨虫对化合物的敏感性，因此，其杀螨率有局限，还须考虑在环境中的降解。物理杀螨法在现阶段主要指电热式床垫，这种床垫除了有常规的材料外，还在床垫内布设了电阻丝，使床垫具有加热的功能；此外，也有使用其他加热方式的床垫，在此不一一赘述。物理杀螨法由于着眼于床垫的内部环境，因此，其杀螨率较高，国外有报道其杀螨率可达 100%。总而言之，现在的杀螨及格限反映了现阶段的床垫防螨科技水平。

纳米技术是一个高科技项目，中国台湾地区有床垫企业正在进行研发，其杀

螨的技术似乎还未成熟。假以时日，我们期待它能够造福于广大消费者。床垫低温除螨，在技术上没有问题，当床垫温度低于零下某个温度点时，可将床垫内的螨类杀灭。国外学者做过类似的试验，试验地点位于高纬度地区，是利用冬季的低温环境来完成测试的。但是，在高纬度之外的区域采用此法来灭螨，会有成本高昂的缺点。高密度织物面料床垫是一款高端床垫，在我国尚未大面积普及，关于它的防螨检测评价，留待以后再做讨论。对于质检机构来说，床垫防螨是一项比较新的技术，未来还需要下功夫进行开拓与研究，找到更好的方法予以应对。

第八章　纺织品与防螨检测

第一节　纺织基础知识

一、行业延革

纺织业历史悠久。首先，进行工业革命的国家如英国、法国、德国等最先形成了专业的纺织部门。20 世纪以来，随着国际局势的变化，世界范围内经济、政治格局发生了巨大的变化，纺织业也随着各国经济实力的变化进行着全球范围内的调整。新兴工业化国家和地区也加入传统产业结构调整的行列中来，如中国台湾地区、日本、韩国等的化纤业保留直纺和差别化纺，它们将普通涤纶丝生产转移到其他国家和地区，世界纺织工业重心不断向亚洲推移。我国纺织业到近代才形成了专业化、规模化的产业部门。

我国是全球名副其实的纺织大国，在全球纺织服装贸易中占据举足轻重的优势地位。纺织产业作为传统产业之一，为经济发展做出了巨大的贡献。由于历史与现实等多种因素的影响，我国东部沿海地区成为纺织产业的集聚地和中心。我国纺织工业产业链完整、配套能力强，专业分工明确，吸纳约 2000 万劳动力就业，在全球纺织贸易市场约占 1/3 的份额。在 2009 年国务院发布的《纺织工业调整和振兴规划》中明确了“纺织工业是我国国民经济的传统支柱产业和重要的民生产业，也是国际竞争优势明显的产业，在繁荣市场、扩大出口、吸纳社会就业、增加农民收入、促进城镇化发展等方面发挥着重要作用”的产业地位和作用。随着经济社会发展和科技进步加快，传统的纺织工业还是高新技术应用和时尚创意经济发展的重要产业。

纺织业将面临一个调整与提高的过程。对外出口受到汇率变动、通货膨胀、原料成本上升、贸易摩擦等的影响，增长速度下降，但仍会有所上升。国内需求进一步扩大，企业需促进产品功能性创新，提高产业科技含量。淘汰落后产能，推进节能减排，推广低碳环保节水降耗新技术、新工艺的应用，推动纺织循环经

济全球化发展。随着技术革新，纺织产业会越来越向高技术发展，劳动力数量比重将会越来越小。

二、定义与分类

（一）纺织纤维

1. 定义

纤维是天然或人工合成的细丝状物质，纺织纤维则是指用来纺织布的纤维。

2. 纺织纤维的特点

纺织纤维具有一定的长度、细度、弹性、强力等良好物理性能，还具有较好的化学稳定性，如棉花、毛、丝、麻等天然纤维是理想的纺织纤维。

3. 纺织纤维的分类

纺织纤维分为天然纤维和化学纤维。

（1）天然纤维包括植物纤维、动物纤维和矿物纤维。①植物纤维，如棉花、麻、果实纤维。②动物纤维，如羊毛、兔毛、蚕丝。③矿物纤维，如石棉。

（2）化学纤维包括再生纤维、合成纤维和无机纤维。化学纤维是利用天然的高分子物质或合成的高分子物质，经化学工艺加工而获得的纺织纤维的总称。按原料和生产方法分为：①再生纤维。再生纤维是化学纤维中最大生产量的品种，它是利用有纤维素或蛋白质的天然高分子物质如木材、蔗渣、芦苇、大豆、乳酪等为原料，经化学和机械加工而成。如粘胶纤维、醋酯纤维。常见品种如人造棉、人造丝、人造毛等。②合成纤维。合成纤维是化学纤维中的一大类，它是采用石油化工工业和炼焦工业中的副产品合成的材料。如锦纶、涤纶、腈纶、氨纶、维纶、丙纶等。③无机纤维。如玻璃纤维、金属纤维等。

4. 常见纺织纤维的纺织性能

（1）羊毛。吸湿、弹性、服用性能均好，不耐虫蛀，适用于酸性和金属结合染料。

（2）蚕丝。吸湿、透气、光泽和服用性能好，适用于酸性及直接染料。

（3）棉花。透气、吸湿、服用性能好，耐虫蛀，适用于直接还原偶氮、碱性媒介、硫化、活性染料。

（4）粘胶纤维。吸湿性、透气性好，颜色鲜艳，原料来源广，成本低，性质接近天然纤维，适用于染料和棉花。

（5）涤纶。织物、挺、爽、保形性好、耐磨、尺寸稳定、易洗快干，适用于分散染料、重氮分散染料、可溶性还原染料。

（6）锦纶。耐磨性特别好，透气性差，适用于酸性染料、散染料。

（7）腈纶。蓬松性好，有皮毛感，适用于分散染料、阳离子染料。

5. 棉织品的特点

棉织物又可分为纯棉、纯人造棉、天然棉和人造棉的混合织物等，它们具有保暖、吸湿、导电等性能，是所有纺织物中最普遍又最主要的一种。

（1）吸湿性。棉纤维具有较好的吸湿性，在正常的情况下，纤维可向周围的大气中吸收水分，其含水率为 8% ～ 10% ，所以它接触人的皮肤，使人感到柔软而不僵硬。如果棉布湿度增大，周围温度较高，纤维中含的水分量会全部蒸发散去，使织物保持水平衡状态，使人感觉舒适。

（2）保湿性。由于棉纤维是热和电的不良导体，热传导系数极低，又因棉纤维本身具有多孔性、弹性高的优点，纤维之间能积存大量空气，空气又是热和电的不良导体，所以，纯棉纤维纺织品具有良好的保湿性，穿着纯棉织品服装使人感觉到温暖。

（3）耐热性。纯棉织品耐热能良好，在 110 ℃以下时，只会引起织物上水分蒸发，不会损伤纤维，所以，纯棉织物在常温下穿着使用、洗涤、印染等对织品都无影响，由此提高了纯棉织品耐洗耐穿服用性能。

（4）耐碱性。棉纤维对碱的抵抗能力较大，棉纤维在碱溶液中，纤维不发生破坏现象，该性能有利于服用后对污染的洗涤，消毒除杂质，同时，也可以对纯棉纺织品进行染色、印花及各种工艺加工，以产生更多棉织新品种。

（5）卫生性。棉纤维是天然纤维，其主要成分是纤维素，还有少量的蜡状物质、含氮物和果胶质。纯棉织物经多方面查验和实践，织品与肌肤接触无任何刺激、不适，无副作用，久穿对人体有益无害，卫生性能良好。

（二）加工方法分类

按生产方式不同分为线类、带类、绳类、机织物、针织物、无纺布六类。① 线类纺织纤维经纺纱加工而成纱，两根以上的纱捻合成线。② 带类。窄幅或管状织物称为带类。③ 绳类。多股线捻合而成绳。④ 机织物。采用经纬相交织造的织物称为机织物。⑤ 针织物。由纱线成圈相互串套而成的织物和直接成型的衣着用品为针织物。⑥ 无纺布。不经传统纺织工艺，而由纤维铺网加工处理而形成的薄片纺织，称为无纺织布。

（三）最终产品用途

最终产品用途可分为衣着用纺织品、装饰用纺织品、工业用品三大类。

1. 衣着用（或称服用）纺织品

包括制作服装的各种纺织面料以及缝纫线、松紧带、领衬、里衬等各种纺织辅料和针织成衣、手套、袜子等。需要了解服装号型、规格、量体方式。

（1）号型定义。① 号。指人体的身高，以厘米为单位表示，是设计和选购服装长短的依据。如 170 号的服装适合身高 168 ～ 172 cm 的人穿着。② 型。指人体的胸围或腰围，以厘米为单位表示，是设计和选购服装肥瘦的依据，如 84A 型的服装，适合胸围 82 ～ 83 cm 及一般体型的人穿着。

（2）人体体型分类。人体体型以胸围与腰围之差为依据（净胸围与净腰围尺寸之差），划分为4种（见表8－1）。

表8－1　人体体型分类

体型分类代号	体型特征	男子胸腰差/cm	女子胸腰差
Y	胸围大，腰围细	17～22	19～24
A	一般人的体型	16～12	18～14
B	腰围较粗，体微胖	11～7	13～9
C	腰围很粗，体肥胖	6～2	8～4

（3）服装号型标示与成品规格设置。服装标示方法：号与型之间用斜线分开，后接体型分类代号，如：160/84A。上装84A型，适合胸围82～85 cm及胸围与腰围差在14～18 cm的人；下装68A型，适合腰围67～69 cm及胸围与腰围差在14～18 cm的人；以此类推。

2. 装饰用纺织品

在品种结构、织纹图案和配色等各方面较其他纺织品更要有突出的特点，也可以说是一种工艺美术品。可分为室内用品、床上用品和户外用品，包括家居布和餐厅浴洗室用品，如地毯、沙发套、椅子、壁毯、贴布、室内用品、纺品、窗帘、毛巾、茶巾、台布、手帕等；床上用品包括床罩、床单、被面、被套、毛毯、毛巾被、枕芯、被芯、枕套等；户外用品包括人造草坪等。

3. 产业用（或称工业用）纺织品

使用范围广，品种多，常见的有篷盖布、枪炮衣、过滤布、筛网、路基布等。

（四）国民经济行业分类

国民经济行业分类与代码见表8－2。

表8－2　国民经济行业分类与代码（GB/T 4754—2002）

代码				类别名称	说明
门类	大类	中类	小类		
	17			纺织业	
		171		棉、化纤纺织及印染精加工	

（续上表）

代码				类别名称	说明
门类	大类	中类	小类		
			1711	棉、化纤纺织加工	指以棉及棉型化学纤维为主要原料进行的纺纱、织布，以及用于织布和缝纫的线的生产活动
			1712	棉、化纤印染精加工	指对非自产的棉和化学纤维纺织品进行漂白、染色、印花、轧光、起绒、缩水等工序的加工
		172		毛纺织和染整精加工	
			1721	毛条加工	指以毛及毛型化学纤维为原料进行梳条的加工活动
			1722	毛纺织	指以毛条及毛型化学纤维为原料进行的纺、织生产活动
			1723	毛染整精加工	指对非自产的毛纺织品进行漂白、染色、印花等工序的染整精加工
		173	1730	麻纺织	指以苎麻、亚麻、大麻等为主要原料进行的纺、织生产活动
		174		丝绢纺织及精加工	
			1741	缫丝加工	指由蚕茧经过加工缫制成丝的活动
			1742	绢纺和丝织加工	指以丝及化纤丝为主要原料进行的丝织生产活动
			1743	丝印染精加工	指对非自产的丝织品进行漂白、染色、轧光、起绒、缩水或印染等工序的加工
		175		纺织制成品制造	指以棉、化纤、毛以及各种麻和丝纺织制成品的生产活动
			1751	棉及化纤制品制造	
			1752	毛制品制造	
			1753	麻制品制造	
			1754	丝制品制造	

（续上表）

代码				类别名称	说明
门类	大类	中类	小类		
			1755	绳、索、缆的制造	指用天然纤维和化学纤维制造绳、索具、缆绳、合股线的生产活动
			1756	纺织带和帘子布制造	
			1757	无纺布制造	指以化学纤维为基本原料，经化学（或热熔）黏合而成的类似布的产品制造。因其不进行纺织，故又称为非织造布
			1759	其他纺织制成品制造	指废旧纤维纺织品，特种纺织品以及其他未列明的纺织制成品的制造
		176		针织品、编织品及其制品制造	指纯粹由手工织成或钩成，或由机器针织、钩针编织成形的制品制造
			1761	棉、化纤针织品及编织品制造	指以棉及棉型化学纤维为主要原料，纯粹由手工织成或钩成，或由机器针织、钩针编织织物的制作活动
			1762	毛针织品及编织品制造	指以毛及毛型化学纤维为主要原料，纯粹由手工织成或钩成，或由机器针织、钩针编织织物的制作活动
			1763	丝针织品及编织品制造	指以丝及化纤长丝为主要原料，纯粹由手工织成或钩成，或由机器针织、钩针编织织物的制作活动
			1769	其他针织品及编织品制造	
	18			纺织服装、鞋、帽制造业	
		181	1810	纺织服装制造	指以纺织面料为主要原料，经裁剪后缝制各种男女服装，以及儿童成衣的活动。包括非自产原料制作的服装，以及固定生产地点的服装制作
		182	1820	纺织面料鞋的制造	指用各种纺织面料、木材、棕草等原料缝制、模压或编制各种鞋的生产活动
		183	1830	制帽	指用各种纺织原料、皮革和毛皮原料，经剪裁、缝制或压制帽子的制作，以及针织或钩针编织成毛线帽的活动

（续上表）

代码				类别名称	说明
门类	大类	中类	小类		
	19			皮革、毛皮、羽毛（绒）及其制品业	
		191	1910	皮革鞣制加工	指动物生皮经脱毛、鞣制等物理和化学方法加工，再经涂饰和整理，制成具有不易腐烂、柔韧、透气等性能的皮革生产活动
		192		皮革制品制造	
			1921	皮鞋制造	指全部或大部分用皮革、人造革、合成革为面料，以橡胶、塑料或合成材料等为外底，按缝绱、胶粘、模压、注塑等工艺方法制作各种皮鞋的生产活动
			1922	皮革服装制造	指全部或大部分用皮革、人造革、合成革为面料，制作各式服装的活动
			1932	毛皮服装加工	指用各种动物毛皮和人造毛皮为面料或里料，加工制作毛皮服装的生产活动
		194		羽毛（绒）加工及制品制造	
			1941	羽毛（绒）加工	指对鹅、鸭等禽类羽毛进行加工成标准毛的生产活动
			1942	羽毛（绒）制品加工	指用加工过的羽毛（绒）作为填充物制作各种用途的羽绒制品的生产活动
		219	2190	其他家具制造	指主要由弹性材料（如弹簧、蛇簧、拉簧等）和软质材料（如棕丝、棉花、乳胶海绵、泡沫塑料等），辅以绷结材料（如绷绳、绷带、麻布等）和装饰面料及饰物（如棉、毛、化纤织物及牛皮、羊皮、人造革等）制成的各种软家具；以玻璃为主要材料，辅以木材或金属材料制成的各种玻璃家具，以及其他未列明的原材料制作各种家具的活动

（续上表）

代码				类别名称	说明
门类	大类	中类	小类		
			2424	运动防护用具制造	指用各种材质，为各项运动特制手套、鞋、帽和护具的生产活动
	26			化学原料及化学制品制造业	
		264		涂料、油墨、颜料及类似产品制造	
			2644	染料制造	指有机合成、植物性或动物性色料，以及有机颜料的生产
		265		合成材料制造	
			2653	合成纤维单（聚合）体的制造	指合成纤维单体和合成纤维聚合物的生产
	28			化学纤维制造业	
		281		纤维素纤维原料及纤维制造	
			2811	化纤浆粕制造	指生产纺织用粘胶纤维的基本原料生产
			2812	人造纤维（纤维素纤维）制造	指用化纤浆粕经机械加工生产纤维的活动
		282		合成纤维制造	指以石油、天然气、煤等为主要原料，用有机合成的方法制成单体，聚合后经纺丝加工生产纤维的活动
			2821	锦纶纤维制造	也称聚酰胺纤维，指由尼龙66盐和聚己内酰胺为主要原料生产合成纤维的活动
			2822	涤纶纤维制造	也称聚酯纤维，指以聚对苯二甲酸乙二醇酯（以下简称“聚酯”）为原料生产合成纤维的活动
			2823	腈纶纤维制造	也称聚丙烯腈纤维，指以丙烯腈为主要原料（含丙烯腈85%以上）生产合成纤维的活动

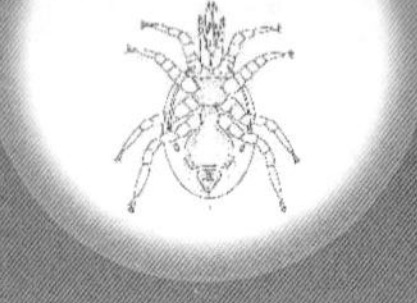

（续上表）

代码				类别名称	说明
门类	大类	中类	小类		
			2824	维纶纤维制造	也称聚乙烯醇纤维，指以聚乙烯醇为主要原料生产合成纤维的活动
			2829	其他合成纤维制造	
		365		纺织、服装和皮革工业专用设备制造	
			3651	纺织专用设备制造	指纺织纤维预处理、纺纱、织造和针织机械的制造
			3652	皮革、毛皮及其制品加工专用设备制造	指在制革、毛皮鞣制及其制品的加工生产过程中所使用的各种专用设备的制造
			3653	缝纫机械制造	指用于服装、鞋帽制作的专用缝纫机械的制造
			3659	其他服装加工专用设备制造	指除缝纫机以外，生产加工各种面料服装、鞋帽，以及洗衣店所使用的类似机械的制造
	63			批发业	指批发商向批发、零售单位及其他企业、事业、机关批量销售生活用品和生产资料的活动，以及从事进出口贸易和贸易经纪与代理的活动。批发商可以对所批发的货物拥有所有权，并以本单位、公司的名义进行交易活动；也可以不拥有货物的所有权，而以中介身份做代理销售商。本类还包括各类商品批发市场中固定摊位的批发活动
			6313	棉、麻批发	
		633		纺织、服装及日用品批发	指纺织面料、纺织品、服装、鞋、帽及日杂品、生活日用品的批发和进出口活动
			6331	纺织品、针织品及原料批发	
			6332	服装批发	

（续上表）

代码				类别名称	说明
门类	大类	中类	小类		
			6333	鞋帽批发	
	65			零售业	指百货商店、超级市场、专门零售商店、品牌专卖店、售货摊等主要面向最终消费者（如居民等）的销售活动。包括以互联网、邮政、电话、售货机等方式的销售活动。还包括在同一地点，后面加工生产，前面销售的店铺（如面包房）。谷物、种子、饲料、牲畜、矿产品、生产用原料、化工原料、农用化工产品、机械设备（乘用车、计算机及通信设备除外）等生产资料的销售不作为零售活动
		653		纺织、服装及日用品专门零售	指专门经营纺织面料、纺织品、服装、鞋、帽及各种生活日用品的零售活动
			6531	纺织品及针织品零售	
			6532	服装零售	
			6533	鞋帽零售	

三、相关检测与标准

（一）纤维的鉴别与织物保养

1. 鉴别方法

（1）鉴别的方法有手感、目测法、燃烧法、显微镜法、溶解法、药品着色法以及红外光谱法等。在实际鉴别时，常常需要用多种方法，综合分析和研究以后得出结论。

（2）一般的鉴别步骤如下：①首先用燃烧法鉴别出天然纤维和化学纤维。②如果是天然纤维，则用显微镜观察法鉴别各类植物纤维和动物纤维。如果是化学纤维，则结合纤维的熔点、相对密度、折射率、溶解性能等方面的差异逐一区别出来。③在鉴别混合纤维和混纺纱时，一般可用显微镜观察确认其中含有几种纤维，然后再用适当方法逐一鉴别。④对于经过染色或整理的纤维，一般先要进行染色剥离或其他适当的预处理，才可能保证鉴别结果可靠。

2. 常见纤维的燃烧性质

常见纤维的燃烧性质见表8－3。

表8－3 常见纤维的燃烧性质

序号	纤 维	近焰现象	在焰中	离焰以后	气 味	灰 烬
1	棉	近焰即燃	燃烧	续燃有余辉	烧纸味	灰烬极少，柔软，黑灰
2	毛	熔离火焰	熔并燃	难续燃自熄	烧毛味	易碎脆，蓬松，黑
3	丝	熔离火焰	嘶嘶声	难续燃自熄	烧毛味	易碎脆，蓬松，黑
4	涤纶	近焰熔缩	滴落	起泡、续燃	弱香味	硬圆，黑，淡褐色
5	腈纶	熔近焰灼烧	熔并燃	速燃、飞溅	弱香味	硬圆，不规则或珠状

3. 织物产品洗、熨烫、收藏、保管要点

（1）衣物的关键部位要注意保型，如肩、衣领、袖口等处，尤其是经树脂整理的硬衣领，一定要采用刷洗方式。

（2）具有典型风格的面料，注意保护其特有的外形内格，如灯芯绒、平绒等。拧绞时，要将绒面包在里面，晾晒时拉平掉开，避免绒面变形。对于提花织品，不可用硬刷子猛力洗刷，防止断纱起毛。

（3）棉织品具良好的理化性能，但也不宜在洗涤液中浸泡过久，曝晒时间亦不可过长，防止颜色受到破坏。

（4）棉织物易掉浮色，洗涤时要防止串染和搭色，影响织物外观。

（二）行业重点技术标准

纺织行业从原料到半成品再到产品需经过12个行业之多。每个行业的质量有不同的条件和要求。纺织现行的1453项标准已经形成一个国标与行标相结合，强制与推荐相协调，通用基础、方法标准与产品标准相配套，标龄结构基本合理，涉及纺织纤维、纱线、织物、制品、服装以及纺织装备各个产业，涵盖服用、家用、产业用三大应用领域的标准体系，基本满足了各产业发展对标准化工作的需求，为推动纺织工业的发展发挥了重要的技术支撑作用。与消费者关联较紧密的有强制性标准GB 18401等。

（三）相关检测机构

国检垂直体系如广州纤检院，大朗、汕头等各地中心，商检、外资如SGS、BV、天祥、华测等，行业联合体如天纺标盐步、均安、西樵、虎门、中纺标深圳以及民办专业市场个体户或小型检测公司。

第二节　纺织品产业的发展

一、产业技术创新

国际服装与家用纺织品已进入生态、安全、保健的新时代。我国的情况如下：

1. 新纤维材料

我国具有自主知识产权的碳纤维、芳砜纶、高强聚乙烯等特种纤维已实现规模生产，纺织新型材料和产业用纺织品在航空航天、国防军工、基础设施、环境保护、医药卫生等高新技术领域的产业化应用与突破也越来越多，面也越来越广。

2. 功能性产品

功能性产品应用领域广泛，涵盖医卫用纺织品、过滤用纺织品、安全防护等类别，对应有不同的应用需求。随着新材料、新技术的应用，如新功能家用纺织品的保健、安全、智能化、人性化、卫生等功能不断推出。尿不湿、口罩等会成为行业新的增长点。

3. 循环利用再生纺织品

循环利用再生纺织品也得到较大发展。如环保、车用及新能源相关的复合材料。

二、产业集群与专业市场

产业集群是那些在特定领域内既竞争又合作的互相关联的公司、专业化供应商和服务商、相关产业的企业和有联系机构的地理集中或所形成的地理集聚体。产业集群是当今制造业的总体趋势，在专业化分工、产业链配套方面有相当优势，我国纺织产业集群趋势明显，尤其在东南部沿海地区表现得更为突出。

1. 全国重点省市分布

我国纺织产业集群地区主要集中在东南部沿海经济发达地区，以长江三角洲、珠江三角洲、海西地区和环渤海三角洲为主，特别是江苏、浙江、福建、山东、广东五省。作为行业发展的先行军，这 5 个省形成了各具特色的纺织产业集群，且卓有成效。

2. 广东产业集群与市场

广东以针织、牛仔、内衣、服装最具优势。它们分布于不同的地域，有产业集群30个。如佛山张槎，汕头两英、澄海，揭阳普宁，东莞大朗等地都是以针织为其强项；广州新塘、顺德均安、开平三埠、中山大涌以牛仔服饰著称；佛山南海大沥（盐步），汕头潮阳、峡山、谷饶、陈店，中山小榄，深圳公明则以内衣内裤家居服饰闻名。另外，东莞虎门、广州流花、深圳则有着悠久的服装贸易基础。

三、行业教育与专业院校

1. 行业教育

中国纺织工业的生产能力多年雄踞全球首位，纤维加工总量占全球纤维加工量的一半，是全球最大的纺织教育基地，为纺织产业输送了大量的纺织科技后备力量和一线工作者。但是，纺织高等院校对行业人才培养支撑作用不足。大部分纺织类高校已改名并向综合性大学转型，纺织基础研究与应用研究受到影响，专业人才的培养出现短板，愿意到一线纺织企业就业的人才比例很低，缺乏技能人才是普遍性问题。

2. 专业院校

目前，纺织业的专业院校有东华大学（原华东纺织大学、中国纺织大学）、西安（原西安纺织大学）、天津（原天津纺织大学）、武汉纺织大学、北京服装学院等，对应的学会有中国纺织工程学会和中国纺织教育学会。

第三节　纺织品与防螨的关系

一、纺织品防螨的必要性

纺织成品与人体皮肤之间要保持适当的湿度和温度才能满足人类的消费需求，但这也成为螨虫等微生物发育繁殖的理想环境。人体每天不断地以汗液、油脂、头屑、皮屑的形式产生分泌物与脱落物，并沾留在日常的内衣、毛巾、浴巾、床单、被套、毛毯、居室软装等纺织品上，成为螨虫和其他微生物的最佳营养成分。螨虫、真菌等微生物的大量繁殖，会造成卫生条件恶化，产生不良气味，甚至会引发皮肤感染和过敏性疾病。即便洗涤后看上去比较清洁，仍难保没有存活的螨虫或微生物停留在纺织品上，给人体造成不利的影响。

国际服装与家用纺织品已然进入生态、安全、保健的新时代。纺织品防螨的目的不仅是为保持纺织品的清洁，更重要的是为保证人体服用舒适卫生的纺织产品，同时预防尘螨引发的各种过敏性疾病的发生，保证人体的安全与健康。另外，增加产品卫生、保健功能，提高产品的商业附加值，具有市场竞争优势。

二、防螨纺织品生产与市场

防螨纺织品的工业化生产最早始于20世纪90年代初，主要是瑞士、德国、澳大利亚、日本、美国等发达国家进行开发与应用。随着纺织品生产及消费水平的快速提升与发展，我国近几年先后开展了各种防螨纺织品的研发及内外销生产，产品类别多数集中于内衣和家纺及婴童产品，材料不仅有棉、毛等天然纤维纺织品，更推广到合成纤维的范畴。因防螨纺织品的生产与研发涉及跨领域合作，需要结合现代医学、精细化工与纺织印染新技术，所以产业有着巨大的潜力，可带动相关学科的发展。防螨产品能够满足功能化纺织品提高附加值、优化产品结构的需求，因而具有良好的市场发展前景。近年，更是出现了以针对尘螨检测、消杀为主业的配套产业链服务型机构。

从我国的实际发展情况分析，防螨研究与产品开发或许是产业转型升级的一个契机。因为随着中国工业化进程的不断发展与优化，纺织品的功能化发展是必然趋势。

第四节　纺织品的防螨与检验检测

一、防螨的概念

由尘螨诱导的变态反应性疾病的病因依然没有明确，现阶段，消除此种疾病仍面临不少困难。因此，从“预防虫害”的观点来看，防螨有其实用的价值。通常，我们谈论“防螨”这个词，全面理解有四层含义，一是杀螨，采用各种方法和途径杀灭螨虫；二是忌避，采用各种方法使螨虫感觉难受和厌恶，进而回避进入某区域或者在某区域长时间停留；三是防控螨虫，防止其大量产卵繁殖，控制其局域性密度；四是阻止螨虫穿透局部障碍，进入物体的内部。因此，单纯叙述防螨，是一个比较模糊、笼统的概念，听者也不知其所指。但是，专业人士所谈的防螨，一定会有所指向。

杀螨的方法本书已经涉及，一方面，化学杀螨占据着主导地位，化学杀螨剂不仅可以杀灭螨类，也可以杀灭昆虫等；另一方面，由于其毒性较强，虽然作用的效果较好，但是杀螨剂所带来的污染也不容小觑。特别是有些药剂在自然条件下性质稳定、难于降解，长期存在于环境中会污染环境，因此，也给人们带来了不利。寻找高效、低毒、可降解的化学物质是科学家们的终极目标。除去化学杀螨，引诱杀螨（诱杀法）是最近比较流行的方法，即研制出尘螨引诱剂，用引诱剂吸引尘螨聚集于一地，然后去除装有引诱剂的布垫或者组合件，将所有尘螨投入火中焚烧。此法比较科学，基本上不会使用化学药剂，而且处理后用火焚烧，也顺便除去部分灰尘与过敏原，比较环保，就方法本身而言，比较智能化，也能够在居家环境中使用。物理杀螨也是一策，其特点是：杀螨效率高，方法本身对环境污染小，居家使用方便等。此外，还有气调杀螨、负离子杀螨、活性炭杀螨等特殊方法，有专业文献详细介绍，在此不一一罗列。

忌避，是世界各国研究得最深入的防螨领域。许多纤维类织物和材料都是加入了忌避剂的，如被褥的内衬、被褥绵、被套、床单、毛毯枕、枕套、褥子、毛毯、毛绒玩具、服装等。生产这些商品的公司很少公布具体的忌避剂名称，只是告知使用了哪一类化学药剂。这些忌避剂可能有避蚊胺、氰硫基乙酸异冰片酯、邻苯二甲酸二乙酯、桧木醇、苯甲酸苄酯等成分，从理论上讲，这些药剂均具有防止尘螨靠近的功能。当然，忌避剂的使用有一个原则，就是必须对人畜无害，应该不会对环境造成危害。

防止螨虫大量产卵繁殖，目前是使用化学药剂来实现，常用的药物有避蚊胺、硼酸等。未来，随着基因工程的发展，有可能从螨的基因入手来解决这一难题。

阻止螨虫穿透局部障碍，进入物体内部，这是一种物理性解决方法，是运用高密度织物的特性，使织物的孔径变得足够小，以至于螨虫不能够穿透过去，从而达到阻挡螨虫的作用。根据这一原理，国外已经有成熟的产品面世。

二、忌避法与忌避剂

下面重点介绍忌避法和忌避剂。

忌避剂的英语是“repellents”。简而言之，就是不让有害生物靠近的物质。根据现代科技的发展水平，可以将忌避剂分为天然忌避剂和合成忌避剂。

提到忌避剂，可能有人会认为是新药剂，其实不然，它的历史几乎与人类历史一样久远。在古代，人们用骆驼尿、焦油混合物、红土涂身和焚烧杂草、大麻、朽木等方法来防止虫类的骚扰与吸血。这些在文献和古籍中记载的忌避剂，绝大多数为天然物，我国古籍中记载有 1200 多种防虫和杀虫的植物。这也就是忌避法的由来。

现在，香茅、雪松、桉树、樟脑等还在作为忌避物使用。近段时间，玫瑰天

竺葵成为热门话题，据说其对蚊虫有忌避作用。

当代忌避剂研究始于 1942 年，忌避剂当时作为军队物资被大量研究。在 1942—1952 年的 10 年时间里，有 11000 多种化合物被甄别筛选，作为忌避药剂使用。

忌避剂存在的价值来自动物的食性，即通过观察动物如何吃某物而研究开发的。忌避剂运用广泛，在生产生活方面，农、林、水、产业，公共卫生领域均有广泛应用。

在研究之前，首先要知晓动物的食性，然后根据这一线索展开。动物的食性多由宿主的性质和种类决定。一般分为四类：

（1）植物食性，摄食活着的植物。

（2）动物食性，摄食活着的动物。若细分，则可有寄生、捕食、吸血 3 种。

（3）杂食性，既摄食植物，也摄食动物。

（4）死物食性，摄食动植物的尸骸、排泄物、残骸等。

按照摄食对象的种类，可分为：

（1）单一食性，摄食特定的对象。

（2）狭窄食性，摄食某些限定的对象。

（3）广义食性，摄食对象众多。

以上归纳了动物的食性，总之，食性是相对的，并非绝对的。因此，忌避剂可以称为抑制和回避食物危害的物质。忌避剂有两大特色，即嗅觉性和味觉性。所以，忌避剂也分为嗅觉忌避剂（olfactory repellent）和味觉忌避剂（gustatory repellent）。

有害生物选择宿主进行加害的目的主要有两种：产卵和成长。有害生物的产卵一般有搜索、到达、确认、产卵等阶段。在这些阶段中，忌避剂有发生作用的机会。例如，将某种虫引诱到目标时，引诱因子发挥了作用；到达目标后，没有发育至产卵阶段，这是忌避因子介入的结果。

另外，昆虫产卵成功，幼虫孵化发育，摄食刺激因子发挥作用，昆虫则一直会成长下去。然而，有时会有摄食阻碍因子存在，抑制其摄食行动，昆虫会发育不全。

忌避剂的使用方法有两种：一种是直接处理；另一种是烟熏和气体化。忌避剂的作用有时与浓度密切相关，特别在嗅觉上。在忌避剂的研究上，常常讨论最低有效浓度，也称阈值（threshold concentration），且特别重视浓度与作用效果之间的关系。在嗅觉忌避剂中，有很多是挥发性物质，因此，研究浓度与作用效果之间的关系、昆虫之间的作用差异非常重要。研究开发人用忌避剂时，不可忽视体温对作用效果的影响。

天然忌避剂的发展历史与人类进步的历程大致相当，是远古人类为了躲避有害生物侵袭（主要是来自它们的叮咬和吸血）而发现的一大类物质。在生产生活中，为了避免被昆虫袭击，人们尝试将土和泥涂抹于肌肤之上，在裸露的肌肤处覆盖树皮和树叶，等等。这些习惯从出土的文物中可以窥见一斑。即使到了现代，人们使用蚊香，也是利用蚊香的烟熏作用来驱避蚊虫的。蚊香的主要成分是除虫菊酯，具体显效物质是右旋丙烯菊酯，具有杀虫作用。采用橘子皮和艾草等烟熏的方法也能防蚊，其成分主要是萜类。作为忌避剂，有许多精油有这种功能。在此，简要介绍一下精油。

精油是从植物中提取出的具有特征性香气的一类物质。一般是借助蒸馏、浸提、压榨以及吸附等方法从含精油的根、茎、叶、枝、干、花、果、籽以及分泌出的树脂、树膏中分离提取而得来。在植物学上称其为精油（essential oil）或者香精油（ethereal oil），商业上称其为芳香油（aromatic oil），化学和医药上称其为挥发油（volatile oil）。精油具有一些共性：①在常温下易挥发，涂于纸片上短时间挥发，不留油迹；②有强烈的特殊香味；③在常温下为油状液体；④大多数有光学活性；⑤可溶于多种有机溶剂；⑥几乎不溶于水。

通常，利用精油的挥发性和溶于有机溶剂的属性，可采用数种方法提取。①蒸馏法。将植物材料切成小片，加水浸泡，装入冷凝器中煮沸，使得精油与水蒸气一起蒸出。此法有一定局限性，因高温可使精油中某些成分分解。经过改进，用水蒸气蒸馏法可完全提取。将植物材料预先用水湿润，随后用热水蒸气使精油经冷凝器馏出，或者在蒸馏器内安装一个多孔隔板，将样品置于其上，器底的水不与样品接触，进行加热蒸馏而蒸出精油。②溶剂提取法。利用低沸点的有机溶剂如石油醚、乙醚等与植物材料在连续提取器中加热提取，将提取液在低温下除去溶剂即得。③压榨法。精油含量较高的材料，可用机械压榨的方法将精油从植物组织中挤压出来。此方法使精油不致受热分解；但提取物含有水分、黏液质、组织、细胞等杂质，也不容易全部榨干，后续还须用水蒸气蒸馏法来提纯。④超临界流体萃取法（supercitical fluid extraction，SFE），是一种新提取技术，在植物精油的提取方面受到特别的重视。在较低温度下，不断增加气体的压力时，气体会转化成液体，当压力增高时，液体的体积增大，对于某一特定的物质而言总存在一个临界温度和临界压力，高于临界温度和临界压力，物质不会成为液体或气体，这一点就是临界点。在临界点以上的范围内，物质状态处于气体和液体之间，这个范围之内的流体称为超临界流体（supercitical fulid，SF）。超临界流体具有类似于气体的较强穿透力和类似于液体的较大密度和溶解度，具有良好的溶剂特性，可作为溶剂进行萃取、分离单体。其有几个优点：①用 CO_2 作萃取剂，无毒、不燃烧、安全、不污染环境，不污染产品；②操作条件温和，对有效成分的破坏较少；③CO_2 的回收比传统方法容易；④ SFE 提取物最接近天然香气，较其他方法效率高。

精油的用途广泛，可作为调香剂应用于香料、化妆品、牙膏、香皂、饮料、食品、糖果点心等。此外，由于具有生物活性，在医疗方面常用来止咳、平喘、

发汗、解表、祛痰、祛风、镇痛等。在公共卫生领域和民生领域，可以用来抗真菌、杀菌、杀灭寄生虫。特别是在蜱螨防治领域，精油的杀虫、引诱、忌避等活性都发挥着重要的作用，精油或其包含的主要成分作为一种化学信息释放出来，对同种生物或者异种生物产生化学效应。例如，精油对某些蜱螨产生驱赶、忌避的作用。这也将促进产业的发展与进步，并在改善民生方面发挥积极的作用。

下列这些植物还有诸多的研究价值。

（1）留兰香（spearmint）。是一种唇形科草本植物，又名绿薄荷、香薄荷、荷兰薄荷、青薄荷、香花菜、鱼香菜。茎直立，高 40 ～ 130 cm，无毛或近于无毛，绿色，钝四棱形，具槽及条纹，不育枝仅贴地生。叶无柄或近于无柄，卵状长圆形或长圆状披针形，长 3 ～ 7 cm，宽 1 ～ 2 cm，先端锐尖，基部宽楔形至近圆形，边缘具尖锐而不规则的锯齿，草质，上面绿色，下面灰绿色，侧脉 6 ～ 7 对，与中脉在上面多少凹陷下面明显隆起且带白色。紫色或白色花，轮伞花序，多花密集顶生成穗状；小苞片线形，长 5 ～ 8 mm。花梗长约 2 mm；花萼钟形，长约 2 mm，无毛，被腺点，5 脉不明显，萼齿三角状披针形，长约 1 mm；花冠淡紫色，长约 4 mm，两面无毛，冠筒长约 2 mm，裂片近等大，上裂片先端微缺。

留兰香对环境的适应性较强，在海拔 2100 m 以下地区均可生长，喜温暖、湿润气候，是一种原生于欧洲及亚洲西南部的薄荷品种。原产南欧、加那利群岛、马德拉群岛、俄罗斯。我国河北、江苏、浙江、广东、广西、四川、贵州、云南等地有栽培或野生种，新疆有野生种。

除了用作香料外，留兰香还有抑制胃肠平滑肌收缩、解除痉挛、抑制病毒和细菌的作用，等等。

留兰香包含萜烯（terpene）等成分。

（2）肉豆蔻（nutmeg）。是肉豆蔻科植物，小乔木，幼枝细长。叶近革质，椭圆形或椭圆状披针形，先端短渐尖，基部宽楔形或近圆形，两面无毛；侧脉 8 ～ 10 对；叶柄长 7 ～ 10 mm。肉豆蔻喜热带和亚热带气候，适宜生长的气温为 25 ～ 30 ℃，抗寒性弱，在 6 ℃时即受寒害。年降雨量 1700 ～ 2300 mm 为宜，忌积水。幼龄树喜阴，成龄树喜光。原产于西印度群岛，在热带地区广泛栽培。肉豆蔻有健胃作用。其成分有香叶醇（geraniol）、芳樟醇（linalool）、丁子香酚（eugenol）、黄樟素（safrole）等。

（3）薄荷（peppermint）。是唇形科植物，又名番荷菜、升阳菜。茎直立，高 30 ～ 60 cm，下部数节具纤细的须根及水平匍匐根状茎，锐四棱形，具四槽，上部被倒向微柔毛，下部仅沿棱上被柔毛，多分枝。叶片长圆状披针形，长 3 ～ 5 cm，宽 0. 8 ～ 3 cm，先端锐尖，侧脉 5 ～ 6 对。轮伞花序腋生，轮廓球形，花冠淡紫色。花期在 6—9 月，果期在 10 月。薄荷的种类较多。早期产于欧洲地中海地区及西亚一带。现主要产地为美国、西班牙、意大利、法国、英国、巴尔干半岛等，我国大部分地区如云南、江苏、浙江、江西等均有出产。

薄荷的健胃、消毒、驱虫作用较强。其成分包括薄荷醇（menthol）、茉莉酸（jasmonic acid）、香芹酚（carvacrol）、柠檬烯（limonene）等。另外，薄荷也是鼠类的忌避剂。

（4）肉桂（cinnamon）。是樟科植物，又名玉桂、牡桂、菌桂、筒桂、大桂、辣桂、桂。常绿乔木，芳香。树皮灰褐色，幼枝有四棱，被灰黄色茸毛。原产地为印度尼西亚，我国见于云南、广西、广东、福建等地。

其精油取自花、树皮、叶。药用价值高，健胃、消毒作用尤佳。亦有杀虫作用，用于虫咬等的治疗。其成分包括肉桂醛（cinnamic aldehyde）、丁子香酚（eugenol）、黄樟素（safrole）、甲基异丙基苯（cymene）、粗双戊烯（crude dipentene）、水芹烯（phellandrene）、蒎烯（pinene）。此外，对于霍乱和伤寒等消化道传染病也有治疗作用。

（5）丁香（clove）。是樨科植物，又名丁子香。丁香是落叶灌木或小乔木。小枝近圆柱形或带四棱形，具皮孔。冬芽被芽鳞，顶芽常缺。叶对生，单叶，稀复叶，全缘，稀分裂；具叶柄。原产地为印度尼西亚，我国的西南、西北、华北和东北地区是丁香的主要分布区，其中，四川、云南、西藏地区是重要分布区。丁香分布于亚热带高山、暖温带至温带的山坡林缘、林下及寒温带的向阳灌丛中。

其精油取自花蕾，药用价值较高。丁香以前常常用来预防瘟疫的暴发。在欧洲，丁香作为昆虫的忌避剂来使用。另外，丁香也可作为结核病和哮喘的辅助治疗药物和空气的消毒与杀菌。其成分包括糠醛（furfural）、丁子香酚（eugenol）、石竹烯（caryophyllene）、蒎烯（pinene）。未来，作为天然忌避剂，丁香将大有作为，潜力巨大，市场前景广阔。

（6）桉树（eucalyptus）。是桃金娘科植物。大多品种为高大乔木，少数为小乔木，呈灌木状的很少。树冠形状有尖塔形、多枝形和垂枝形等。单叶，全缘，革质，有时被有一层薄蜡质。叶子可分为幼态叶、中间叶和成熟叶三类，多数品种的叶子对生，呈心脏形或阔披针形。澳大利亚大陆为原产地，19 世纪引种至世界各地，到 2012 年有 96 个国家或地区栽培有桉树。

其有药用、经济等多种价值。从古至今，桉树与控制疟疾密切相关。由于其调控水的吸收与蒸发，对于消除蚊虫的滋生起到了作用。桉树的作用包括驱虫、杀虫、杀菌、抗病毒等，应用范围广泛。桉树对花粉过敏也有一定的疗效。其成分包括咖啡因（caffeine）、葑烯（fenchene）、水芹烯（phellandrene）、蒎烯（pinene）、香茅醛（citronellal）、桉树脑（cineole）等。

（7）大蒜（garlic）。是百合科植物。又名蒜头、大蒜头、胡蒜、葫、独蒜、独头蒜。大蒜呈扁球形或短圆锥形，外面有灰白色或淡棕色膜质鳞皮，剥去鳞叶，内有 6 ～ 10 个蒜瓣，轮生于花茎的周围，茎基部盘状，生有多数须根。每

一蒜瓣外包薄膜，剥去薄膜，即见白色、肥厚多汁的鳞片。有浓烈的蒜辣气，味辛辣。有刺激性气味，可食用或供调味，亦可入药。地下鳞茎分瓣，按皮色不同分为紫皮种和白皮种。

大蒜的精油取自球茎和枝干。大蒜扩张毛细血管，有降血压的作用。还参与脂肪代谢，有降低胆固醇的功效。另外，对皮肤病的治疗也有效果，是中药材的一种。其成分是二烯丙基二硫（diallyl disulfide），有些地方将其用于害虫的预防等。

（8）马郁兰（marjoram）。是唇形科植物，又名马荷兰、马沃兰、马娇兰、马娇莲、甘牛至、牛藤草、茉乔零那、叶沃刺那、香花薄荷。马郁兰植株高度30～60 cm，叶卵形、顶端绿色，下端为灰色，花白色至淡粉红色，种子细小，暗褐色。马郁兰的原产地为地中海沿岸及土耳其。

其精油有镇静和促进血液循环的功效。其成分包括樟脑（camphor）、冰片（borneol）、松油醇（terpineol）、石竹烯（caryophyllene）、蒎烯（pinene）、香桧烯（sabinene）、萜品烯（terpinene）。酮和倍半萜化合物较多，也预示着其可能成为天然忌避剂。

（9）玫瑰草（palmarosa）。是禾本科植物，又名马丁香、印度天竺葵、罗莎。玫瑰草有两个品种：摩提亚（Motia）和苏菲亚（Sofia）。它们的生长环境与纬度均不相同，摩提亚的玫瑰草无论是精油品质和气味都比苏菲亚略胜一筹。玫瑰草的原产地为印度。

其精油有抗病毒、促进细胞生长、杀菌等作用。特别对肠道的有害细菌效果明显。其成分包括香叶醇（geraniol）、香茅醇（citronellol）、法呢醇（farnesol）、柠檬醛（citral）、香茅醛（citronellal）、柠檬烯（limonene）。特别是法呢醇，它是昆虫等的活性物质，广受关注。

（10）小茴香（cumin）。是伞形科植物，又名小茴、小香、茴香、谷茴香、怀香、茴香子、盐茴、谷香、怀香子。多年生草本，全株有粉霜，有强烈香气。茎直立，上部分枝，有棱。叶互生，2～4 回羽状细裂，最终裂片丝状；下部叶具长柄，基部鞘状抱茎，上部叶的柄一部或全部成鞘。小茴香的原产地为地中海沿岸和亚洲。其精油取自种子。

小茴香有促进消化、强壮身体的作用。其成分包括枯茗醛（cuminic aldehyde）、蒎烯（pinene）等萜类化合物。

（11）香菜（coriander）。是伞形科植物，又名芫荽、盐荽、胡荽、香荽、延荽、满天星等。一年生或二年生，有强烈气味的草本，高 20～100 cm。根纺锤形，细长，有多数纤细的支根。茎圆柱形，直立，多分枝，有条纹，通常光滑。根生叶有柄，柄长 2～8 cm。叶片 1 或 2 回羽状全裂，羽片广卵形或扇形半裂，长 1～2 cm，宽 1～1.5 cm，边缘有钝锯齿、缺刻或深裂，上部的茎生叶 3 回以至多回羽状分裂，末回裂片狭线形，长 5～10 mm，宽 0.5～1.0 mm，

顶端钝，全缘。

香菜的原产地为高加索地区和地中海沿岸，现我国的东北、河北、山东、安徽、江苏、浙江、江西、湖南、广东、广西、陕西、四川、贵州、云南、西藏等省区均有栽培。

香菜有增进食欲、促进内分泌的作用。其成分包括香叶醇（geraniol）、里哪醇（linalool）、松油醇（terpineol）、蒎烯（pinene）等萜类化合物。由于含有香叶醇和蒎烯，未来期待其成为天然的忌避剂。也有可能成为化妆品的成分之一。

（12）牛至（origanum）。是唇形科植物，多年生草本或亚灌木；叶全缘或具疏齿；常为雌花、两性花异株；小穗状花序圆形或长圆形，果时伸长或否，由多花密集组成，有 15 ～ 20 种。原产地为地中海沿岸，我国西南、西北经中部至东部亦有出产，全草入药，又可提芳香油。

牛至有健胃、养肝、杀虫等作用，对虱感染也有效。其成分包括百里香酚（thymol）、蒎烯（pinene）。百里香酚与杀虱作用有关。

上述植物重点成分的分子结构式归纳见图 8－1。

香叶醇

芳樟醇

丁子香酚

黄樟素

（续）

薄荷醇

茉莉酸

香芹酚

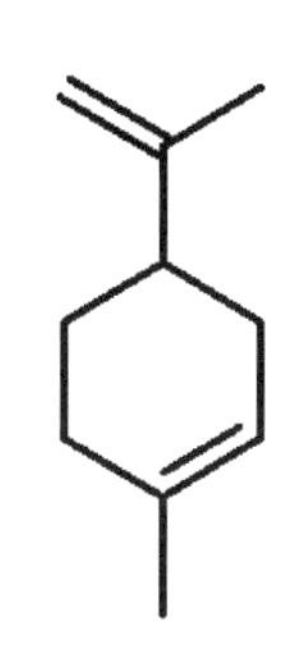

柠檬烯

肉桂醛

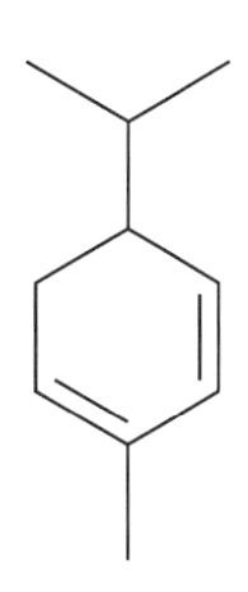

水芹烯

（续）

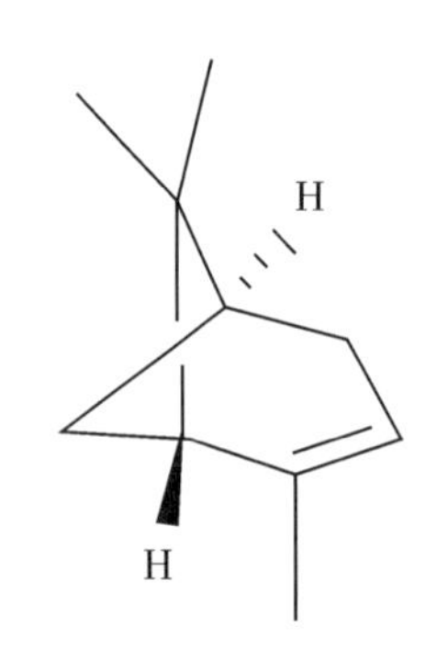

蒎烯

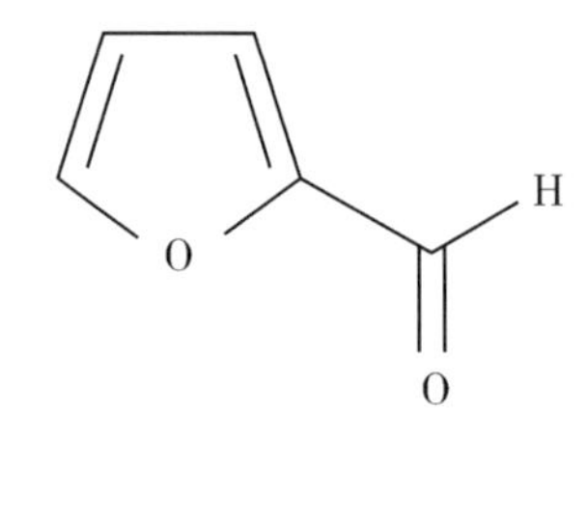

糠醛

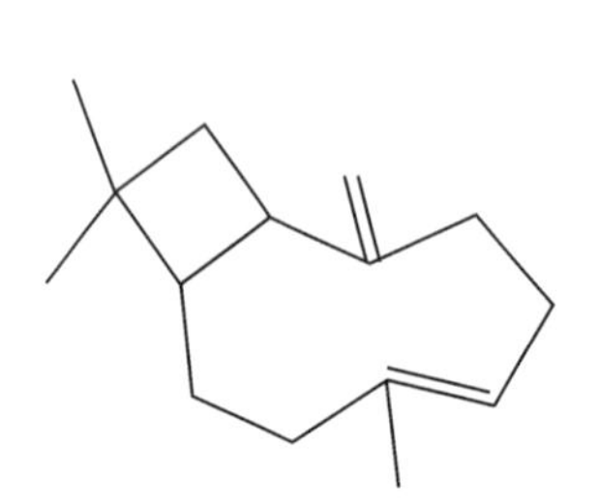

石竹烯

咖啡因

蒈烯

香茅醛

桉树脑

樟脑

（续）

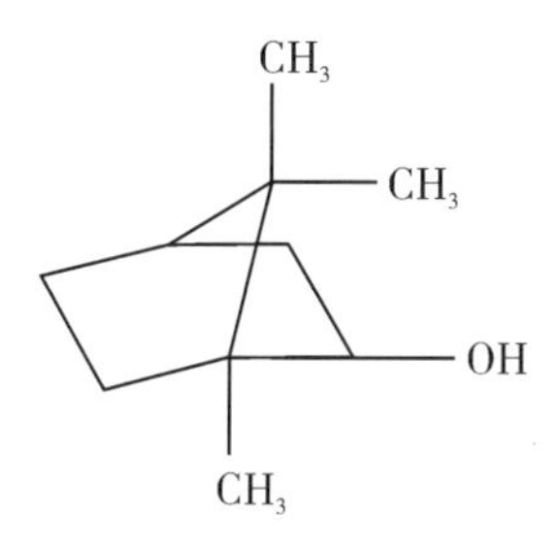

冰片

松油醇

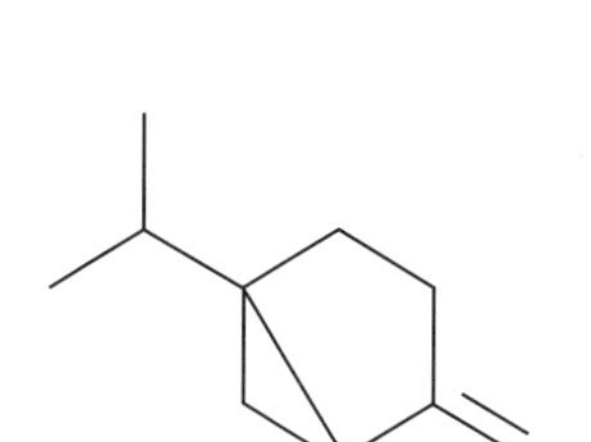

香桧烯

萜品烯

香茅醇

法呢醇

柠檬醛

枯茗醛

（续）

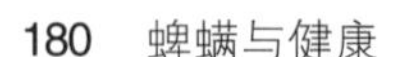

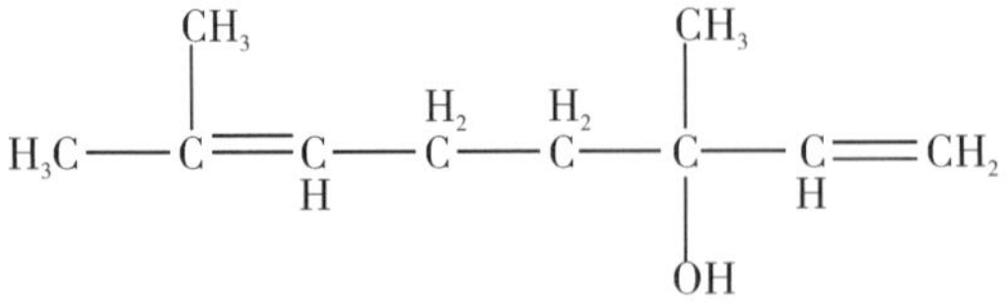

里哪醇 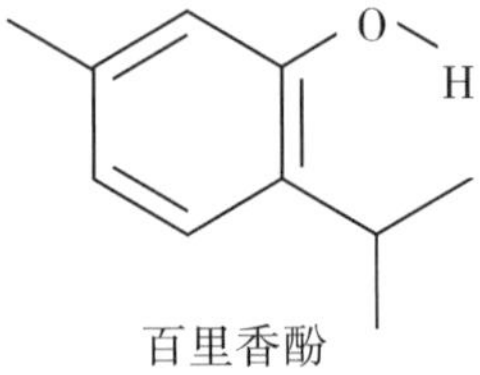　　百里香酚

图 8-1　含精油植物的重点成分的分子结构式

另外，从天然物质中提取螨虫忌避剂和抗菌剂，是今后一个研究开发的方向。桧木醇就是一个最好的例证。日本学者冈部对其进行了深入研究，并得出其半数致死量（LD_{50}）为 8 ～ 50 g。桧木醇具有抗菌和防虫的作用，它可以抑制金黄色葡萄球菌、链球菌、大肠杆菌、绿脓杆菌、克雷白杆菌、变形杆菌、产气荚膜梭状芽孢杆菌等细菌，并且抑菌效果很好；它对于螨类、白蚁、蟑螂等也有良好的抑制效果。

日本扁柏（出产桧木醇的树）具有很好的杀螨特性，其主要的杀螨成分为倍半萜。研究人员确定其为倍半萜的 A－毕橙茄醇（α-cadinol）和 T－毕橙茄醇（T-cadinol）（见图 8－2）。倍半萜衍生物也有杀虫和忌避的作用，现介绍几种，以 LD_{50} 表示。d-cadinol，T-cadinol，dihydro-d-cadinol，pihydro-T-cadinol，LD_{50} 均为 16 μg/cm²；而 acetyl-d-cadinol，acetyl-T-cadinol 的 LD_{50} 为 32 μg/cm²。

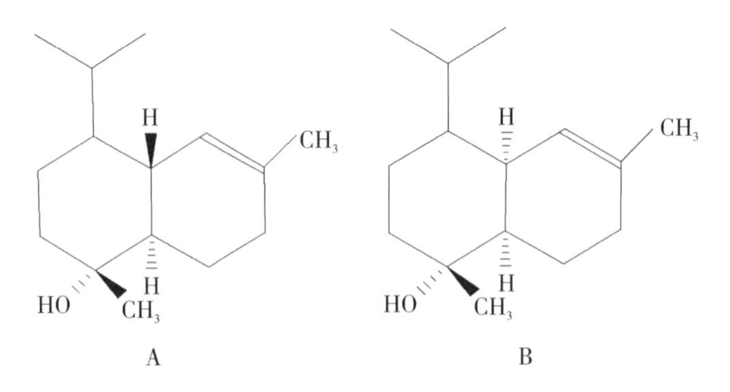

图 8－2　A-毕橙茄醇和 T-毕橙茄醇的结构

自日本扁柏获得的提取物对腐食酪螨有忌避作用，对强壮肉食螨有杀灭作用。这些提取物一般称为精油，自日本扁柏获得的精油的主要成分是 *β*-萜品醇、龙脑、小茴香醇（根据 GC-MS 的分析结果获取）。它们各自的忌避作用为：当浓度为 0.5 g/m² 时，*β*-萜品醇的作用效果为 50%，龙脑的作用效果为 30%，小茴香醇的作用效果接近 100%；而当浓度为 0.05 g/m² 时，小茴香醇的作用效果为 100%。

日本扁柏的精油分为树叶油和树干油两种。树叶油有芳香气味，适于用作香

料、溶剂；树干油也有比较广泛的用途，可以用作蟑螂等害虫的忌避剂，并有成熟的产品面世。

总之，天然忌避剂的种类繁多，来源也各不相同，有待研究与开发的领域众多，未来其应用前景广阔。

合成忌避剂不同于普通的喷雾杀虫剂，是应用于人体的药剂，因此研究对象是低毒性物质。因为毒性较低，人体可以长期接触使用。与我们密切相关的合成忌避剂是接触性忌避剂。

在以前，人们一般使用煤油、杂酚油、吡啶或者波尔多混合剂。

当代合成忌避剂研究始于第二次世界大战。当时的美军需要在世界范围内作战，譬如阿拉斯加的冻土带，在夏季会有大量的蚊虫滋生。如果在此地作战，那么蚊虫忌避剂的研究与应用必不可少。因此，当时美国对蚊虫忌避剂进行了深入细致的研究，这些研究也包括其他吸血昆虫。其间，筛选了 4500 种化合物，遴选出了长效化合物并进行了归类，进而研究其化学结构与生理活性之间的关系，为其后的广泛应用打下了基础。在第二次世界大战中的热带地区战场，战死者多半死于疟疾和登革热。

为了研制蚊虫的忌避剂，美国科研人员甚至从 1942—1952 年的 10 年间，筛选了 11000 种化合物，现在使用的部分产品也来自当时的研究。

忌避剂一般含有酰胺、酰胺酯、乙二醇、醛缩醇等官能基团，特别是含有酰胺和酰胺酯的化合物，其作用十分持久。合成忌避剂可单独使用，也可混合使用。例如，下列配方对螨类等害虫有效：dimethyl phthalate 60%，indalon 20%，2-ethyl-1、3-hexanediol 20%。

其他配方也有类似的作用，如 dimethyl phthalate 40%，2-ethyl-1、3-hexanediol 30%，dimethyl carbate 30%。

三、纺织品的防螨

对纤维制品进行防螨加工，使其具有某种防螨的功效，这是纺织业者追求的目标。因此，纤维用防螨忌避剂，是纺织行业的主要研究对象。纤维的防螨加工技术在国外已经发展了 20 年左右，主要是针对尘螨进行的研究与开发。纤维用防螨忌避剂的特点包括：

（1）由于与使用者频繁接触，因此，防螨忌避剂需要足够安全；过敏体质的人、婴幼儿以及儿童对化学物质敏感，因此，应该无皮肤刺激和致敏的特性。

（2）防螨忌避剂对尘螨有较好的防治作用及效果。

（3）防螨忌避剂应具有较好的热稳定性，能够承受加热、干燥等处理工序。

（4）防螨忌避剂应无气味。

（5）防螨忌避剂在加工前后应无着色和变色的现象发生。

（6）防螨忌避剂与纤维加工辅助剂之间应无相互影响。

（7）防螨忌避剂的药效应尽可能持久。

（8）防螨忌避剂应耐洗涤、耐风化。

（9）防螨忌避剂应适用于天然纤维与合成纤维。

鉴于纤维用防螨忌避剂的商业价值，研究与开发常常立足于尘螨的生物特性；纤维制品主要是寝具和地毯，因此，防螨纤维制品的受众面广，与消费者的健康息息相关。

四、与尘螨相关的检验检测

关于尘螨的生物特性，前面数章已有介绍。下面介绍数种针对尘螨的试验测试方法。

1. 夹持法

夹持法最初来源于滤纸残渣法，是评价液体药剂杀螨效果的一种常用方法。其做法是：在5 cm×10 cm的方形滤纸（圆形滤纸亦可）上，将测试药剂——丙酮稀释液按照试验的浓度均匀涂抹于其上，待自然干燥后，将滤纸从中央处对折，在对折处附近放置一定数量的测试尘螨，将游离的三面用夹子夹住以防尘螨出逃。在此状态下将组合件置于25 ℃、RH75%条件下测试24 h，试验结束后观察尘螨的死亡率。此方法用于研究处理剂量与死亡率之间的关系（药物浓度/死亡率），也是作为筛选杀（灭）螨药剂的一种简便方法，此方法属于经典测试法。

2. 抑制尘螨繁殖法

抑制尘螨繁殖法是一种比较耗时的测试方法。其做法是：在用药剂处理了的检样上放置一定量的尘螨和培养基，在25 ℃、75% RH条件下长期培养，培养结束后，与未用药剂处理过的检样进行对比，用以研究剂量与抑制尘螨繁殖效果之间的关系（药物浓度/产卵繁殖数量）。此试验方法适用于防螨纤维（制品）等的实践性效果评定。不过，测试周期至少需要6～8周时间，测试时间相对较长，成本也比较高，最终必须进行繁殖尘螨的计数。本方法也非尘螨的忌避性能测试方法。在我国国家标准《纺织品　防螨性能的评价》（GB/T 24253—2009）中有抑制法，其测试方法与本方法类似，主要测试试样对尘螨的长期抑制效果。将6个培养皿分成两排布放，分为2个试验组——对照组和试样组。一排的排列顺序为：试样—对照样—试样，而另一排的排列顺序为：对照样—试样—对照样。将试样平整地铺放于培养皿中，并放入适量的尘螨饲料。随后向6个培养皿中各放入150只活螨，将所有培养皿置于海绵上，在规定的温湿度条件下培养7天、14天、28天、42天。分别记录各组存活的尘螨数，并计算抑制率。

3. 培养基混入法

顾名思义，其做法是：在尘螨的培养基中混入一定浓度的测试药剂，然后加

入一定量的尘螨，充分混匀后，在25 ℃、RH75%的条件下培养一段时间后，回收测试尘螨，计算其死亡率。本方法可以研究浓度与尘螨死亡率之间的关系，还可以研究测试药物的残留杀螨效果。与夹持法相比，该法药物的效力较低，还需要回收活螨，略微耗时费力。

4. 忌避试验法

忌避试验法的设计原理是：在一定条件下测试尘螨是否厌恶（讨厌）靠近某物体。这对于商品的防螨性能来说至关重要。就操作方法而言，忌避试验有数种方法，在这里介绍其中一种。其做法是：在透明的玻璃平皿上放置一块黑色的布，在黑布的上面，放置一些事先打了孔的布料或者材料，这些材料的直径比玻璃平皿的稍小，布料或材料包括雪纺绸、带网孔的材料、氨基甲酸乙酯等。在这些测试材料的上面，再放一个稍小的玻璃平皿，在小玻璃平皿上面布放活螨40～80只（用肉食螨做测试时，布放20只），放置20 min后，想逃离的螨使其自由逃离，最后对小玻璃平皿上残留的螨进行计数，计算忌避率（见图8-3）。在我国的国家标准《纺织品　防螨性能的评价》（GB/T 24253—2009）中有类似的测试方法，不过测试方法的名称为驱避法。该驱避法需要制作一个测试组合件，将测试尘螨置于组合件的中心位置，在测试尘螨的四周布设6个培养皿，在培养皿中彼此间隔地放入试样和对照样，试样保持平整，试样上放有若干尘螨饲料。测试结束后，分别计数两组培养皿中的存活尘螨数（成螨和若螨），按照下式计算忌避率：

$$忌避率 = \frac{20\ \text{min}或1\ \text{h}后平皿上的剩余活螨虫数}{平皿上布放的螨虫总数} \times 100\%$$

5. 尘螨通过试验

对于密度较高的纺织品（如高密度织物），本试验非常有用。取一个圆形的玻璃或者有机玻璃制的圆筒，一端保持密闭，另一端开放，裁剪一块试样，其大小应比开放端稍大，然后用厚纸包绕，厚纸较试样稍长，随后用透明胶带将厚纸连同试样粘贴于圆筒上，厚纸上满满贴有双面胶，用以捕捉通过试样的测试尘螨。在此步骤之前，将一定数量的测试尘螨放入圆筒中，留下一些饲料使其暂时停留片刻。待包绕步骤完成以后，将圆筒平放，自圆筒的密闭端外部向密闭端内部的尘螨照射强光，由于尘螨畏光，会向前移行，因此会尝试通过试样，这样就达到了测试的目的。也可不用厚纸，代之以布设捕螨区域，捕螨区域的设计也应使用诱饵，或应用遮光物，同样可达到回收测试尘螨的目的。（见图8-3）

忌避试验对于防螨商品来说，是非常关键的测试试验。因此，针对不同的测试目的，国际上也有数种测试方法。避蚊胺（N，N-Diethyl-3-methyl benzoyl amide，DEET）和氰硫基乙酸异冰片酯（iso-bornylthiocyanoacetate，IBTA）是常用的两种测试用忌避剂。

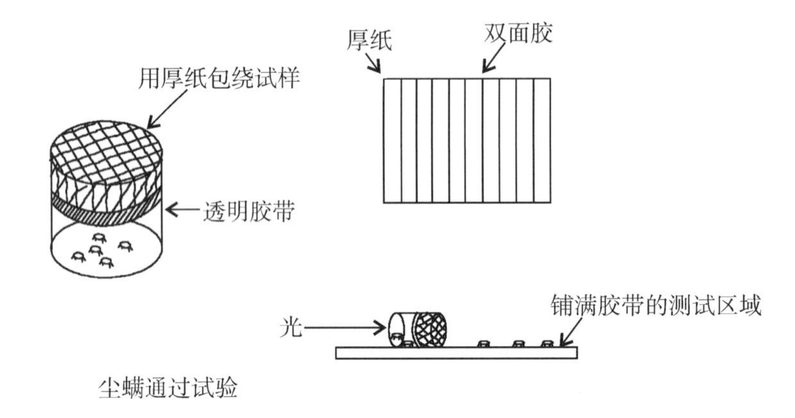

图 8－3 尘螨通过试验

这是国外做过的忌避试验。以 5 g/m^2 的用药量涂抹雪纺绸和网孔材料，采用腐食酪螨做测试，其忌避率达 10% ～ 20%。因肉食螨的数量太少，故其忌避率稍高。以雪纺绸和网孔材料测试时，忌避率稍有不同，雪纺绸的忌避率偏高。这是因为涂满药剂后，雪纺绸上的药剂易于散发，刺激位于平皿中的尘螨，而网孔材料由于材料本身空间较大，即使是相同的用药量，其药剂也不易散发，也难于刺激和影响平皿中的尘螨，所以才会有这样的结果。像氨基甲酸乙酯这样的材料，忌避剂会直接进入其内部，向外界发散得很少，因此，其不能影响平皿中的尘螨，故忌避率为 0。另外，由于粉尘螨行动迟缓，测试 20 min 不能获得可靠的数据，因此设定时间为 1 h，此时对照组的尘螨都已经爬到测试材料上了。DEET 在 1 ～ 10 g/m^2 的投药范围内的忌避率为 17% ～ 75%；而 IBTA 在 1 ～ 5 g/m^2 的投药范围内的忌避率为 32% ～ 87%。它们对粉尘螨的忌避效果较好（见表 8－4）。

表 8－4 DEET 和 IBTA 对尘螨的忌避效果一览

布料与材料	腐食酪螨				粉尘螨		南瓜螨*	
	忌避剂	涂抹量/m^2	忌避数/只	忌避率/%	忌避数/只	忌避率/%	忌避数/只	忌避率/%
雪纺绸	DEET	1 g	2/50	4.0（0）**	19/107	17.8（0）		
		5 g	13/77	16.9（0）	33/74	44.6（0）	11/20	55.0（0）
		10 g	34/84	40.5（0）	47/62	75.8（0）		
	IBTA	1 g	2/48	4.2（0）	39/121	32.2（0）		
		5 g	11/56	19.6（0）	128/147	87.1	6/19	31.6（0）

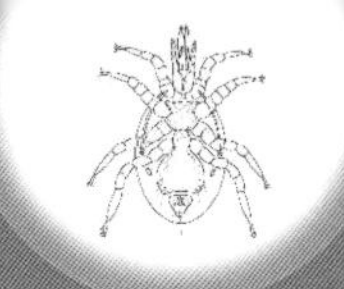

(续上表)

布料与材料	腐食酪螨				粉尘螨		南瓜螨*	
	忌避剂	涂抹量/m²	忌避数/只	忌避率/%	忌避数/只	忌避率/%	忌避数/只	忌避率/%
网孔材料	DEET	1 g	3/77	3.9 (0)	62/118	52.5 (2.5)		
		5 g	8/66	12.1 (0)	98/133	73.7	7/20	35.0 (0)
氨基甲酸乙酯	DEET	5 g	0/37	0 (0)	—	—	—	—

注：* 粉尘螨的测试时间为 1 h，腐食酪螨和南瓜螨为 20 min。

** (0) 是对照组的测试结果，药剂的涂抹量为 0。

了解了这些生物试验后，我们大致可知杀螨试验和忌避试验的区别。它们的原理有些不同。杀螨试验是让测试尘螨强制性接触受测物，直接投放药物进行测试，得到剂量—反应关系的信息与数据。而忌避试验正好相反，人为设置某种试验条件，并在此条件下测试尘螨的反应，试验结果全部取决于尘螨的行动。忌避试验的试验设计很重要，影响结果的因素也较多，应该慎重选择。另外，在评价杀螨效果时，常常会用到两个指标，即 LD_{50}（半数致死量）和 LC_{50}（半数致死浓度），而在评价忌避效果时，则没有这样的指标。

五、尘螨忌避剂的研制

化合物的杀螨活性和忌避活性对于螨虫防治来说尤为重要。有机磷农药的杀虫机理是当农药进入昆虫体内后，直接抑制了乙酰胆碱的分解酶——胆碱酯酶的活性，显示出杀虫的效果。而有机磷农药对昆虫没有忌避活性，所以才有了农药残留的问题。作用于昆虫神经系统的拟除虫菊酯类杀虫剂，则既有杀虫的活性，也有忌避的活性。有鉴于此，研制尘螨忌避剂的方法应该是这样的，首先，用夹持法找出能杀螨的化合物；其次，在这些化合物中筛选出有较好忌避活性的化合物；最后，根据忌避剂的特点确定是否实际应用。

从已有的尘螨忌避剂的化学结构分析，相对分子质量在 150 ～ 350 范围内的脂肪族羧酸酯和含有苯环的芳香族羧酸酯类化合物对尘螨的忌避活性较好。某些忌避剂既有忌避活性，也有杀螨活性。因此，确定以某种尘螨作为测试螨，测试化合物的忌避活性或者引诱活性时，试验设计需要严谨，试验条件需要严格限定，否则结果会出现偏差。

这是尘螨忌避剂研制的具体范例。某课题组对羧酸酯类化合物进行了筛选研究，见表 8 - 5。这些化合物属于二烷基二羧酸酯类，分别有顺丁烯二酸酯、反丁烯二酸酯、己二酸酯、邻苯二甲酸酯。因为烷基链的长短对于忌避活性有不同

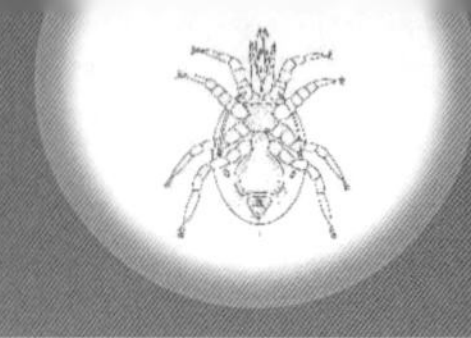

的影响，故对其化合物群进行筛选。测试螨有 3 种，分别为粉尘螨、腐食酪螨、南瓜螨（见图 8－4）。

表 8－5 尘螨忌避剂候选物质一览

羧 酸 酯	烷 基 组
CHCOOR ‖ CHCOOR 顺丁烯二酸酯	① C_2H_5 ② C_4H_9 ③ C_8H_{17}
CHCOOR ‖ ROOCHC 反丁烯二酸酯	④ C_4H_9 ⑤ C_8H_{17}
CH_2COOR | (CH_2) | CH_2COOR 己二酸酯	⑥ CH_3 ⑦ C_4H_9 ⑧ C_8H_{17}
(苯环)—COOR —COOR 邻苯二甲酸酯	⑨ CH_3 ⑩ C_2H_5 ⑪ C_4H_9 ⑫ C_7H_{15} ⑬ C_8H_{17}

经过测试与筛选，得出的结论为：①这四类化合物的烷基链长短与忌避活性有重大的关联。碳原子个数 2 ～ 4 个的化合物有很强的忌避活性，超过 4 个的化合物其活性逐渐降低，有七八个碳原子的化合物其活性极低。②在这四类化合物中，结构式中带有苯环的化合物，即二烷基邻苯二甲酸酯的活性较其他 3 种为优。③这四类化合物对 3 种测试尘螨的杀灭作用一般，但是它们对粉尘螨的忌避活性较好，特别是邻苯二甲酸二乙酯、邻苯二甲酸二丁酯，这两种化合物都显示出很高的忌避活性。④ 3 种测

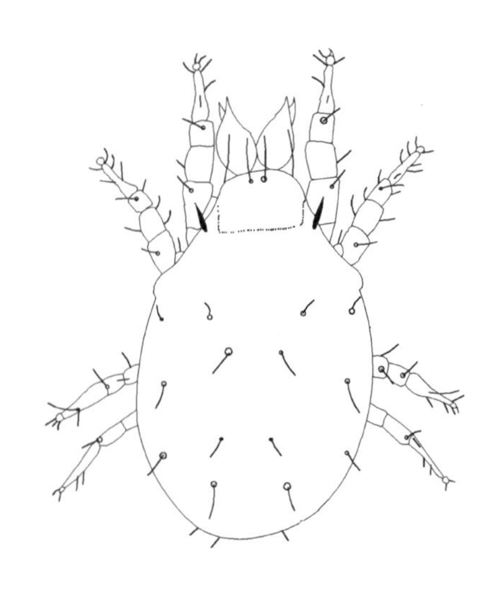

图 8－4 南瓜螨

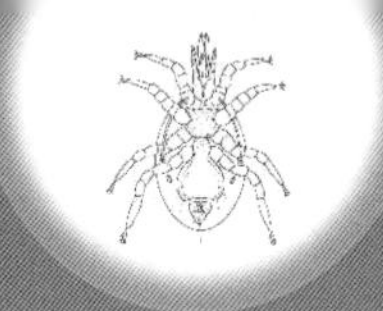

试尘螨对药剂的感受性显示出较大的差异，南瓜螨的耐药性较强，所有药剂对南瓜螨的杀螨活性和忌避活性低，南瓜螨自身的感受性低；所有药剂对腐食酪螨均有杀螨活性和忌避活性，但活性有限，不及有机磷类杀虫剂和其他的杀虫剂；而粉尘螨对所有药剂的感受性较高，药剂均有较好的忌避活性。⑤这四类化合物，烷基链长度为 2 ～ 4 的化合物，对尘螨有极高的忌避活性；对其他螨类的活性不高，对昆虫等的活性较低。

通过这一系列的生物试验，我们对邻苯二甲酸的碳原子个数 2 ～ 4 个的二烷基酯类化合物有了较为详细的了解。其一般特性表现为：①安全性好，皮肤刺激性低；②化学性质稳定；③耐高温，耐紫外线照射；④气味较小或者没有气味。

考虑到这些化合物对尘螨的忌避活性，且一般特性也满足需要，有理由认为它们可能成为尘螨忌避剂。这个过程是研究开发尘螨忌避剂的一般途径。现实情况下，系统性研究开发忌避剂也存在许多困难。首先，公众和企业的认识不够；其次，对相关化合物的性能研究不够深入，对其属性了解得不够透彻；最后，也是最关键的一点，对于杀螨活性和忌避活性，可以机械性地通过生物试验来给予评价并得出结论，然而尘螨为什么会中毒？为什么会产生忌避效果？这些基础研究基本上是空白，都需要我们通过研究找到答案，为今后的防螨剂开发服务。无疑，这些工作是后续开发与研究的基础。

作为几种主要的成熟防螨剂成分，这些化合物目前正在使用。如避蚊胺、苯甲酸苄酯、邻苯二甲酸二乙酯、氰硫基乙酸异冰片酯、水杨酸苯酯、水杨酸苄酯、癸二酸二丁酯、苯氧司林、桧木醇、PreventolA3 等（见表 8 –6）。

表 8 –6　有生物活性化合物质一览

化学物质名称	一般理化性质	生物学活性
避蚊胺	一种淡黄色的油状液体，不溶于水，略微有胺的气味，对酸碱不稳定	对尘螨的杀螨活性不高，但对其有忌避活性
苯甲酸苄酯	一种无色油状液体，不溶于水，微溶于丙二酞。溶于油、乙醇、乙醚	对尘螨、粉螨的生物活性高
邻苯二甲酸二乙酯	一种无色至微黄色澄清油状液体，不溶于水，易溶于乙醇、乙醚，溶于丙酮、苯、四氯化碳。无臭	对尘螨、粉螨的忌避活性较高；但对其他生物的忌避活性低
氰硫基乙酸异冰片酯	一种淡黄色油状液体，不溶于水，有独特的樟脑味	用作杀虫剂的药效增强剂，对一般昆虫的生物活性不高；但是，对尘螨有极高的杀螨活性

（续上表）

化学物质名称	一般理化性质	生物学活性
水杨酸苯酯	白色结晶粉末，微带有冬青油的气味。不溶于水，易溶于乙醚、苯和氯仿，溶于乙醇	对螨类的活性与水杨酸苄酯类似，常常作为杀螨喷剂使用
水杨酸苄酯	无色黏稠液体，在较低的室温中凝结成固体。香气较淡，略有甜味。不溶于水，溶于乙醇、大多数非挥发性油和挥发性油，微溶于丙二醇	水杨酸苄酯对尘螨、粉螨有较强的杀螨活性和忌避活性，应用价值大；但是，活性的持久性受到限制
癸二酸二丁酯	无色或淡黄色透明液体，不溶于水，溶于乙醇、乙醚、苯和甲苯	作用于尘螨时，杀螨活性欠佳；但在低浓度时有较高的忌避活性。对其他昆虫的生物活性较低
苯氧司林	黄褐色液体，不溶于水，溶于普通的有机溶剂	苯氧司林对尘螨、粉螨有较好的忌避活性，尤其对粉螨的忌避活性较高。苯氧司林耐高温，可应用于产品的防螨加工过程
桧木醇	桧木醇是于1948年从扁柏的树干中提取的一种具有卓酚酮骨架的单萜类的天然化合物，属托酚酮族化合物	具有良好的抗菌性、保湿性和害虫忌避效果，是高安全性的植物成分，桧木醇对尘螨有极强的杀螨和忌避活性，对白蚁也有杀灭活性
preventolA3	防霉剂的一种	对屋尘螨有较好的忌避活性，忌避率甚至达到90%。且药效持久，是理想的忌避剂候选物质。

（1）避蚊胺。又名待乙妥、敌避、敌避胺，英文简称DEET。为一种淡黄色的油状液体，不溶于水，略微有胺的气味，对酸、碱不稳定。避蚊胺是代表性的昆虫忌避剂，对蚊子等吸血昆虫有忌避作用，常常做成喷剂使用。使用时喷洒于衣物之上，主要用于驱除蚊子。避蚊胺可防止蜱类叮咬，防止一些立克次氏体引发的疾病、蜱媒脑炎和其他以蜱为媒介的疾病，如莱姆病。对尘螨的杀螨活性不高，但对其有忌避活性。

（2）苯甲酸苄酯。又名苄酸苄酯、安息香酸苄酯、苯甲酸苯甲酯。为一种无色油状液体，不溶于水，微溶于丙二酞。溶于油、乙醇、乙醚。具有清淡的类似杏仁的香气，味辣。苯甲酸苄酯作为一种酯类，对碱不稳定，不耐热。苯甲酸苄酯可作为纤维素、清漆和PVC的增塑剂，配制香精、百日咳、气喘药等产品；

也可用于治疗疥螨感染，有抗寄生虫的作用；还可作为麝香定香剂及樟脑代用品等，其用途非常广泛。此外，其对尘螨、粉螨的生物活性高，有开发应用的前景。

（3）邻苯二甲酸二乙酯：又名酞酸乙酯。为一种无色至微黄色澄清油状液体，不溶于水，易溶于乙醇、乙醚，溶于丙酮、苯、四氯化碳。无臭。邻苯二甲酸二乙酯作为一种酯类化合物，对酸、弱碱（pH 10）稳定，耐热，耐紫外线照射。邻苯二甲酸二乙酯用作增塑剂、溶剂、润滑剂、定香剂、有色或稀有金属矿山浮选的起泡剂、气相色谱固定液、酒精变性剂、喷雾杀虫剂。其与醋酸纤维素、乙酸丁酸纤维素、聚乙酸乙烯酯、硝酸纤维素、乙基纤维素、聚甲基丙烯酸甲酯、聚苯乙烯、聚乙烯醇缩丁醛、氯乙烯－乙酸乙烯共聚物等大多数树脂有良好的相容性。安全性好，无皮肤刺激性。对尘螨、粉螨的忌避活性较高，但对其他生物的忌避活性低。

（4）氰硫基乙酸异冰片酯：简称 IBTA，英文全称为 iso-bornylthiocyanoacetate。为一种淡黄色油状液体，不溶于水，有独特的樟脑味。IBTA 作为一种酯类化合物，对酸稳定，在碱性环境下会慢慢分解。不太耐热，也不太耐紫外线照射。IBTA 用作杀虫剂的药效增强剂，对一般昆虫的生物活性不高；但是，对尘螨有极高的杀螨活性，由于有较强的气味，其实用性受到了限制。

（5）水杨酸苯酯：又名萨罗、邻羟基苯甲酸苯酯、2－羟基苯甲酸苯酯。为白色结晶粉末，微带有冬青油的气味。不溶于水，易溶于乙醚、苯和氯仿，溶于乙醇。在肠道内有防腐杀菌的药效。用于塑料制品的紫外线吸收剂、增塑剂、防腐剂和药物合成、配制香精等。对螨类的活性与水杨酸苄酯类似，常常作为杀螨喷剂使用。

（6）水杨酸苄酯：又名邻羟基苯甲酸苄酯。为无色黏稠液体，在较低的室温中凝结成固体。香气较淡，略有甜味。不溶于水，溶于乙醇、大部分非挥发性油和挥发性油，微溶于丙二醇。常作为花香型和非花香型香精的助溶剂与好的定香剂使用。适用于香石竹、依兰、茉莉、香罗兰、铃兰、紫丁香、晚香玉、百花型等香精。也可极微量用于杏子、桃子、梅子、香蕉、生梨等食用香精中。水杨酸苄酯对尘螨、粉螨有较强的杀螨活性和忌避活性，应用价值大；但是，活性的持久性受到限制。

（7）癸二酸二丁酯：常温下为无色或淡黄色透明液体，不溶于水，溶于乙醇、乙醚、苯和甲苯。可用于与食品接触的包装材料，耐寒性辅助增塑剂。癸二酸二丁酯的安全性好。作用于尘螨时，杀螨活性欠佳；但在低浓度时有较高的忌避活性。对其他昆虫的生物活性较低。

（8）苯氧司林：为黄褐色液体，不溶于水，溶于普通的有机溶剂。苯氧司林为拟除虫菊酯类杀虫剂，广泛应用于杀灭害虫的工作中。苯氧司林对尘螨、粉螨有较好的忌避活性，尤其对粉螨的忌避活性较高。苯氧司林耐高温，可应用于产品的防螨加工过程。

（9）桧木醇：又名2－羟基－4－异丙基－2，4，6－环庚三烯－1－酮、扁柏酚。英文为 hinokitiol，beta-thujaplicin。桧木醇是于1948年从扁柏的树干中提取的一种具有卓酚酮骨架的单萜类天然化合物，属托酚酮族化合物，具有良好的抗菌性、保湿性和害虫忌避效果，是高安全性的植物成分，可作为抗菌、防虫剂，是台湾扁柏精油的主要成分，具有较为广泛的生物活性，有强大的杀菌能力，对一般细菌的最小抑菌浓度为10～100 mg/L，气味芬芳且效果良好，能杀死空气中的细菌，防止害虫侵害人体，抑制人类的病原菌。桧木醇对尘螨有极强的杀螨和忌避活性，对白蚁也有杀灭活性。现在，桧木醇已经广泛应用于生产沐浴露、化妆品、医药产品等方面。在农业上也有应用。

（10）PreventolA3：一种防霉剂，用于塑料、耐热涂料、黏合剂、纤维、纤维制剂等领域。其对屋尘螨有较好的忌避活性，忌避率甚至达到90%。且药效持久，是理想的忌避剂候选物质。

将研究开发的防螨用忌避剂加到纺织品中制成防螨产品，是企业的开发营销思路。但是，受限于加工技术、加工工艺、质量控制等因素，其真实的防螨性能依然难于掌控，总体来说，这类产品仅限于寝具类和地毯类。寝具类包括：棉被、被套、枕头、枕套、毯子、床等，其中最重要的是棉被。棉被包括棉胎和包裹棉胎的被里和被面。被里和被面通常是棉布或者棉布与聚酯纤维混纺而成的布。棉胎是棉被的芯，是棉花弹松铺开后用线包裹固定成棉被的里子。构成棉胎的材料有聚酯纤维、棉花、羊毛或者这些材料的混纺品，现在也有使用羽毛的棉胎，花样在不断翻新。

棉被的防螨加工，即所谓的防螨棉被，其原理是：不管棉被使用何种材料，最终都要将含有防螨剂的溶液浸透各种各样的材料，然后使其干燥，发挥防螨的功效与作用。这时，为了使防螨剂易于附着于纤维材料中，在加工完成后，即使经过洗涤过程防螨剂也不至于流失殆尽，需要适当添加一些黏合剂。

关于棉胎，也有一些特殊的加工方法，根据加工方法确定防螨药剂。例如，对聚酯纤维进行防螨加工生产，除了需要考虑安全性、药效持久性、耐洗涤性之外，还须考虑防螨剂的耐热性、与聚酯纤维的融合性以及纤维的成形等，需要考虑的因素较多，对防螨剂和防螨加工的要求很高。此外，也需要考虑丙烯纤维、尼龙纤维等材料的加工问题。

市场上的被套以聚酯纤维、棉花的混纺产品居多。从防螨需求上说，被套应具有耐洗涤性。聚酯纤维的混纺产品，防螨剂比较难以附着，难以保持其耐洗涤性，这需要严格加以鉴别，而且这也是防螨技术上的难题。

毯子的材料有丙烯纤维、羊毛、棉花等。从其用途来看，市场希望其具有防螨性能。由于其不同于棉被和地毯，材料中有许多天然纤维，且加工工序较多，防螨加工的技术难度较高。此外，防螨剂在加工过程中会碰到加热和干燥的工序，易于挥发而损失，这也是关键性难题之一。

地毯类产品的防螨性能一直是公众关注的焦点。根据流行病学调查，常年使用的地毯中滋生的尘螨最多，且过敏原的量也相对较高。因此，市场需要防螨地毯来代替普通地毯。地毯一般分为4层，分别是面层、承托层、副承托层、衬垫层。面层通常用天然纤维和人造纤维织成，表面疏松、柔软、纤维感强。承托层常用纤维织成，起支撑作用，以提高地毯的稳固性和耐用性，面层纱线和此层物料相互交织。副承托层一般用麻或化纤织成，用黏合剂紧附着承托层，牢固地结合整块地毯组织。衬垫层一般为塑胶孔状结构，其作用是使地毯与地面隔离，增加透气性和弹性。防螨加工通常针对某一层，很少见到数层均有防螨加工的情况存在，这主要是受到制造成本的制约。另外，面层由于与人接触的机会较多，其安全性备受关注。

此外，发达国家对防螨纺织品有性能上的要求，即①耐洗涤；②效力须持久；③耐紫外线。这无形中提高了技术的门槛，使得防螨加工技术迈向更高的水准。

总之，研究开发忌避剂的目的并非要杀伤有害生物，而是基于人与动物的共生共存来考虑的。也就是说，我们在某种程度上需要抑制和约束有害生物的行为，在某些地点和场合，让它们不要靠近，这也是所谓的“人意”。有害生物不理解人的这些意图，通过忌避剂的使用，使其能够“善解人意”。

管控有害生物的行为，也是人类的长期愿望。长久以来，人、动物、植物在自然界中互惠共生，彼此相安无事。即便如此，三者之间也存在着“攻”与“防”的问题，人类为了保全自己不受动物和植物的伤害，也在谋划万全之策，这其中之一就是忌避剂。既要能够防御动植物带来的伤害，又要使人和家畜安全，且不会引起环境公害。首先考虑的就是植物。在古代，人们知道由植物获取的物质如薄荷、樟脑、芥末、辣根、柿油等，可以使动物忌讳它们独特的气味和味道而选择回避；燃烧除虫菊粉末可以使一些飞虫逃避远离；雪松油和桉叶油可以使飞虫感到厌恶而逃走。此外，还有一些天然忌避剂，如木醋酸，也有类似的作用。

对于杀灭螨类来说，对环境污染大、有残留的化合物逐渐被淘汰，而保留下来继续使用的仅有除虫菊酯类，因为它们对尘螨还有忌避作用。现在，樟脑、薄荷醇、萜类化合物等的忌避活性逐渐被发现，继而被合成，它们作为忌避剂的主要成分应用于生产生活实践中。随着尘螨忌避剂的使用，尘螨会十分敏感，忌避活性会起到充分的作用。然而，随着时间的推移，尘螨对此耐受之后，忌避效果会有所下降，就必须开发新的配方和施放装置，使忌避活性持续下去。

当前，我国社会正处于转型期，对于新技术和新方法都有着十分迫切的需要。人与动物之间的“角逐”还在继续，上乘之策是尽可能利用天然物质中的有效成分，合成高效、低毒的配方进行实践，并在实践中不断探索改进，逐步接

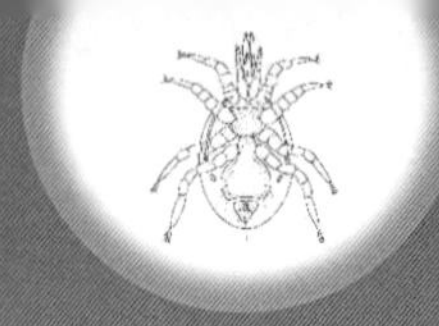

近或者达到对人畜无害、在环境中无残留的目标。努力达成这一目标，是我们研制动物（昆虫）忌避剂的初衷。

此外，借用新技术（如纳米技术）来寻求突破，也是一策。

第九章　尘螨相关检测技术与方法

第一节　尘螨相关检测标准

消除和减少尘螨的危害是人们追求的终极目标。科学家们致力于各种探索与尝试，试图找出有益的良方；而商家也在积极研究开发各种防螨商品。如今，市场上防螨产品如雨后春笋般层出不穷，各式各样产品琳琅满目。面对这些令人眼花缭乱的产品，消费者不免心存疑虑，在困惑与迷茫的同时，也缺乏自我辨识产品真伪的能力与手段。因此，对这些“防螨产品”进行定性与定量的检测验证成为质检机构的首要任务。此外，对于广大消费者而言，有统一的指标或者标准来证实产品达到何种防螨程度也是梦寐以求的事情，这也是社会与公众的期盼之所在。

检验与验证一个产品，通常是以某个标准为依据，与某个或某群数值与限值比较之后来做出判断的。通常来说，检测标准是结论判定的前提与条件。

国际上有些国家（尤其是发达国家）已经拥有防螨纺织品的标准。如日本纺织标准有 JSIF B 010—2001《防螨性能（驱避试验、玻璃管法）试验方法》、JSIF B 011—2001《防螨性能（驱避试验、花瓣法）试验方法》、JSIF B 012—2001《防螨性能（抑制繁殖试验、混入培养基法）试验方法》以及日本工业标准 JIS L 1920—2007《纺织品的防螨性能试验方法》；美国纺织标准有《*Assessment of the Anti-House Dust Mite Properties of Textiles under Long-Term Test Conditions*》（《纺织品在长期测试条件下抗室内尘螨性能的评价》）；法国纺织标准有 NF G 39 - 011—2001《纺织品的性能　防螨纺织品及聚合材料 防螨性能的评价方法及特征》和 NF G39 - 012—2006《纺织品特性　具有抗蜱螨特性的纺织品和聚合物材料　抗蜱螨功效的特性和测量　检测 DER P1 型过敏原和微型过敏原标记》；而我国的尘螨相关检测标准主要有《卫生杀虫剂药效试验测试方法及评价标准》、中华人民共和国农业行业标准 NY/T 1151. 2—2006《农药登记卫生用杀虫剂　室内药效试验方法 第 2 部分：灭螨和驱螨剂》、GB/T 24253—2009《纺织品　防螨性能的评价》（其前身为 FZ/T 01100—2008《纺织品　防螨性能的评价》)、中华人民共和国纺织行业标准 FZ/T 62012—2009《防螨床上用品》、中国标准化协会标准《抗菌防螨椰棕床垫 CAS 179—2009》以及《中华人民共和国轻工行业标准　软体家具弹簧软床垫防螨性能试验方法 QB/T 1952. 2—2011》(详见表 9 - 1)。

表 9 - 1　国内外尘螨相关检测标准

国别	评 价 标 准
日本	JSIF B 010—2001，JSIF B 011—2001， JSIF B 012—2001，JIS L 1920：2007
美国	AATCC Test Method 194—2006 *Assessment of the Anti-House Dust Mite Properties of Textiles under Long-Term Test Conditions*
法国	NF G 39 - 011—2001， NF G 39 - 012—2006
中国	卫生杀虫剂药效试验测试方法及评价标准， NT/T 1151. 2—2006，GB/T 24253—2009， FZ/T 62012—2009，CAS 179—2009， QB/T 1952. 2—2011

从测试功效来看，这些标准中有测试杀螨功效的，也有测试忌避尘螨效果的，还有测试尘螨过敏原（DER P1）的残存量的。此外，还有测试织物的机械阻隔作用的。从测试周期来看，有长周期测试的，也有短期测试的。从测试类别来看，有测试材料的，也有检测成品商品的。

近年，从防螨检测的社会需求来看，测试材料（如纺织品等）和成品商品（如弹簧软床垫）的检测占主导地位，防螨应用开发在市场上的需求相对较少。当测试材料的防螨性能时，采用驱避法的检测占绝对主导地位；而采用抑制法的检测则相对较少。这从一个侧面反映出我国当前的纺织品科技研发的状况。

当材料（如纺织品）作为单一成分形成产品（如窗帘、床单、枕套、被套）时，该材料的防螨性能检测适用标准 GB/T 24253—2009《纺织品　防螨性能的评价》或者其他检测标准；而当材料已经成为某产品的一部分且该产品构成复杂时（如弹簧软床垫），则需要慎重选择标准进行测试，也可临时制定测试方法进行验证。

伴随着床垫的使用，尘螨的滋生就会影响消费者的日常起居。尘螨不仅大量存在于床垫的表面和靠近表面的区域，而且也滋生于床垫的内部。特别是当外界的温湿度条件产生剧烈变化而影响尘螨的生存时，床垫是尘螨唯一可以避难的场所，有些书上称其为“越冬”。在冬季，只有在床垫中才能找出活螨。因此，从

消费者的居家生活角度而言，床垫的防螨是一个重大的关注点。

床垫属于软体家具，通常以纺织类材料覆盖其表面，如前所述，从外至内依次分为床垫面料、填充料、海绵、无纺布、棉毡、床网等数个部分，其构成了一个相对密闭、遮光的空间。由于构成床垫的这些原材料能够吸收空气中和自睡眠者体表蒸发出来的水蒸气中的水分，使其吸附于床垫内部的材料之中，形成床垫内部密闭空间的微小气候，所以可为尘螨提供一个温暖、湿润且相对稳定的生存环境。因此，尘螨进入其内部藏匿，进而长期定居，成为人体多次致敏的滋生源。另外，床垫内尘螨的密度分布也会有差异。

从这个意义上来说，单纯的材料防螨（如纺织品）仅仅将防螨剂加入材料之中，其所起的作用有限，且伴随着材料的长期使用防螨剂的浓度会逐渐降低，并不能使防螨剂的作用持续有效（因难以重复添加）。因而，当防螨材料用在具体的成品商品（如床垫）时，其防螨性能需要重新评估，不可草率地套用原来的结论。

第二节　环境尘螨状况调查

一、尘螨滋生状况调查

在日常生活中，我们常会遭遇尘螨带来的袭扰。也就是常说的“感觉被虫咬了”“我的皮肤很痒，还红了一块”。有些患者会涂抹一些驱虫药水，试图缓解症状。而当症状一时难以缓解时，还要请皮肤科医生来处理患处。有心细的人还会购买一些消毒杀虫剂，满屋喷洒，以杀灭这些害虫。有些患者不明白红肿的真实原因，也说不上是什么害虫，主观臆测是螨类引起的。总之，在原因不明的情况下，首先求助于专业医生是明智的选择。

除了螨类以外，还有其他的昆虫也可能引起皮肤方面的损害。我国南方多雨，气候温暖湿润，昆虫的种类非常丰富。除了更多地了解昆虫的状况，增加昆虫的知识，减少对昆虫的恐惧之外，还应当知晓处理昆虫的知识与方法，改善自己的居住环境，消除昆虫的滋生因素，这样才能防患于未然。对于自己的居住环境，特别是曾经遭受过害虫侵扰的人的居住环境，适当进行虫态调查，了解自己居室的昆虫和害虫的滋生状况，对于防止“二次伤害”是非常有裨益的；同时，也为消除危害提供有益的数据和资料，获得有价值的建议，为健康生活保驾护航。从这个意义上来说，可谓“一石二鸟”。

因此，对于尘螨、昆虫等的检测，并不是仅仅为了获得一些原始数据，而是需要通过分析这些数据，找到问题的症结点，来为社会上的各个行业以及消费者的家庭服务的。社会上的许多行业与尘螨等害虫的滋生有关，例如，农业、林业、畜牧业、食品行业、化工、医药、制造业以及服务行业。另外，对于普通的消费者而言，居家生活的环境也是生活质量的一部分，关注自己的居家卫生状况也是一种现实的需求。

尘螨检测的一般步骤是：询问委托者的基本情况，初步确定检测的目的；确定检测的对象、材料以及取样的方法；采样后，进行尘螨的计数和种属的鉴定；对检测结果进行综合评价与对改善环境提出建议。评估环境改善的效果，如果改善的效果不明显，可能需要改进检测方法，然后进行再次评估。环境改善后，为防止“第二次污染”，需要进行长期的环境维护与管理。

遭受“虫害”后，从尘螨检测到确定处置对策的每个步骤小结如下：

（1）尘螨检测的缘由：居住人发生了虫害（出现皮炎、过敏或其他症状），昆虫（或者其他小动物）短期内大量繁殖传代，节肢动物、昆虫的出现给居住者带来的精神负担等。

（2）尘螨检测的对象：蜱螨、过敏原及其他。

（3）选材与采样：采样的场所、取样点、采样时间、采样条件等。

（4）环境调查：居住外环境调查、建筑物的基本情况、虫害发生地点、寓所附近生物的栖息状况等。

（5）尘螨的检测处理手段：直接检测、分离、检测、保存等。

（6）尘螨的检测方法：制作标本、鉴定种属、分类计数等。

（7）数据分析：检测数据的整理、处理与分析。

（8）处置对策：清理虫害滋生点、驱除居住环境周边的有害昆虫、整治环境、改善居住条件等。

（9）再次检测：当驱除虫害效果不佳时，调整检测方法，找到处置问题的关键点。

（10）后续跟进：进行日常监测、维持良好环境、改善生活品质。

（11）检测数据的处理：整理数据、分类管理、归档。

●采样须知及注意事项：①需要了解遭受虫害后的基本情况，诸如，患者的症状（患病的状态、皮疹部位、皮疹范围、轻重程度、发生频次），家人及亲密接触者有无传染等情况。发生状况，如发生季节、发生地点等。地域与环境，如居住的内外环境、生活方式、建筑样式与风格、住所的植被情况等。与生物相关的信息，如宠物、家畜、野生动物等。②居住人的生活环境。③职业、职场、学校及其他场所环境。

居住人的精神状态：应激、不规则生活及其他状态等。

采样环节对于检验结果和评判的影响较大，需要制订详细的计划。例如，确定采样人、采样器具和器材、采样季节与时间、采样地点、取样点的选点、采样数量等。

总之，在考虑了居住人的生活环境后，根据季节的消长情况、每天的白昼情况，结合房屋结构的布局，有层次地布点采样，是此项工作的要领。此外，各种采样的历史资料和采样人的经验，也是影响采样的重要因素，不容忽视。

●采样的操作步骤：通常，以家庭卧具为中心，在容易发生虫害的地点，选择 10 ～ 20 个取样点来进行采样。①选取一个吸尘器，在吸尘管与吸尘器的连接处套上一个纸袋（或者塑料袋），连接之后开启吸尘器，在 1 ㎡的范围内吸尘 30 s，收集的灰尘集中于纸袋中。②收集灰尘后，在纸袋上详细记录采样的房间位置、采样点信息（含方位、布点）、采样材料、采样面积等。每份样品都置于塑料袋内，带回实验室。样品带回后于当日储存于 －20 ℃ 的低温冰箱内，以抑制尘螨的繁殖，并杀灭尘螨。样品要尽可能快地进行检测。③取样的场所包括：地面（水泥地面、瓷砖地面、木地板、玻璃地面、地毯地面）、地毯、凉席、垫子、被褥、沙发等。④取样方式如下：地面——每平方米吸尘 20 s；地毯——每 2 m^2 吸尘 1 min；凉席——按照面积计算，一般 3.3 ㎡ 吸尘约 1.5 min；垫子、被子——每 2 m^2 吸尘 1 min（单面约为 2 m^2），正反两面约为 4 m^2，吸尘 2 min；沙发——按照估算的面积，每 2 m^2 吸尘 1 min；

●采样后处理：采样结束后，用订书机将纸袋封口，在显眼处标记详细的采样地址。随后将纸袋置于塑料袋中，储存于 －20 ℃ 的低温冰箱内，备检。（尘螨通常在 1 ～ 2 天内死亡）

●灰尘中的尘螨检测：将采集的尘土从纸袋中取出，称重，然后取适量（0.05 ～ 0.1 g）展开于滤纸上。在体视显微镜下，大致判断尘螨的种类，若要进行详细的分类，需要借助生物显微镜进行种属鉴定。进行简单的种属判定后分门别类地统计数量。对采样地点的虫态情况进行多角度分析，随后基于检测结果采取有效的防治措施，对于防治措施的实际效果，也适时进行评估，而评估的形式就是进行复检。

二、尘螨的分离方法

通常在采集的灰尘样品中，用放大镜或者体视显微镜直接检测的方法（直接镜检法）对于检测微小生物（如小型动物）来说，效率低且检出率不高。因此，必须应用分离技术将螨虫从样品中分离出来，才能准确计数，以提高检测的效率和准确率。

关于尘螨的分离技术，专业人士进行了总结与归纳。大致可分为三大类：第一类，利用提取液的相对密度，使螨虫上浮而达到分离的目的；第二类，采用过筛、水洗等方法达到分离的目的；第三类，利用螨虫的生活习性达到分离的目的。

第一类分离法：怀尔德曼烧瓶法。20 世纪中叶，日本厚生省的《厚生省食品卫生检查指针》里，介绍了怀尔德曼烧瓶法可检测食品和药品中的螨虫及其他昆虫。在三角烧瓶里放置一个带有金属柄的橡胶栓，将待检样或者经试剂处理（盐酸等）的待测物取一定量放入其中，加入其容量一半的水和 10 ～ 20 mL 汽油后充分搅匀，放置 30 min；加入水使汽油层到达烧瓶颈部，用橡胶栓摩擦烧瓶的内面后静置至水层与汽油层清晰分层，待测样含螨混合物集中于交界液面。拉起橡胶栓封住烧瓶的颈部，使液面上的飘浮物倾斜流出，放置滤纸通过布氏漏斗进行抽滤，含螨物质被回收于滤纸上，在体视显微镜下观察和挑取螨虫。此法为经典方法，比较高效。缺点是常导致螨虫死亡或损伤虫体（见图 9－1）。

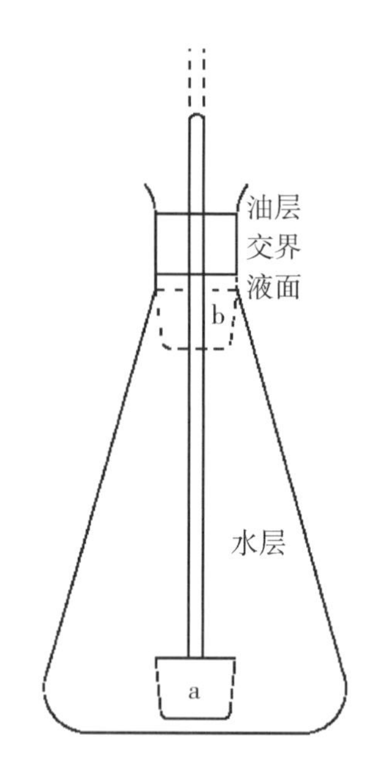

图 9－1　怀尔德曼烧瓶法的装置

饱和盐水飘浮法：Sasa 等于 1961 年建立了一种新的方法，名为饱和盐水飘浮法。该法操作简单，可采用各种容量的三角烧瓶来进行操作，回收后螨虫保持存活状态，且回收率高，此法较怀尔德曼烧瓶法为优。具体操作为：取 30 mL 三角烧瓶（口径 20 mm），放入待测样 2 ～ 3 g，加入 0.5% 中性清洁液 3 mL 后混匀，加入相对密度约为 1.2 的饱和盐水 10 mL 充分搅拌，加入饱和盐水至瓶口，放置 20 ～ 30 min；清洁液的添加使螨虫从待测样中分离，因比重较小而飘浮于水面之上。用体视显微镜观察烧瓶口的水面，可发现飘浮的螨虫。用有柄针或者毛笔捞起，清除掉盐水后即可使用。1970 年，该研究者对这种方法进行了扩展，将其应用于分离成批培养螨虫的操作中，待测样是粉状动物饲料，除加入抽滤等步骤外，还添加了离心分离的操作。其后，Sakaki 等对该法又进行了深入研究，认为只回收上层液面中的螨虫不妥，没有考虑其他部位残存的螨虫。Sakaki 将分离容器内的饱和盐水分为四个部分，即上层、中层、内壁以及残留物。旧法只回收了上层部分，而其他部分的螨虫未被回收，因而影响了最终的回收率。经过改进后，回收了全部液体和内壁清洗液，获得了很高的回收率，平均检出率高达 92.3%，改进的方法被称为全层盐水分离法。与原方法相比，全层盐水分离法从饲料中回收螨虫，检出率高达 89.4%，而原方法只有 34.9%；鉴于改进后的方法检出率高，没有因检测样的不同而导致检出率出现波动，所需的实验器械与试剂较少，成本低廉，操作简便，因此，该研究者认为全层盐水分离法可称得上是标准分离法。

有机溶剂飘浮分离法：Spieksma 和 Oshima 利用有机溶剂来产生不同比重的液体，用以分离螨虫，称之为有机溶剂飘浮分离法。Spieksma 采用饱和盐水、乳酸、四氯化碳 3 种溶液配制出的不同比重的液体离心（2 500 r/min，15 min），离心后将上清液和悬浊液依次进行抽滤，达到在滤纸上依次展开以获取螨虫的目的；Oshima 则将四氯化碳和乙醚以不同比例混合，得到各种比重梯度的混合液。如比重为 1.206 的分离液是四氯化碳∶乙醚为 5∶4 的混合液，1.416 的分离液是四氯化碳∶乙醚为 5∶1 的混合液，1.582 的分离液则仅用四氯化碳即可。操作方法是：将 1 g 待分离样放入容器中，加入 200 mL 四氯化碳（比重约为 1.6），摇动样品约 100 次。数分钟后样品在溶液中分成 3 层，即沉淀层（比重大于 1.6）、悬浮层（比重等于 1.6）和上清层（比重小于 1.6）。沉淀层和悬浮层被加到 500 mL 圆柱形分离漏斗中，分别通过直径 90 mm 的滤纸过滤，仅在漏斗中保留 50 mL 上清液，此为操作的第一步；在漏斗中加入比重为 1.5 的混合液 150 mL，摇晃其中的溶液 10 次，放置数分钟，带有少许沉淀的 150 mL 上清分别通过滤纸过滤，保留 50 mL 上清于漏斗中，此为操作的第二步；同理，加入比重分别为 1.45、1.4、1.3 的混合液 150 mL 重复上述操作，分别为该操作的第三、四、五步，比重小于 1.3 的上清液不需要分层，为该操作的第六步。每一步操作，当悬浮物较多时用多张滤纸过滤，这样做易于分门别类。另外，分离液在用前应加些硫酸钠脱水，以免在摇动漏斗时含螨物质被水黏附于漏斗的内壁上，当含螨物质位于漏斗上部时，可用同比重分离液回收，尽可能避免损失。这种方法将待分离样按比重大小分成 7 个部分，各部分平均用滤纸 8 ～ 16 张。所有含螨物质都能均匀回收，显著提高了回收率。

与上述方法的原理相同，Shinohara 等于 1970 年采用了煤油飘浮法来分离螨虫。具体操作是：将待检样放入怀尔德曼烧瓶里，加入煤油 1 mL 和水约 5 001 mL 充分振荡，加水至烧瓶颈部，搅拌，静置 30 min，抽滤操作后回收螨虫。

甘油饱和盐水悬浊法：1973 年，Bronswijk 建立了一种方法，称为甘油饱和盐水悬浊法，其螨虫回收率达 60% ～ 80% 。将亲水的甘油和饱和盐水以 1∶1 混合，获得的溶液称为 Darling 液，其比重为 1.2；将此混合液与中性清洁液混合后，加入至待测样。用磁力搅拌器搅匀促使螨虫自待测样脱离。将悬浊液倒入平皿，在体视显微镜下检获飘浮的螨虫。此方法所需实验器材较少，但螨虫种属间存在上浮速度上的差异，且上浮 1 h 后，还可能自液面再次下沉，对于制作标本等操作来说有一定的局限性。Korsgaard 对上述方法进行了修改，采用 90% 的乳酸与饱和盐水混合，得到比重约为 1.2 的混合液。然而，这种方法也不能完全将螨虫从待检样中分离，原因是：在螨虫与待检样之间比重梯度太小。Miyamoto 等将上述方法进行了延伸，在加入 Darling 溶液之后进行了离心、抽滤（300 r/min，5 min），将过滤后的残留物重复 1 次离心和抽滤的操作。通过以上改进，提高了效率。此法的螨虫回收率达到了 83%，略高于 Bronswijk 的甘油饱和盐水悬浊法。该方法被称为 Darling 液离心悬浊法。Moriya 对 Darling 液离心悬浊法进行了深入研究，认为运用该法分离样品时，含有纤维成分的样品较少飘浮，螨虫的分离完全；但存在着需要器材多、耗时等缺点。

其他方法：Ree 等建立了一种适用于成批培养螨虫的分离方法。待测样先过筛 2 次（28 目与 200 目），自来水冲洗去除粗粒杂质，螨虫移至盛满饱和盐水的 500 mL 烧瓶，搅匀，静置 20 min；上层液体于离心机中分离（650 r/min，10 min），上清被移至 200 目分样筛上，用自来水冲洗 5 min 去除盐水，抽滤后于滤纸上获取螨虫。Maunsell 等也介绍了一种从粉尘中分离螨虫的方法。待测样放入盛有二氯甲（比重为 1.324 ～ 1.372）的烧杯中，比重较轻的颗粒和大部分螨虫浮于水面，迅速移转至盛有预热的 90% 乳酸的平皿中，抽滤除去上清二氯甲，回收物加到盛有乳酸的平皿中，显微镜镜检回收。Fain 等发展了一种新分离法。待测样品浸入 80% 乙醇 24 h 以上，乙醇浸入螨虫体内致其比重下降；弃掉上清液取沉淀部分，加入饱和盐水；放置 10 min，于体视显微镜下观察溶液液面，回收螨虫。该法简单易行，所需装置不多，且回收率高达 97% ～ 98%。Matsumoto 等介绍了从蔺草席中分离螨虫（主要为腐食酪螨）的方法。将蔺草席剪成小片，放至大离心管中，加入 0.2% 中性洗涤液搅匀，3 000 r/min 离心 5 min；去除上清液与飘浮物，取沉淀物加饱和盐水混合，以同法再次离心，回收显微镜镜检液面螨虫。此法操作简便，用于获取不易直接观察的螨虫。

第二类分离法避开了使用有机溶剂，采用过筛操作，高效且环保。

1973 年，Furumizo 建立了湿式筛选法，该方法的螨虫回收率高达 96% ～ 98%，具有在筛网上清洗螨虫、不使用离心机等优点。Natuhara 于 1989 年对该方法进行了改进，称之为新湿式筛选法。称量待测样的质量，将待测样与 80 mL 50% 乙醇一起放入 100 mL 广口瓶；摇动广口瓶约 1 min，倒出试样通过 0.42 mm 和 0.075mm 的分样筛；用次甲基蓝染色，通过玻璃圆筒用布氏漏斗过滤，在滤纸上回收螨虫。改进的方法操作性更强，较 Darling 液离心悬浊法优越，可获更高的检出率。Shamiyeh 等也建立了一种分离方法。将待测样放入 125 mL 烧杯，加入 5 滴 Dynasoap 107 和 30 mL 饱和盐水湿润尘土样品，搅匀，将烧杯放至盛有 200 mL 水的超声波清洗机中 20 min；获取的悬浮液离心（2 000 r/min，9 min）。取上清通过孔径为 44 μm 分样筛，留住螨虫，除去分离液。获得的螨虫悬浮于 30 mL 水中，加入 1 滴 1% 结晶紫搅匀，螨虫留在孔径 44 μm 分样筛上，冲洗，放置计数装置进行计数。

第三类分离法是利用螨虫对热、光的敏感性发展而来，使用化学试剂较少，操作简便，但是需要一定的实验器具。

热反应法（伯利斯法，Berlese）：经典的伯利斯法是利用螨虫的习性而开发出的方法，以前是用于分离土壤中的螨类，因为该法需要使用伯利斯漏斗，故名伯利斯法。在我国，学者称其为电热集螨法，实验室使用经过改装的玻璃漏斗。将玻璃漏斗置于三脚架上，切掉大部分漏斗的管部，只留下 2 cm 的根部。漏斗的底部做成网状，网上放置待分离样。漏斗上部设置一盏灯（220 V，100 W），间隔一定的距离照射待分离样。经过改进，加入分样筛后，活螨沿着漏斗内壁向下移动，通过分样筛，落入收集器皿中。这种装置也称为 Tullgren 装置（见图 9－2）。日本学者吉川还介绍了一种分离方法，也是利用热驱赶的方法来分离垃圾和食品中的螨虫。将含螨试样放入小平皿，将小平皿置于盛有少量水的大平皿中，螨虫受热出逃，落入水中并飘浮于水面，从而达到分离目的。该法与水膜镜检法大体类似。另外，美国的纺织品防螨检测标准中，也采用热驱赶方法回收螨虫。

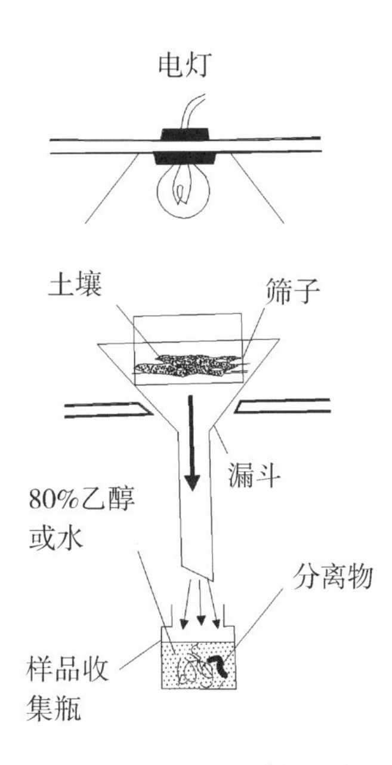

图 9－2　Tullgren 装置示意

光反应法：除 Oshima 介绍的方法以外，避光爬附法和背光钻孔法也都是利用螨虫的习性而开发出的分离法。这些方法经证明是行之有效的。

张洪杰于 2004 年发明了几种新分离方法，依次是布块集螨法、平皿集螨法、成螨自动分离与净化法。在此仅介绍成螨自动分离与净化法，此法利用螨虫畏光的习性，含杂质的成幼螨混合物盛于小陶瓷酒盅，置酒盅于灯光下片刻，成螨为避光而迅速向下移动，酒盅底部的斜坡形状使得成螨连续不断向中心运动，结果形成个体较小的幼螨和若螨以及饲料碎屑滞留于成螨虫体的上表层及外缘部位，用毛笔在解剖镜下重复分离数次，可获得高度纯化的成螨。

此外，对于居室内灰尘的检测，国外开发了快速简便的平板法，可以用来进行现场检测，且检测的样品可以拍照保存，非常方便。

三、尘螨过敏原检测

现实生活中，居住环境对过敏症患者的生活来说非常重要。过敏症患者在接受治疗的同时，其居住环境的治理是必不可少的。首先，患者的居住环境中，螨类滋生的状况如何，螨过敏原的分布状况如何，这些都是应该关注的问题。了解了这些情况后，才可能进行环境的治理，消除致病因素。

检测过敏原比较费时，操作也比较烦琐，但是，对于过敏症患者来说又是非常重要的检测。搞清楚患者的居住环境中尘螨过敏原的分布、产生的根源以及与患者发病之间的关系，对于对症治疗和改善居住环境来说意义重大。

检测尘螨物质和尘螨过敏原的方法有如下 4 种。

1. Acarex 试验

对于尘螨物质来说，检测包含螨类在内的蛛形纲动物排泄物中的游离鸟嘌呤的量，是一种切实有效的方法。尽管螨虫计数方法已经成为评价螨虫过敏原暴露的一个指数，但游离鸟嘌呤的定量检测已经证实组 1 过敏原的相关关系。

Alleropharma JOA 公司推出了一款试剂盒，名称是"Acarex Test Kit"，该试剂盒操作比较简单，是一种半定量的检测方法。自吸尘器吸取的居室内灰尘中取一部分样品，与试剂盒中附带的抽出液混合，随后用测试条带蘸取混合的抽出液中的液体，测试条带会根据抽出液的样品含量变色。根据其变色的深浅程度，可以大致判定居室内灰尘中的游离鸟嘌呤的量。标准的条带分为 4 级，分别为强阳性、中等阳性、弱阳性、阴性。

游离鸟嘌呤的定量检测与组 1 过敏原有关。游离鸟嘌呤的 0 级水平（鸟嘌呤浓度小于 0.6 mg/g）大致对应于组 1 过敏原的量为小于 2 μg/g；游离鸟嘌呤的 2 级或者 3 级水平（鸟嘌呤浓度大于 2.5 mg/g）大致对应于组 1 过敏原的量为大于 10 μg/g；而游离鸟嘌呤的 1 级水平很少讨论。鸟嘌呤的定量检测现在还不能实现。

该试剂盒仅仅检测蛛形纲同类动物排泄物中的游离鸟嘌呤的含量，并非检测尘螨和尘螨的过敏原。其检测结果是推断居室内灰尘中可能藏有的尘螨的数量，请务必注意区分。

2. 尘螨过敏原简易测定试剂盒

此试剂盒是利用抗原抗体反应来检测尘螨过敏原的。向采集的居室内灰尘中加入抽出试剂，形成抽出液。将抽出液滴入测试纸上，如果样品中含有尘螨过敏原，则测试纸会呈现出条带状泛红的现象。这是一种简便的测试方法。根据测试纸变色的深浅程度，可以大致判断尘螨过敏原存在的量。这种测试方法仅限于检测屋尘螨和粉尘螨。此种方法仅仅能够判定垃圾中存在的尘螨过敏原的量的多少，且使用非常方便，但是存在检测精度不高的缺点。因此，要实现尘螨过敏原的精确定量，必须运用酶抗体法（enzyme linked immunosorbent assay，即 ELISA 法）进行检测。

3. 酶抗体法

如今，在检测居室内灰尘中的尘螨过敏原的方法中，最受关注的就是酶抗体法，它是利用单克隆抗体来进行检测的方法。在居室内灰尘中占据优势地位的尘螨为屋尘螨和粉尘螨。该法使用特异性高的单克隆抗体，检测屋尘螨的 Dp 抗原和粉尘螨的 Df 抗原。即在这些抗原中，有抗原性较强的来源于螨消化酶的抗原（Der 1，Dp 1，Df 1），也有抗原性较强的来源于螨虫虫体的抗原（Der 2，Dp 2，

Df 2)。其检测对象是屋尘螨和粉尘螨以及数种粉螨。该法对检测条件和检测人员的要求较高，因而检测时需要慎重选择。

对于检测组 1 尘螨过敏原来说，酶抗体法的使用最为广泛。它用特异性的单克隆抗体与抗原结合，进而与标记了的具有组特异性的抗体结合来实现检测目的。标记了的第二抗体可以识别组 1 尘螨过敏原上的交叉反应的抗原决定簇。第二抗体如果不是单克隆抗体（clone4C1），就是亲和纯化了的多克隆抗体。

4. 放射性过敏原吸附试验（RAST 抑制试验）和放射免疫测定（RIA）

Swanson 建立了 RAST 抑制试验以测定空气中的尘螨过敏原含量。此法有一定的局限性，即 RAST 抑制试验检测的是尘螨过敏原的总活性，并不能检测尘螨中各种过敏原组分的浓度。RAST 抑制试验灵敏度及准确性均高，不受过敏症状的干扰，因而得到广泛的应用。但此法的缺点是：检测费用较昂贵，需要一定的设备，费时，放射性同位素有半衰期，碘标记抗人 IgE 仅可保存 1 ～ 2 个月，污染环境，要依靠血清池，结果难以标准化，可能产生干扰，等等。Platts-mills 建立了放射免疫测定（RIA）方法测定屋尘螨和粉尘螨组 1 过敏原的共有抗原（抗原 P1）。随着单克隆抗体技术在尘螨过敏性疾病上的应用，Chapman 建立了双单克隆抗体 RIA 方法检测尘螨组 1 过敏原（Der 1）的含量；Heymann 建立了双单克隆抗体 RIA 方法检测尘螨组 2 过敏原（Der 2）的含量；Yasueda 建立了检测 Der 1 及 Der 2 的 RIA 方法。RIA 可利用单克隆抗体对尘螨进行分型，检测尘螨的不同组别的过敏原含量，且具有高敏感度；同时，它也有一些缺点，如需要一定的设备、放射性同位素有半衰期、会污染环境等。

四、尘螨过敏原的关联性与回避的阈值

近年的研究显示，过敏症患者居住环境的尘螨密度与过敏和发作密切相关。对过敏症患者的治疗来说，回避尘螨与尘螨过敏原非常重要。因此，我们要思考，过敏症发作时相关联的尘螨数量和尘螨过敏原的量的阈值。这样一来，居室内的尘螨数量和尘螨过敏原的量的阈值定到何种水平为宜？我们也应当确定一个居室内除螨的目标值。这里存在很多难点，受居室内灰尘的检测方法和垃圾的性质等因素的影响，其得出的测量数值不太可能一致；且过敏症患者之间存在着个体差异，阈值的准确性值得商榷。但是，确定阈值是防控措施上的一个关键环节，发挥着极其重要的作用。

对这些阈值的确定，一方面，科学家和相关国际组织都进行过研究与探讨。Wharton 在 1976 年将过敏症患者致敏时的尘螨数量的阈值定为：每平方米床垫的范围内尘螨数量为 24 只，此为过敏症患者致敏和发作的阈值。另一方面，世界卫生组织于 1988 年发布：1 g 垃圾中的尘螨数量为 100 只，这是过敏症患者致敏和发作的阈值。关于尘螨过敏原的量的阈值，Rowntree 于 1985 年提出：Der-p1

的量为 5 μg/g，认为此为过敏症患者的发作阈值。而 Platts-Mills 1987 年认为：Der-p1 的量为 2 μg/g 时，是过敏症患者的致敏阈值；当 Der-p1 的量为 10 μg/g 时，是过敏症患者的发作阈值。

日本自 1977 年开始，根据皮肤试验阳性者和阴性者的情况，结合患者居住情况的调查结果，认定其阈值为 250 只/克，50 只/米^2。从数值上看，其阈值约是 Wharton 数值的 2 倍、世界卫生组织的 2.5 倍。日本认为这个差异来源于测试方法和检出率，数值位于正常的误差范围内。同时，在尘螨过敏原的量的阈值上，日本认为与 Platts-Mills 推荐的阈值基本一致。

就这些阈值来说，它们的值基本保持了一致性。这些阈值对于评价过敏症患者的家庭内的尘螨数和尘螨过敏原的量，将发挥极其关键的风向标作用。同时，对于患者居住环境的改造与升级，也有积极的促进作用。

此外，在过敏症患者的居住环境中，不仅有尘螨滋生，还会有其他的一些螨类共存，它们与变态反应性疾病有多大的关联性，现在还不太清楚。从居室内灰尘的构成成分和虫态调查的结果来看，屋尘螨和粉尘螨的数量占了大多数，理应对它们进行更多的研究和更大的关注。另外，尘螨以外的螨类与变态反应性疾病之间有哪些关联，也是需要引起注意的。它们的大多数因为人工培养技术尚不成熟等原因，而无法开展免疫学检查和检测。这也是一个有待突破的关键领域。

对于过敏症患者来说，在治疗自身疾病的同时，彻底查明家中存在的“过敏症元凶”是比较明智的选择。在查明真实的过敏症诱因后，改善自己的居住环境，改变一些生活习惯，或许会取得意外的“脱敏”效果。

过敏症患者对尘螨过敏原量的变化有两种反应，一种是致敏，另一种就是发作。鉴于患者之间存在着个体差异，因此，统一设定阈值是一件比较困难的事情。然而，根据患者个体的具体情况，设定针对患者个人的阈值（尘螨数与尘螨过敏原量），是一个必须考虑的问题，这对于减轻患者的病痛、改善患者的生活环境、提高生活品质具有重要的意义。另外，在居室内外环境中，每种螨类都与过敏症有关，治理环境时要综合考虑，扬长避短。

五、蜱螨研究的仪器与标本的采集

蜱螨研究需要用到一些仪器设备与工具。仪器设备主要有普通正立显微镜、普通体视显微镜、高级体视显微镜、恒温恒湿培养箱、普通离心机等。见图 9－3、图 9－4。

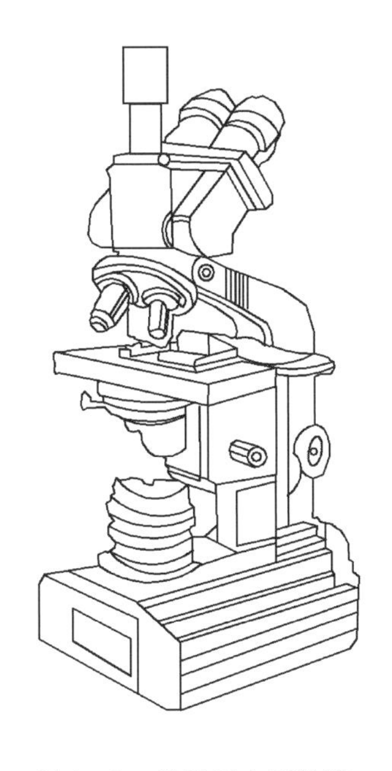

图9－3　普通正立显微镜

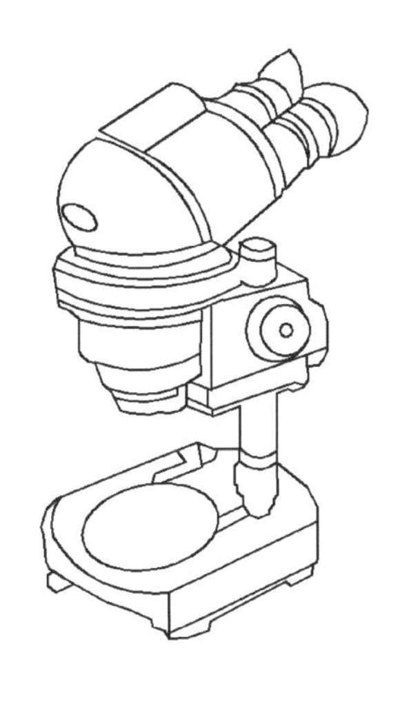

图9－4　普通体视显微镜

常用的工具有：放大镜、剪刀、镊子、小毛笔、铅笔、筛网、托盘、标签等。

采集蜱螨标本的方法有数种，在此简单介绍几种常用的方法。

(1) 捕捉地表的蜱螨，见图9－5。

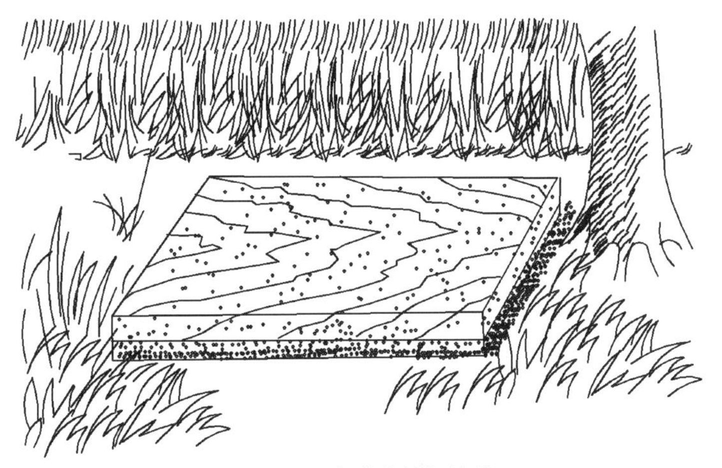

图9－5　自地表捕捉蜱螨

（2）捕捉树木上的蜱螨，见图9－6。

图9－6　自树木上捕捉蜱螨

（3）捕捉水面和水中的蜱螨，见图9－7。

图9－7　自水面和水中捕捉蜱螨

（4）捕捉野生动物体上、巢穴、栖息地、临时隐蔽场所的蜱螨，见图9－8。

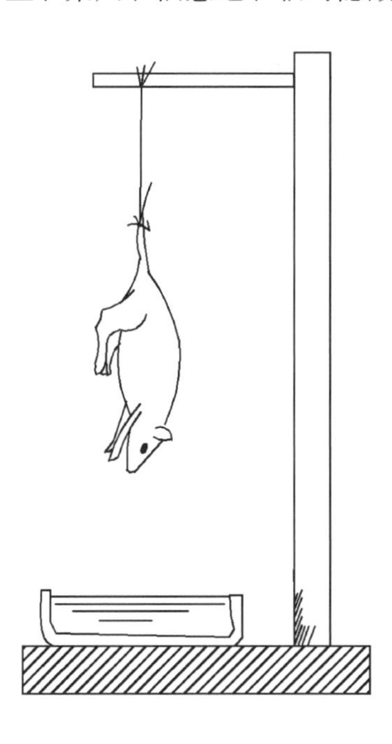

图9－8　自野生动物体上及相关场所捕捉蜱螨

第十章　蜱螨综合防控

蜱螨是自然界的一类生物，在地球上存在的历史较长。蜱螨对人类的危害大，影响面广，侵害方式多（如骚扰、叮咬、吸血、毒素损伤、致变态反应、传播传染性疾病）。其中，尘螨与我们的接触最为密切，也是公认的居室内过敏原，是过敏性哮喘、过敏性鼻炎以及过敏性皮炎等疾病的诱因。我国现在仍有约3000万过敏性哮喘的患者，且发病率呈逐年上升的趋势。为此，在普通人群中普及和宣传防螨及灭螨知识有非常重要的现实意义。

第一节　蜱螨防控概述

一、防螨的原理与类型

根据对国际国内防螨产品进行的研究，防螨的原理大致分为三类：

（1）化学类。在防螨产品中占据主导地位，是应用化学药物（防螨剂）来有效降低螨虫的数量，或者驱避螨虫，或者抑制其繁殖，或者降低尘螨过敏原的量。例如，苯甲酸苄酯、氯氰菊酯、水杨酸苯酯、四水八硼酸二钠等等。

（2）物理类。在防螨产品中占有一定数量，是利用各种物理特性来降低螨虫的密度，或者降低尘螨过敏原的量。例如，液氮灭螨、蒸汽灭螨、电热毯灭螨、真空灭螨、微波灭螨、负离子灭螨等等，另外，还有运用高密度织物来防止螨虫穿透的方法。

（3）生物类。是根据肉食螨和捕食螨消灭其他螨类的原理来达到防螨目的的。在国外，这些捕食螨被称为“生物农药”，有些螨已经步入商业化运作，在代替农药发挥着作用，如 *Iphiseius degenerans*、*Seiulus hirsutigenus*、*Phytoseius plumifer*、*Typhlodromus pyri*、*Amblyseius obtusus* 等。它们也是针对植物和农作物上的叶螨的。

二、化学药剂灭螨

人类与害虫之间的斗争。自人类在地球上出现开始，就一直在进行。杀灭害虫的方法反映了人类当时的科技水平。古时候，人们使用藜芦和硫黄烟熏的方法来杀虫，也有使用鲸油来驱除叶蝉的例子。近代以来，化学杀虫剂发展迅速，自20世纪开始研制生产，历经一个多世纪。已由单一系列的农药发展成为多系列多类别的化学除虫剂，这其中包含很多化学药剂的衍生物。其有效成分也由人工化学合成转化为自动植物组织中萃取和提炼。我们将化学制剂简单分类归纳如下（见表10－1）。

表10－1　常见杀虫剂（灭螨药剂）的分类及代表产物

类　别	名　称	代　表　产　物
1	有机氯类杀虫剂	DDT（限制使用）、六六六（限制使用）、氯丹等
2	有机磷类杀虫剂	敌敌畏（限制使用）、敌百虫、马拉硫磷等
3	氨基甲酸酯类杀虫剂	残杀威、灭多威、西维因等
4	拟除虫菊酯类	丙烯菊酯、胺菊酯、溴氰菊酯等
5	昆虫生长调节剂	敌灭灵、灭幼宝、烯虫酯等
6	昆虫驱避剂	避蚊胺、避蚊酯、苯甲酸苄酯等
7	新型杀（灭）螨剂	丁烯基酞内酯、桧木醇、蒲勒酮等

防螨剂源于化学杀虫剂。有机氯类杀虫剂属于第一代杀虫剂。杀虫效果好，但是其毒副作用较大，现在已经限制使用，甚至被限制使用。有机磷类杀虫剂属于第二代杀虫剂，是目前使用较多的杀虫剂，主要用于公共场所、疫区、垃圾处理场等处的消毒。氨基甲酸酯类杀虫剂也是常用的卫生害虫杀虫剂，杀虫原理是杀虫剂的化合物分子与害虫的胆碱酯酶结合，通过抑制其活性来达到杀灭的目的。其水解后抑制作用降低。其优点是在环境中易于降解，不会造成环境污染，在体内不蓄积。常用的有残杀威（propoxur）、灭多威（methomyl）、西维因（carbaryl）、恶虫威等。这类药剂可用于螨类等的防制。

近年，人们转而使用毒性较低、杀灭效果佳且环境污染小的防螨剂，特别是对于家庭用途。使用得最多的是拟除虫菊酯类防螨剂，例如，联苯菊酯（bifenthrin）、丙烯菊酯（allethrin）、胺菊酯（tetramethrin）、溴氰菊酯（della-methrin）等，它们属于第三代杀虫剂。

从20世纪六七十年代开始，国内外科学家研究了多种化学物质的杀螨效果。在有机氯类化合物中有爱耳德林（aldrin）、六六六（hexachlorocyclohexane）、氯苯（chlorbenzenes）、氯丹（chlordane）、林丹（lindane）、滴滴涕（简称 DDT，dichlorodiphenyltrichloroethane，双对氯苯基三氯乙烷）、氧桥氯甲桥萘（dieldrin）、七氯（heptachlor）、五氯苯酚（简称 PCP，pentachlorophenol）等。在有机磷类化合物中有敌敌畏（O，O-dimethyl-O-2，2-dichlorovinylphosphate）、溴硫磷（bromophos）、毒虫畏（chlorfenvinphos）、甲基毒死蜱（chlorpyriphos-methyl）、杀螟腈（cyanophos）、二嗪农（diazinon）、乐果（dimethoate）、敌杀磷（dioxathion）、乙拌磷（disulfoton）、苯硫磷（ethyl-p-nitrophenyl phenylphosphonothioate）、皮蝇硫磷（fenchlorphos）、杀螟松（fenitrothion）、倍硫磷（fenthion）、马拉硫磷（malathion）、芬硫磷（phenkapton）、稻丰散（phenthoate）、亚胺硫磷（phosmet）、辛硫磷（phoxim）、烯虫磷（propetamphos）、丙硫磷（prothiofos）、双硫磷（temephos）、敌百虫（trichlorfon）、哒嗪硫磷（pyridaphenthion）、异噁唑磷（isoxathion）等。在氨基甲酸酯类化合物中有仲丁威（简称 BPMC，fenobucarb）、西维因（carbaryl）、呋喃威（carbosulfan）、灭杀威（简称 MPMC，meobal）、速灭威（简称 MTMC，metacrate，tsumacide）、残杀威（propoxur）等。在拟除虫菊酯类化合物中有丙烯菊酯（allethrin）、苄氯菊酯（permethrin）、苯醚菊酯（phenothrin）、除虫菊酯（pyrethrin）、苄呋菊酯（resmethrin）、胺菊酯（tetramethrin）、拟除虫菊酯（pyrethroids）、天然除虫菊素（natural pyrethrins）、炔呋菊酯（furamethrin）、烯炔菊酯（empenthrin）、苯醚氰菊酯（cyphenothrin）、甲氰菊酯（fenpropathrin）、氯氰菊酯（cypermethrin）、溴氰菊酯（deltamethrin）、氰戊菊酯（fenvalerate）、氟胺氰菊酯（fluvalinate）、氯氰吡菊酯（fenpyrithrin）、联苯菊酯（bifenthrin）等。

昆虫生长调节剂在蜱螨防治上未见报道。

昆虫驱避剂是一类在体表使用，或者涂抹于皮肤，用于驱避昆虫的化学物质。其总数有数万种，但常用的驱避剂仅有数种。

避蚊胺（简称 Deet，diethyl-m-toluamide），即 N，N-二乙基间甲苯甲酰胺，是一种由美国农业部科学家为军队野战而开发研制的一种广谱昆虫驱避剂，在各种气候和环境下都能发挥驱蚊作用。对蠓、蚋、白蛉、蜱、螨等也有驱避作用。

苯甲酸苄酯，又称安息香酸苄酯（benzyl benzoate），对于蜱、螨、蚤等有驱避作用，可用于混合驱避剂。国外研究证明，苯甲酸苄酯还有较好的杀螨特性，尤其是针对粉尘螨和腐食酪螨。

驱蚊叮（di-n-butyl phthalate），又称邻肽酸二丁酯，是常用的昆虫驱避剂。对昆虫的驱避作用小于避蚊油，但其挥发性较小，用之浸渍的衣服耐洗，药效期比避蚊油长。驱蚊叮对蜱螨的驱避效果较好。

研究人员对新型灭螨剂的挖掘一直没有停止前进的脚步。这也是灭螨剂发展的根本动力。近年，灭螨的研究方向转向了一些植物和香精油，其目的是获取天然、高效、低毒、环境友好型的防螨剂。日本学者 Watanabe 发现从紫苏子油中

萃取的邻茴香胺、香茅醛、紫苏醛对于粉尘螨、屋尘螨以及腐食酪螨具有较好的杀灭作用；Sharma 自五爪楠中萃取的 sericealactone 也具有较好的灭螨效果；Furuno 从新木姜子叶的香精油中萃取了石竹烯氧化物、杜松醇；Yatagai 和 Nakatani 从日本花柏叶中提取了花柏酸。从川芎萃取而来的丁烯基酞内酯对粉尘螨、屋尘螨以及腐食酪螨的灭螨效果显著。丁香花蕾油及由其本身提取的丁子香酚及其衍生物（乙酰基丁香油酚、异丁子香酚、甲基丁子香酚）被证实有灭螨效果。自大茴香植物油提炼的对茴香醛以及大茴香植物油中的 3 - 蒈烯、草蒿脑也具有较强灭螨特性。从牡丹根皮部分提取的活性成分芍药醇和安息香酸具有较好的杀灭粉尘螨、屋尘螨以及腐食酪螨的特性，这些防螨剂与常规合成的化学灭螨剂不同的是，它们对尘螨具有较强的熏蒸毒性。同样，取自扁柏树叶的桧木醇也具有灭螨活性。提取自朝鲜山芹根部的没药烷吉酮也具有较好的灭螨（粉尘螨与屋尘螨）效果，其属于倍半萜化合物；实验证实没药烷吉酮的接触毒性与熏蒸毒性相当，作者认为其接触毒性较强。有一些药草香精油也有灭螨功效，如薄荷油、依兰油、香茅油、香茅、茶树以及迷迭香，其中薄荷油的灭螨功效最高。薄荷油的主要灭螨成分为蒲勒酮，同时其也有较强的熏蒸毒性。另外，Jeong 从扫帚叶澳洲茶油中萃取的三酮衍生物具有较好的杀灭粉尘螨、屋尘螨以及腐食酪螨的功效，其代表性成分有纤精酮、六甲基环己烷 1，3，5 - 三酮。

最近一个时期，学者对肉桂的研究日趋增多。Kim 发现自肉桂皮萃取的桂醛、桂醇、水杨醛具有灭螨功效；以后又证实了桂皮、肉桂和桂皮油化合物对粉尘螨和屋尘螨具有熏蒸毒性；也确认了桂醛和桂皮酸的接触与熏蒸毒性，几种不同的肉桂提取物对粉尘螨的杀灭作用也是不一样的。

来源于药草白术根部的苍术酮和党参内酯对粉尘螨和屋尘螨具有杀灭作用，都具有接触与熏蒸毒性。白芥种子中的异硫氰酸烯丙酯和苯乙基异硫氰酸酯以及其衍生物异硫氰酸苄酯、异硫氰酸苯酯、异硫氰酸丁酯、异硫氰酸乙酰酯都具有杀灭粉尘螨和屋尘螨的作用，实验结果提示结构活性关系与其芳香族的结构、碳原子的数目以及疏水性等相关。

关于祖国医学中传统中药的灭螨研究，也有文献报道。Wu 等人研究测试了 22 种传统中药，发现肉桂、广藿香、丁香的石油醚萃取物具有良好的杀螨特性，其属于环境友好型的生物降解剂。

天然单萜具有杀灭腐食酪螨的作用，Sánchez-Ramos 等研究发现 7 种单萜具有良好的效果，即胡薄荷酮、桉树脑、沉香萜醇、葑酮、薄荷酮、松油烯、萜品烯。

2006 年，Saad 等用屋尘螨做测试比较了 14 种香精油及其主要成分，发现丁香油、matrecary oil、土荆芥油、迷迭香油、桉树油、苋蒿子油有较强的灭螨活性；其中以桂醛、氯代百里酚以及香茅醇为最有效的 3 种成分。

近年，韩国学者尝试从水果中找寻新的防螨剂。Lee 从水果秋子梨中提取了苯醌及其同系物（喹哪啶、2－羟基喹啉、4－羟基喹啉、奎宁），发现其有较好的灭螨活性（粉尘螨和屋尘螨）；同时发现尘螨经苯醌处理后，皮肤颜色由无色透明变为棕黑色，作者认为苯醌可以作为一个尘螨标示物。Lee 从柿树根部提取了白花丹素及其衍生物（萘茜、2，3－二氯－1，4－萘醌、2，3－二溴－1，4－萘并醌、2－溴－1，4－萘并醌），发现除2，3－二溴－1，4－萘并醌以外，白花丹素及其衍生物都具有较好的灭螨活性；尘螨经白花丹素、萘茜、2，3－二氯－1，4－萘醌以及2－溴－1，4－萘并醌处理后，皮肤颜色由无色透明变为棕黑色，作者认为这些物质也是尘螨标示物。

在降低螨类过敏原水平方面，苯甲酸苄酯湿性粉不但有较好的杀螨效果，还有降低组一过敏原（Der pⅠ和 Der f Ⅰ）和组二过敏原（Der pⅡ和 Der f Ⅱ）的作用。除此之外，鞣酸也因有使螨过敏原变性的作用而被推荐用于地毯。纳他霉素和安定磷也有此种作用。

在降低尘螨过敏原方面，一些举措获得了进展。Weeks 报道了运用防螨剂 Acarosan 来降低过敏原的新途径；Colloff 尝试用蒸汽清洁器来降低尘螨过敏原并取得了成功；包绕寝具、热水清洗被单和枕套、使用防螨剂等措施都能够降低居室内过敏原的量。Gutgesell 的研究也证实了包绕寝具和喷洒防螨剂能够有效降低过敏原，但对于缓解患者过敏症状持消极态度。Lau 也肯定了1% 鞣酸具有降低尘螨过敏原的作用，但对其广泛应用持否定态度。

三、物理手段灭螨

用物理手段来灭螨，也是行之有效的方法。运用极端的温湿度来防控尘螨比较容易想到，这些方法可以总结为冷冻法（包括低温冰箱和液氮）、干热法（电热毯和带加热功能的洗衣机）、除湿法（硅胶和除湿机以及空调）、蒸汽法（高压蒸汽电熨斗）。冷冻法适合于各种物品的灭螨，例如枕头、儿童的毛绒玩具、地毯、床垫、沙发等，灭螨效果比较好，基本上可以杀死藏匿的螨类。但是，耗费成本高，需要的时间较多，特别是液氮，还存在操作上的风险，可发生冻伤等事故，在普通家庭较难普及。干热法有两种方法：用电热毯和洗衣机。电热毯用于床上用品等的灭螨，可以起到一定的效果，但是螨类有“怕热”的习性，部分螨类会“遇热”逃逸。用电热毯灭螨可以消灭 40% ～ 80% 的尘螨，但是需要的时间较长。带加热功能的洗衣机也是一样。因为用 55 ℃的热水洗衣（或者床上用品），可以有效杀死螨类，也可以洗掉部分过敏原。热水清洗不能使所有的过敏原变性，因为组 2 过敏原（Der 2）需要大于 100 ℃的高温才能完全变性。尽管冷水清洗也能洗掉过敏原，但是不能达到灭螨的目的。除湿法是一种降低湿度的措施，包括施放硅胶、开启除湿机以及运用空调除湿功能等，都可以在一定程度上降低居室内的湿度，从而达到灭螨的目的。因为尘螨对于湿度的变化非常

敏感，湿度过低可直接影响尘螨的存活。除湿法的缺点在于不能精确调控居室内空间的湿度。20 世纪，日式房屋（有榻榻米结构的屋子）曾经尝试在架空区域放置硅胶的方法来降低居室内的湿度，除了要放置 1 ～ 1.5 吨的硅胶之外，还需要定期更换，以保持除湿的作用。实际操作起来费时费力。近年，随着除湿机和空调的普及，居室内的湿度也能进行某种调节，但是达到有效除螨的程度依然有难度，并且也存在着除螨成本的问题。在普通家庭，运用蒸汽法来消灭局部的尘螨是非常高效的，而且还能够减少过敏原的含量。市售的压力式蒸汽电熨斗可以干净彻底地杀死尘螨，作为家庭防螨的对策来说，压力式蒸汽电熨斗是一个两全的选择，对环境的危害几乎没有。

国内外电子商务日益发达，也带来了一些新技术和新产品，压力式蒸汽电熨斗就是一例。其采用独特的增压技术，可以从电熨斗的底部喷出高压蒸汽，蒸汽的压力高达 600 kPa。一个标准大气压的值为 101.325 kPa，因此压力式蒸汽电熨斗喷出的蒸汽，其压力约为标准大气压的 6 倍。因为蒸汽的温度较高，也有较强的穿透能力，当电熨斗作用于各种织物时，可对织物内部藏匿的尘螨进行杀灭，从而达到除螨的作用；而且也能降低部分过敏原的量，对环境无副作用。但缺点是电熨斗的外形过大，当用于拐角、死角、不规则缝隙等特殊环境时，可能因为喷射角度、喷口不能到达等原因，其灭螨效果会大打折扣。对于螨卵的作用效果如何，还是一个未知数，有待于后续的研究与探讨。

通风也是一个重要环节。经常开窗通风交换居室内外空气，是有益于健康的。通风的另一个作用就是调节居室内外的湿度。当外界的空气湿度足够高时，如室外绝对湿度上升到 15 g/m^3 时，居室内的除湿措施就只有除湿机和空调了。在相对干燥的冬季，当居室内的绝对湿度达到大于 7 g/m^3 时，居室内的尘螨密度增加，可以降低湿度。然而，当居室外的绝对湿度小于 5 g/m^3 时，增加通风的时间和单位面积就会非常有效，这样可以降低居室内的湿度。而当居室外的绝对湿度大于 7 g/m^3 时，通风也无济于事，因为不能达到降低居室内湿度的目的。在日常生活中，我们有很多行为会增加居室内的湿度，如漱口、洗脸、如厕、洗澡、烹饪、洗涤、养花、养鱼、饲养宠物、打扫卫生、沏茶（牛奶、咖啡）等。因此，要降低居室内的湿度，有一定的难度。特别是中国人还有在办公场所、客厅、书房和卧室内摆放植物的习惯，这也会增加居室内的湿度，给尘螨的滋生创造条件。

另外，家庭成员的人数也决定着居室内湿度的高低。在某个固定的空间内，人口密度越高，则湿度越高；反之亦然。人生活在居室内，除了个人行为会改变居室内的湿度以外，自身的水分蒸发——出汗，也会影响居室内湿度的变化，这一点反映在床上用品上。

居室内的尘螨过敏原主要来源于尘螨的蜕皮、死亡的尸体以及粪便等脱落物和排泄物。居室内的过敏原一般集中于尘螨滋生的地方，如地毯、软体家具、毛

绒玩具、服装、窗帘、空调滤网等处。因此，一般的居家生活应该经常打扫上述物品。最佳的吸尘清扫是每周一次，因为清扫过于频密也没有多大益处。

用吸尘器来扫除灰尘是通常的做法。在一般的家庭，清扫大型的垃圾，一般用扫帚和簸箕，但是对于有尘螨的灰尘，用吸尘器是首选。自灰尘中提取尘螨或者过敏原并计数，国际上并没有统一的标准，只是在处理数据时，需要加上相应的单位，如 mg/m^2、只（尘螨）/米^2；mg/g（灰尘）、只（尘螨）/克（灰尘）。

四、简析床垫控螨

人们生活、休息总是需要有一张床。在我国汉代以前，人们还没有用于起居的床，也没有桌、椅，坐卧都在席上。从有床具开始，睡床经过由草、树叶、皮毛或者是任何比地面软的东西制成。而传统古老的中国睡眠文化是从硬质床板开始的，因此很多人喜爱睡硬床。中国人睡的普通硬床俗称木板床、硬板床。只是到了近代，100 多年前，美国发明了弹簧软床垫以后，国人才逐渐取而代之，使用弹簧软床垫。前面已经详细介绍了弹簧软床垫，在此不必赘述。因为弹簧软床垫是以弹簧及软质衬垫物为内芯、外面罩有纺织物面料或者软席等材料制成，所以具有弹性足、弹力持久、透气性能好、与人体曲线吻合度好等优点，使人体的骨骼、肌肉能处于松弛状态而获得充分的休息，因而深受广大消费者的青睐。

木板床，也称硬板床，在弹簧软床垫发明之前，一直是国人的主要卧具。与一般的弹簧软床垫相比，木板床的硬度要高一些。而且木板床一般都是采用全实木制造，在环保性方面表现突出。现代社会，科技进步日新月异，可人们的身体素质却在下降，身体健康程度不如过去，且伴随着各种腰酸背疼的症状，这些不适都需要长期护理才能恢复。因此，睡木板床是最合适的选择。睡木板床最大的好处就是能保护脊柱，当然你若是认为睡木板床太硬，也可以在床板上铺一床垫被，这样就会舒适很多，也不会对脊柱造成伤害。

人的一生大约 1/3 的时间都是在床上度过的，因此睡眠质量的好坏对人的影响很大，而睡眠质量的好坏又与床垫的舒适性相关。若是一味地睡木板床，会因为身体支撑面积太小，支撑力的分布不均匀而导致腰部出现悬空的现象，长此以往不但起不到保护脊柱的作用，而且还会导致因长期肌肉紧张、收缩出现肌肉疲劳、酸痛等症状，严重者可能导致肌肉劳损。对于睡惯了木板床的消费者来说，可在木板床上垫上一床较厚的垫被，尽量少垫薄垫被，才是睡木板床的正确方法。

另外，从家庭防螨抗菌的角度来说，木板床的优势显而易见。与“舶来品”的弹簧软床垫相比，木板床的（见图 10－1）构造相对简单，一般来说，材料为实木，依靠木工工艺拼接而成。即使垫上一床垫被，也易于拆解和搬动。

反观弹簧软床垫，其为软体家具，从外至内依次分为面料、填充料、海绵

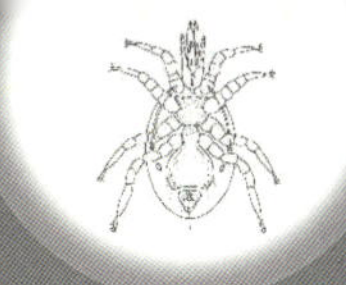

（聚氨酯泡沫塑料）、无纺布、棉毡、床网（弹簧）等数部分，通过后期加工成型后，形成一个外部由床垫面料覆盖包裹，内部相对密闭，由纺织品和聚氨酯泡沫塑料为填充物的组合体，由床网提供力量的支撑，并保持持久的弹性。弹簧软床垫可为尘螨或其他昆虫提供温暖、湿润、避光的生存环境，因而尘螨可以进入其内部藏匿并滋生，成为人体多次致敏的潜在因素。弹簧软床垫不同于普通的纺织品，是一个结构复杂、材料多样的综合体，由于弹簧软床垫构造的特殊性，决定了其大型性、难于拆解以及难于清洁等特性。对于普通消费者来说，由于挪动困难，床垫的日常清洁与保养绝非易事。

图 10－1　木板床

弹簧软床垫的潜在危害因子概括起来有过敏原、螨虫粪便、尘螨、病毒、汗水、细菌、真菌孢子、灰尘、皮屑等（见图 10－2）。

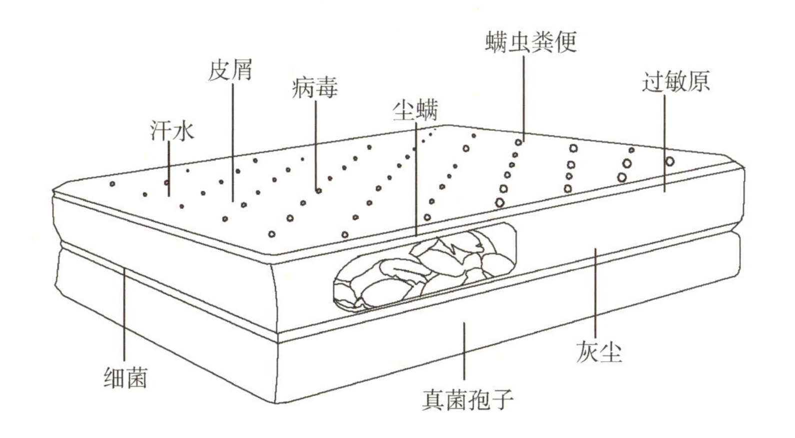

图 10－2　床垫的潜在危害因子示意

过敏原，又称为变应原、过敏物、致敏原、致敏物，是指能引起过敏的物质。一般指屋尘、螨虫、昆虫、宠物体毛、花粉、霉菌、食物、金属、药剂、食品添加物等。这些物质会随着人在居室内的活动而被带到床垫上，成为潜在的危害因子。

螨虫粪便也是一大隐患，因为床垫有螨类滋生，所以不可避免地会有螨虫粪便。尘螨的组 1 过敏原（Der 1）就是来源于螨虫粪便。

尘螨是导致变态反应性疾病的主要原因。床垫是尘螨滋生的温床，即便是在严酷的冬季，居室内其他地方的尘螨可能会被冻死，但是有了床垫，尘螨便能够安然越冬。电热毯的使用可有效降低床垫中的尘螨数量，亦可降低尘螨过敏原的水平，但床垫中的尘螨可迁移深至距床垫表面 3.5 ～ 5.0 cm 处滋生，因而要想根治床垫中的尘螨绝非易事。尘螨以人或者动物的皮屑等为食物，其繁殖生存的最佳温度为 15 ～ 35 ℃，最佳湿度为 55% ～ 75%（相对湿度）。代表性的尘螨有：粉尘螨、屋尘螨、梅氏嗜霉螨，以及腐食酪螨、热带无爪螨、粗脚粉螨等。一般认为，尘螨主要引起哮喘、变态反应性鼻炎、变态反应性皮炎、变态反应性眼结膜炎、螨虫病、皮肤病等。

病毒是由一个核酸分子（DNA 或 RNA）与蛋白质构成的非细胞形态的营寄生生活的生命体。其个体微小，结构简单，是必须在活细胞内寄生并以复制方式增殖的非细胞型微生物。病毒在自然界分布广泛，可感染细菌、真菌、植物、动物和人，常引起宿主发病。但在许多情况下，病毒也可与宿主共存而引起不明显的疾病。沾染于床垫上的病毒能够寄生于活体细胞内，对人体产生新的或者是严重的危害。

病毒的致病性与非致病性是相对而言的，在分子水平、细胞水平和机体水平可能有不同的含义。在细胞水平有细胞病变作用，但在机体水平可能并不显示出临床症状，此可称为亚临床感染或不显感染。

汗水是人体内的排泄物，除了盐分以外，还有人体内的各种代谢产物、毛囊分泌物等。汗水对于床垫来说，可能助长细菌等的滋生与繁殖。另外，盐分增多还可能会锈蚀床垫的弹簧，降低床垫的使用寿命；人体代谢的中间产物和终产物，一旦沾到床垫上，就会形成污渍，很难清除。

细菌为原核微生物的一类，是一类形状细短、结构简单、多以二分裂方式进行繁殖的原核生物。在自然界分布最广、个体数量最多，是大自然物质循环的主要参与者。细菌主要由细胞膜、细胞质、核糖体等部分构成，有的细菌还有荚膜、鞭毛、菌毛等特殊结构。绝大多数细菌的直径大小在 0.5 ～ 5 μm 之间。并可根据形状分为三类，即球菌、杆菌和螺旋菌（包括弧菌、螺菌、螺杆菌）。按细菌的生活方式，可分为两大类：自养菌和异养菌。其中，异养菌包括腐生菌和寄生菌。按细菌对氧气的需求，可分为需氧（完全需氧和微需氧）和厌氧（不完全厌氧、有氧耐受和完全厌氧）细菌。按细菌生存温度，可分为喜冷、常温和喜高温三类。

细菌对环境、人类和动物既有用处又有危害。一些细菌成为病原体，可引起破伤风、伤寒、肺炎、梅毒、霍乱和肺结核等疾病。在植物中，细菌导致叶斑病、火疫病和萎蔫。感染方式包括接触、空气传播、食物、水和带菌微生物。病原体可以用抗生素处理，抗生素分为杀菌型和抑菌型。

床垫的每个部分都成为细菌滋生的良好场所。由于床垫的长期使用性质和不易清洁的特性，加之各种杂质的堆砌，床垫俨然成为细菌滋生的“温床”。

因此，未来，床垫的面料具备一定的抑菌与抗菌能力，才能适应消费者的需求。这种需求也是比较现实的，毕竟增进消费者的健康，远离疾病是一个长远的目标。

真菌孢子是真菌的主要繁殖器官，分为有性孢子和无性孢子两大类。前者通过两个细胞融合和基因组交换后形成，后者无此阶段而经菌丝分裂等形成。孢子在适宜条件下发芽，形成菌丝而进行分裂繁殖。当外界环境不适宜时可以呈休眠状态而生存很长时间。无性孢子包括节孢子、游动孢子、厚垣孢子、胞囊孢子、分生孢子。有性孢子分为卵孢子、接合孢子、子囊孢子、担孢子。

由于尘螨与真菌的种群之间存在着竞争关系，即使在床垫内部，也呈现出“此消彼长”的状态，保持着种群之间的平衡也有必要吧。

灰尘，开窗通风与居室内的起居生活均可引起，灰尘对床垫是一个巨大的隐患，不仅助长了尘螨和真菌等的滋生繁殖，还能掩盖和藏匿昆虫，帮助扩散过敏原。因此，床垫的除尘是一项长期的工作，这不仅与个人卫生有关，也与防螨抗菌相关。

皮屑是人体新陈代谢的产物，这当中既有头皮屑，也有皮肤的鳞屑、微小毛发、皮肤碎片等。它们是人体的副产物，但是落在床垫上就成为尘螨的食物。皮屑与灰尘混合后，真菌也可以从中获取营养，维系自己的种群繁殖。清洗卧具可以去除一部分皮屑，推荐每两周清洁一次。

从二者的结构上来进行比较和分析，木板床构造简单，无“固定且有弹性”的承力空间，仅床板起到支撑作用。而对于尘螨、细菌、真菌等微生物来说，在床板上的生存空间有限。具体原因是：①没有适宜的微小环境；②床板的温湿度不易控制，受居室内温湿度波动的影响较大；③微生物通常喜欢避光、阴暗的场所，床板一般不具备这样的条件。床板易于拆解，可置于阳光下晾晒，可以容易地清除上述的生物。即使是木板上的垫被，通过日常的晾晒，由于太阳光的热力穿透性强，清除有害微生物并非难事，晾晒后垫被的表面卫生干净，内部可能存在的昆虫等由于不耐热，结局是脱水而亡或者选择逃逸。反观弹簧软床垫，由于结构复杂、材料众多、内部空间层次密集、填充材料之间构成的间隙较多，其内部空间受居室内温湿度变动的影响较小，因而非常有利于各种微生物在内部滋生繁殖。即使在阳光下晾晒床垫，也很难达到预期的效果，这是因为阳光的热力即使能够到达床垫的内部，尘螨会选择逃逸，而如果有螨卵未被灭活，仅花费数天还是会孵化出幼螨。这就造成了床垫在清洁和保养上的难题。床垫内部材料多，有些材料不能耐高温，因而也不适宜在阳光下频繁晾晒。阳光的热力究竟能否到达床垫的最内层，是否能有效杀螨，也是一个值得深入研究的课题。另外，我们也不能忽视居室内地面上的尘螨通过床脚爬上床，潜入床垫这一情况。

床垫是尘螨越冬的唯一载体，在高纬度地区，由于冬季寒冷，居室内各处的

尘螨由于低温均能够被冻死，唯有床垫中的尘螨可以侥幸得以生还。这不能不说是床垫的“功劳”。

我国幅员辽阔，南北跨度约为5500千米。南北之间的气候差异较大，北方寒冷干燥，南方气候湿润，因而各地尘螨滋生的状况各不相同。相对来说，南方（长江以南）气候温暖，湿度较大，尘螨滋生以及居民受累的情况比较严重。也不太可能指望靠冬季的严寒和低温来杀灭床垫中的尘螨。唯一可用的方法就是运用液氮来杀灭床垫中的尘螨以及其他昆虫。但缺点是：成本较高，操作要求高，稍有不慎，就可能造成人员冻伤；可操作性不强，难以普及。

现在，国外市场有一种拉链式密闭床垫包装袋，声称可以减轻尘螨对床垫的污染，以及减少床垫的尘螨过敏原的量，然而具体效果如何还是一个谜，也未见有详细的报道。现在国内也有企业在研发该产品，据说已经做出样品的雏形，并打算在床垫包装袋中通入消毒气体来进行杀螨操作，但具体效果如何，特别是针对尘螨螨卵的杀灭效果等，有待解决的问题还较多。让我们拭目以待。

根据床垫的构造，床垫表面下3.5～5.0 cm的地方，在床垫的分层中属于衍缝层，可能还涉及部分铺垫层，衍缝层中的纺织品较多，纤维的种类也多，这为尘螨的安身提供了便利的条件。

根据床垫的这些特点，国外某公司推出了电热式床垫。其原理是通过在床垫中布线，组成电路使得床垫中布设的热敏线发热，进而加热床垫的内部，使床垫内部的微小环境发生变化，床垫内温度上升，而湿度下降，这种变化直接导致床垫内滋生的尘螨逃离或者被杀死（脱水而亡），因为尘螨对湿度的变化更加敏感，从而达到防螨的目的（见图10－3）。这种电热式床垫有自己的优点，在冬季可以作为制热模式的空调使用，在夏季的白天使用，可使被子等卧具更加干燥，同时使躲藏在床垫内部的尘螨逃逸。

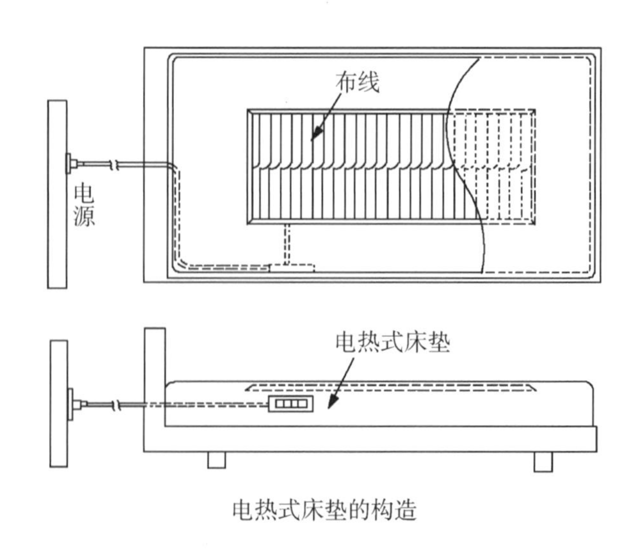

图10－3 国外某品牌电热式床垫的示意

尘螨的迁入、种群构成、季节消长、在床垫里的迁移规律，睡眠者的卧床与尘螨分布之间的相关关系、床垫过敏原的分布特点等，对这些问题需要深入地进行研究，为床垫防螨提供更有力的证据，以拓

展防控尘螨的思路。

五、沙发地毯与防螨

沙发与弹簧软床垫一样，属于软体家具，但是相较于弹簧软床垫，消费者与它接触的时间有限。布艺沙发与尘螨的关系比较密切，因此使用布艺沙发，受到尘螨伤害的概率较高。皮沙发由于含纤维性成分相对较少，故尘螨滋生的情形不算太多。

地毯在日常居家中比较常见，一般地毯分为固定设置和非固定设置两种。固定设置的地毯，不容易用水清洗；而非固定设置的地毯，则可以定期水洗，拿到户外晾晒，使其干燥。地毯是居室内过敏原最多的场所，尘螨也比较多，一般建议不要在卧室内铺设地毯，这样会污染居室内的环境，对健康不利。在卧室的墙面，也不要使用容易起毛的材料来装饰墙面，因为这也会吸引尘螨，也会使灰尘停留，带来健康隐患。

六、空调、空气净化器、吸尘器与防螨

如今，空调已经普及千家万户。空调在为居室降温的同时，也带来了一些卫生问题，如空调内部和滤网等处的尘螨与灰尘。一般来说，空调降温的同时，也带来了“降湿”的效果。如果空调内部和滤网处藏有尘螨和灰尘等物，会随着出风飘散到空气中，带来居室内的污染，主要表现为过敏原量的增多；另外，空调的送风也会带来过敏原的扩散，对于过敏体质的人来说，是一个重要的隐患。空气净化器刚刚步入人们的视野不久，它与尘螨以及螨过敏原之间的关系还有待更多的研究来证实。

空调的使用必然需要除尘措施，而空调防螨技术的研发，对于电器生产商来说，也是一个值得关注的领域。家庭用吸尘器除尘，在国内已经越来越普及。但是，如果想要吸走尘螨，则吸尘器的功率必须达到 150 W 以上才行。用 200 W 功率的吸尘器打扫房间，即使吸走了活螨，其死亡率也达到 70%；而使用 350 W 功率的吸尘器除尘，杀活螨率甚至可以达到 90%。这可以解释为什么吸尘后，在灰尘中几乎找不到活螨的原因。

第二节　蜱螨防控的成就

本节主要介绍诺贝尔医学奖获奖者大村智的成果——伊维菌素（疥螨治疗

药物）的发现过程。

对蜱螨的防控，终究离不开药物（特效药）的研发与应用。在临床方面，对疥螨治疗药物的探索与研究，一直以来是研究者共同追求的目标。

大村智先生因为对寄生虫病治疗方面做出的贡献，而于2015年获得诺贝尔医学奖。其获奖理由是：他发现的伊维菌素成为治疗疥螨引起的疥疮的药物。

这个发现可与盘尼西林（青霉素）的发现和实用相提并论。大村先生的研究课题就是让微生物产生的化学物质能够实际应用于社会。这并非什么耳目一新的事物，而是大多数科学家一致追求的目标，就像发现盘尼西林那样。

1928年，英国医生亚历山大·弗莱明发现，在培养皿中的葡萄球菌由于被污染而长了一大团青霉，而且霉团的周围呈透明状态，葡萄球菌似乎被某种东西杀死了，而只有在离霉团较远的地方才有葡萄球菌在生长，这说明霉团在抑制葡萄球菌的生长与繁殖。他把这种霉团接种到无菌的琼脂培养基和肉汤培养基上，结果发现在肉汤里，这种霉菌生长很快，形成一个又一个白中透绿和暗绿色的霉团。弗莱明认为在霉团中存在抑制葡萄球菌繁殖的物质。通过鉴定，弗莱明知道了这种霉菌属于青霉菌的一种，于是他把经过过滤所得的含有这种霉菌分泌物的液体叫作“盘尼西林”。接着弗莱明又把这种霉菌接种到各种细菌的培养皿中，发现葡萄球菌、链球菌和白喉杆菌等都能被它抑制。弗莱明随后发表论文，报告了他的发现，但是青霉素的提纯问题还没有得到解决，因为当时的技术无法提纯青霉素，使得这种药物在大量生产上遇到了困难，暂时还不能用于细菌感染的治疗。

在盘尼西林被发现12年后，也就是在1940年。英国的病理学家弗洛里和生物化学家钱恩读了弗莱明发表的论文后，重新研究了青霉素的性质、分离和化学结构，经过一系列的尝试，终于解决了青霉素的浓缩问题，成功开发出治疗细菌感染的药物，取得了令人瞩目的成就。弗莱明在进行基础研究时发现了“盘尼西林”的作用，弗洛里和钱恩在应用研究上取得了成功，顺利开发出了治疗药物。1945年，他们3人共同获得了诺贝尔生理学或医学奖。

大村智先生发现了对动物和人类的寄生虫感染有治疗效果的化学物质，并成功地自微生物中分离出来；而美国默克制药公司将其制成药剂，成功实现产业化。将大村智先生在基础研究中获得的重大发现与制药公司的产业化研究相结合而取得的成功，与青霉素的发现和产业化成功的范例相比较，在过程上是完全一致的。

大村智先生发现了对动物和人类的寄生虫感染有奇特效果的化学物质，这一发现当初被称为是具有“诺贝尔奖级”的发现。这是研究机构与企业展开合作，共同开发而获得成功的一个范例。大村智先生不仅研究寄生虫防治领域，还涉足生命科学，诸如生物化学、医学等，他发现了数种与研究相关的试剂。鉴于他的主要成就是发现了关键的抗寄生虫药物，在此重点介绍这方面的情况。

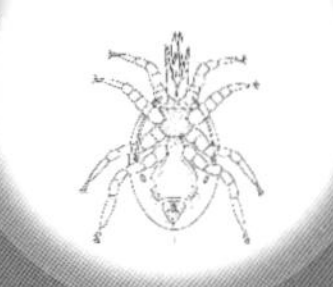

许多年前，大村先生去静冈县伊东市川奈采集土壤样本，从土壤中分离出一种放线菌，这种放线菌合成出一种化学物质。大村先生将其命名为阿维菌素（avermectin）（见图 10－4）。但是，阿维菌素最开始仅仅用于治疗动物的寄生虫病，疗效并不太理想。为了获得更好的疗效，美国默克制药公司和大村先生决定利用阿维菌素的衍生物，开发更加高效的治疗药物。他们将阿维菌素的分子结构加以修饰，置换出一些功能团，从而获得了一些衍生物。在这些衍生物中，对动物和人类的寄生虫感染均有奇效的化学物质，课题组将其命名为伊维菌素（ivermectin）（见图 10－5）。

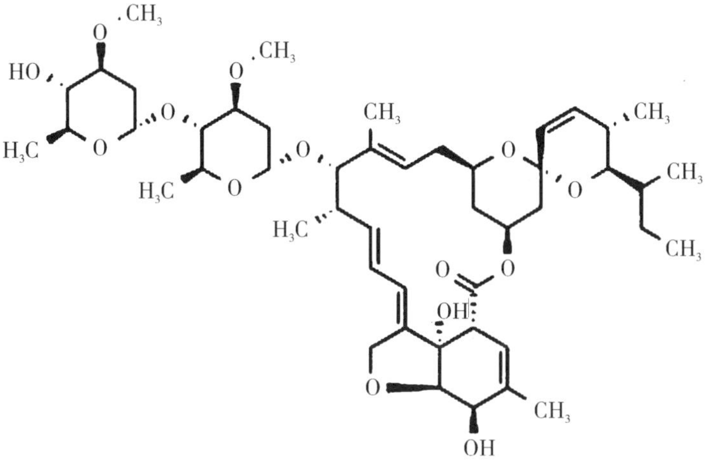

图 10－4　阿维菌素的结构式

大村先生自美国的卫斯理安大学（Wesleyan University）回国后，在北里研究所从事微生物的研究工作。主要工作是用各种方法分离出微生物后，研究它的性质和各种代谢产物。尽可能地筛选出产生针对性强的化学物质的菌株，交给美国默克制药公司去做动物实验，进行实验动物学评价。

大村研究室的研究人员经常带着小塑料袋去野外采集土壤样品，这是日常的研究工作之一。那时，研究人员来到了静冈县伊东市川奈高尔夫球场附近，采集了一些土壤样品后带回实验室，进行菌株筛选。研究人员认为，在有微生物的土壤样本中，似乎存在着某种有用的化学物质。真的找到了吗？果然，他们在这批土壤样本中，发现了未知的放线菌。这种放线菌经北里研究所的高桥洋子女士鉴定，确定为阿维链霉菌（streptomyces avermectinius）。

这种放线菌合成具有多重作用的物质。仅在试管里做验证试验，放线菌就表现出这些作用，而这正是大村研究室所梦寐以求的目标。随后，在标注了抗菌谱和样品编号（OS－4870）之后，该批次样本被送往美国默克制药公司。在美国默克制药公司，有一位研究动物寄生虫的专家，名叫威廉坎贝尔（William C.

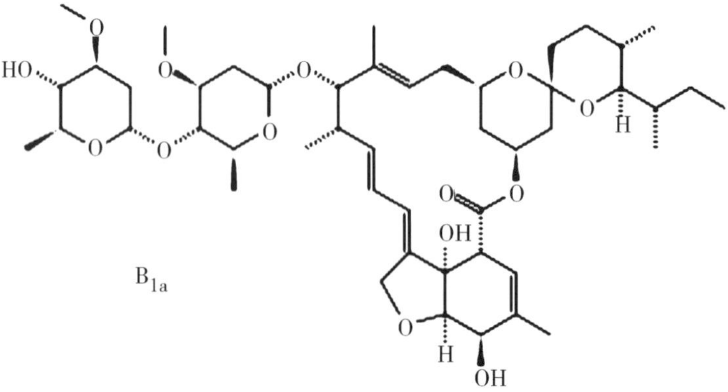

B_{1a}

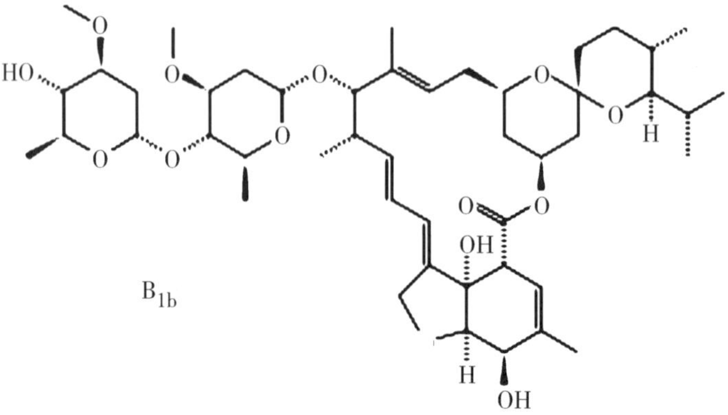

B_{1b}

图 10－5　伊维菌素的结构式

Campbell）。他仔细地分析了大村研究室分离提纯的具有抗微生物活性成分物质的体外实验数据，并以此为依据开展了动物实验。将分离提纯的微生物培养液给实验动物喂服，来验证体外实验数据的真实性。首先人为地让实验动物（小白鼠）感染上寄生虫病，然后将分离提纯的微生物培养液分别给实验动物喂服，仔细观察小白鼠的反应及活动状态，并对比感染寄生虫前后的状态与改善情况。他得到的结论是：小白鼠的寄生虫感染情况明显改善，寄生虫的数量减少。为了验证这个实验的有效性和可重复性，相同的实验被重复了数次，每次试验的结果都显示：小白鼠体内的寄生虫数量减少了！这印证了大村研究室的新发现，也就是阿维链霉菌合成了具有抗寄生虫作用的物质。

随后，自美国默克制药公司传来了喜讯：OS－4870 样本确实具有抗寄生虫的活性。大村研究室与美国默克制药公司的科研小组将从阿维链霉菌中分离提纯的化学物质命名为阿维菌素。鉴于阿维菌素对小白鼠的寄生虫感染有治疗作用，那么对于家畜的寄生虫感染是否也有疗效？美国默克制药公司又开展了大规模的

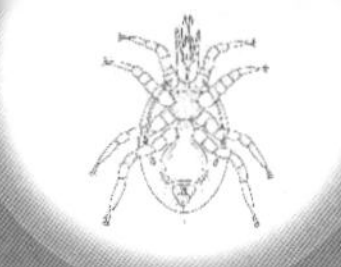

动物实验。在牧场放牧的牛，其胃内和肠道内通常都有大量的寄生虫寄生，寄生虫多的时候甚至超过 5 万条。对严重感染的家畜，阿维菌素还有效吗？根据试验获得的数据进行分析，阿维菌素对家畜的寄生虫感染也有治疗作用。然而，研究小组并不满足于此，他们将阿维菌素的分子结构进行了修饰，置换出一些基团，人工合成出许多阿维菌素的衍生物。并筛选出高效的药物，剂量小而疗效高。他们发现在这些衍生物中最有效的化学物质是伊维菌素。在命名后，科研小组开始了伊维菌素的动物试验。

科研小组随机选取寄生虫感染超过 5 万条的牛 24 头进行试验，分为两个试验小组，每组 12 头牛，分别确定为伊维菌素治疗组和对照组。试验的结果令人吃惊，伊维菌素的治疗效果非常好！在伊维菌素治疗组，将 200 μg 伊维菌素一次性喂服后，这组牛的胃肠道内几乎检测不出寄生虫了，在计算了平均值之后，得到的治愈率竟然高达 99.6%。而与之对应的对照组，由于没有喂服任何药物，这组牛的寄生虫感染情况没有任何变化，病情依然非常严重。仅仅一次喂服竟能取得如此疗效，大村研究室和美国默克制药公司的双方研究团队都非常兴奋。于是，抓紧时间汇总数据后，立即申请了相关专利，并准备发表学术论文。

1974 年，大村研究室发现了阿维链霉菌。随后美国默克制药公司的科研小组通过动物试验，对其进行了详细的研究。在筛查了其衍生物后，确定最有效的化学物质是伊维菌素。研究的核心内容包括：伊维菌素的抗寄生虫作用、毒性、安全性等等。直到 1979 年，课题组人员才在学术会议上公开发表研究内容，距离发现的时候已经过了 5 年。主要参研参试人员包括：北里研究所的岩井让、大岩留意子、增间录郎、高桥洋子；北里大学药学系的中川彰、大野纮宇、喜多尾千秋、铃木阳子。学术会议也有美国默克制药公司的研究人员参加。由于伊维菌素有惊人的抗寄生虫作用，在外界流传甚广，因此，在会议当天，参会人员非常多，会场非常拥挤，已经到了水泄不通的地步。从放线菌的采样、微生物的鉴定、细菌合成物质的分离与提纯、用提纯物进行动物试验、相关衍生物的研制与筛选、毒性与安全性的验证等等。研究人员一边展示试验数据，一边进行解说。研究汇报结束后，整个会场洋溢着喜庆和兴奋的气氛，大家的热情很高，提问的参会者很多。最多的提问是："真的只服用一次就有效果吗？""为什么服用一次就治好了呢？"大村先生的回答是："因为有效果所以用一次也就够了"。这个回答让听众们非常高兴，汇报会现场相当活跃。随后，这项科研成果被许多期刊登载和转载，伊维菌素在人群中迅速传播开来，逐渐为公众所熟知。

狗是一种常见的宠物。养狗的人都知道，有一种寄生虫寄生于狗的体内，叫作丝虫。丝虫寄生于狗的心脏，引起丝虫病。以前，有许多狗因为丝虫病而丧命，是宠物的威胁之一。伊维菌素对丝虫病也有较好的疗效。丝虫病是由蚊子作为媒介而传播的一种寄生虫病，夏季蚊虫出没时，每月给宠物狗喂服一次伊维菌素，就可以起到预防的作用。

阿维菌素和伊维菌素的作用不止于此，对于蜱螨类和昆虫等节肢动物也有疗效。例如家畜，罹患寄生虫病的牛，其皮肤上有一些螨类寄生，这些螨类肉眼很难发现，牛感染后身体逐渐衰弱下去。但是，给病牛喂服一次伊维菌素后，两三个月后皮肤病就可以痊愈，疗效令人称奇。

研究工作结束后，1981 年伊维菌素转为药品开始上市销售。不久就成为美国默克制药公司的热销商品，销售业绩直线上升。到了 1983 年，销售额居于动物类药品的首位。另外，在农业、园艺领域，也有诸多昆虫和螨类在危害农作物、果树以及其他经济林木。天然的阿维菌素就能够起到杀虫的作用，所以在农业和园艺方面得到广泛的应用。芬普尼（fipronil）也是利用伊维菌素的作用原理而开发出来的药物，其销售额与伊维菌素的销售额相比稍逊，在销售额上居于世界第二。大村先生和礼来制药公司共同开发的泰乐菌素（tylosin）及其衍生物替米考星（tilmicosin），在销售额上居于世界第三。这 3 种药物均与大村先生的发现有关，药物的核心成分都是与这些发现有关联的化学物质。

从治疗动物的寄生虫药物发展到治疗人的寄生虫药物，是一个大的飞跃。用少量伊维菌素喂服试验动物一次，或者给试验动物皮下注射一次，就可治愈动物的寄生虫病。这种治疗方法是否可以应用于人体？有这种想法是非常自然的。

美国默克制药公司也很想开发用于人类治疗的抗寄生虫药物。它们搜集了毒理学资料，并采集临床试验期间的各种数据，着手药物的研制与开发。最终，他们跨过了药物的副作用、安全性等数道难关，成功地开发出了新药。人用伊维菌素制剂的名称是“mectizan”，它也是盘尾丝虫病的治疗药物。

盘尾丝虫病（onchocerciasis），又称河盲症，是一种由盘尾丝虫引起的寄生虫病。在非洲的热带地区以及撒哈拉以南地区最为常见，在也门、墨西哥南部、危地马拉、厄瓜多尔、哥伦比亚、委内瑞拉、巴西等中南美国家也有发生，但是在中南美国家鲜见失明患者。

该病通过黑蝇（蚋）反复叮咬传播。蚋比苍蝇要小，蚋的成虫仅有苍蝇的 1/4 大小，它与蚊子和虻一样，都是雌虫吸血。它与蚊子的不同之处在于：雌虫吸血时会啃食皮肤，常常让人感到疼痛。在非洲赤道以南地区的河流与溪流处，到处都滋生着蚋。如果不小心被雌蚋叮咬，幼虫可以自蚋下唇逸出并进入人体皮肤而感染。在人体内，幼虫（微丝蚴）移行至皮肤、眼睛和其他器官。盘尾丝虫病主要引起眼病和皮肤病。症状由在人体内皮下组织中移动的微丝蚴引起，当微丝蚴死亡时会诱发严重的炎症反应。被感染者可能出现奇痒和各种皮肤改变。有些被感染者出现眼部病变，最终发展为视力受损直至永久失明。

在 1987 年美国默克制药公司的伊维菌素投放之前，每年世界上因此疾病而失明的人数高达数万之众。失明的首要病因是沙眼，其次就是盘尾丝虫病。盘尾丝虫的成虫可存活于皮下结节中，最长可以存活 15 年之久。

对于这种凶险的热带传染病，伊维菌素也有惊人的疗效。世界卫生组织曾经报道，在 1997 年一年中，有 3300 万人因为服用伊维菌素而免遭失明之痛。大村先生对这一治疗效果也感到吃惊。美国默克制药公司的人用伊维菌素制剂是 6 毫克的片剂，相当于每千克体重 150 微克。每年仅服用一次就能起到驱虫的作用。未来，世界卫生组织将开展世界范围内的伊维菌素投放计划，预计到 2020 年，在公共卫生领域，将消灭盘尾丝虫病。

也有寄生于人类的丝虫，引起的疾病一般称为丝虫病。丝虫主要寄生于人类的淋巴管、淋巴结等处，在那里发育繁殖。使得皮肤组织变硬变大，由于皮肤组织肿大变形，外形犹如大象的皮肤一般，通常称其为“象皮肿”，丝虫病常常波及阴囊、上臂、阴茎、外阴、乳房等部位。然而，对于丝虫病，现在通过服用伊维菌素和其他药物，可以起到预防和治疗的作用。根据现有的资料，现在全球约有 1.2 亿人感染此病，机体遭受损害。由于世界卫生组织的全球投放计划，预计到 2020 年可在全世界范围内消灭丝虫病。

类圆线虫病（strongyloidiasis）是粪类圆线虫（strongyloides stercoralis）寄生于人体所致的感染性疾病。粪类圆线虫的成虫寄生于十二指肠和空肠的黏膜及黏膜下。病原体主要感染人体，亦可寄生于猫、狗等动物。在热带、亚热带和温带（包括我国）均有本病的发生。例如，泰国、越南、印度尼西亚等国。据世界卫生组织估计，全球 70 多个国家有粪类圆线虫感染的报道，受感染的人数超过 5000 万。

患者被感染后，粪类圆线虫的成虫在患者体内产卵，产生的虫卵立即孵化，释出杆状蚴（幼虫），后者移行到肠腔随粪便排至体外。在土壤内数天后转化为感染性丝状蚴（感染性幼虫），该幼虫钻入人的皮肤后移行，经肺到达肠道，在肠道内发育成熟，变为成虫。由于可发生自体再感染，这种再感染可引起极高的虫负荷（超感染综合征），所以有的患者病程很长，甚至可达数十年之久。

全球患者约有 4000 万人。口服伊维菌素对粪类圆线虫很有效，且副作用小。

疥螨寄生于人体，引起疥疮，导致皮肤感染，患者感觉局部皮肤奇痒无比，全身皮肤有红色皮疹，随后逐步扩展。而且该病的传染性很强，以前由于没有特效药，使得疥疮非常难治。而伊维菌素对疥疮有特效，大部分患者只要口服一次，都能够即刻治愈。以前的治疗手法非常烦琐，由于疥螨一般在夜间活动，所以治疗措施都在半夜进行，在患者的患处涂上各种各样的药剂来抑制疥螨，有类固醇类的，还有杀虫剂类的，将这些药剂在患部反复涂擦，给患者增添了负担，也带来心理上的压力。而现在的治疗变得异常轻松，不能不说是皮肤科领域治疗手段的一大突破。

大村先生发现了放线菌阿维链霉菌，并将放线菌合成的物质分离提纯，进而商业化，由于伊维菌素的治疗效果非同一般，成了空前的热销药品。随后，大村先生也非常想知道，阿维链霉菌有哪些基因，能合成哪些代谢产物。因此，大村先生决定带领课题组解析出阿维链霉菌的全基因组序列出来。

放线菌的代谢产物并不与生物的发生、生殖等直接发生关联。即使是没有代谢产物的合成，放线菌也不会立刻就死亡。但是，对于植物的防感染、种属间防御来说，代谢产物常常发挥着重要的作用。借助于阿维链霉菌的全基因组序列的解析，或许可以弄清楚许多未知的领域。即便如此，完成阿维链霉菌的全基因组序列解析工作，也是一项前所未有的具有挑战性的工作，且非常有价值。

然而，在得知英国的科研团队已经在进行相关的放线菌基因解析工作后，大村先生的课题组认为：要追赶上这项科研的进度，还面临着一些困难。于是，他们组成了一个科研团队，大村先生担任了科研团队的总负责人，独立行政法人、生物技术中心主任菊池久担任科研团队的执行负责人。科研团队的成员包括：北里大学的池田治生、柴忠义，国立感染疾病研究所的石川淳，理化学研究所的服部正平，东京大学的神佳之。在随后的两年半时间里，科研团队完成了合成阿维菌素的放线菌——阿维链霉菌基因组的 99.5% 的基因序列解析工作，并向日本国内外的研究期刊投稿或者在专业学会发表研究成果。最后，相关研究成果登载于著名的学术期刊《自然·生物技术》上。

参 考 文 献

[1] 陈国仕．蜱类与疾病概论［M］．北京：人民卫生出版社，1983.

[2] 忻介六．蜱螨学纲要［M］．北京：高等教育出版社，1984.

[3] 温廷桓．中国沙螨（恙螨）［M］．上海：学林出版社，1984.

[4] 忻介六．应用蜱螨学［M］．上海：复旦大学出版社，1988.

[5] 李隆术，李云瑞．蜱螨学［M］．重庆：重庆出版社，1988.

[6] 孟阳春，李朝品，梁国光．蜱螨与人类疾病［M］．合肥：中国科学技术大学出版社，1995.

[7] 李朝品，武前文．房舍和储藏物粉螨［M］．合肥：中国科学技术大学出版社，1996.

[8] 黎家灿．中国恙螨（恙螨病媒介和病原体研究）［M］．广州：广东科技出版社，1997.

[9] 徐汉虹．杀虫植物与植物性杀虫剂［M］．北京：中国农业出版社，2001.

[10] 詹希美．人体寄生虫学［M］．北京：人民卫生出版社，2005.

[11] 李朝品．医学蜱螨学［M］．北京：人民军医出版社，2006.

[12] 李朝品．医学节肢动物学［M］．北京：人民卫生出版社，2009.

[13] 何韶衡，刘志刚．基础过敏反应学［M］．北京：科学出版社，2009.

[14] 商成杰．纺织品抗菌及防螨整理［M］．北京：中国纺织出版社，2009.

[15] 吴伟南，欧剑峰，黄静玲．中国动物志（无脊椎动物　第四十七卷　蛛形纲　蜱螨亚纲　植绥螨科）［M］．北京：科学出版社，2009.

[16] 吴智慧，徐伟．软体家具制造工艺［M］．北京：中国林业出版社，2012.

[17] 刘志刚，胡赓熙．尘螨与过敏性疾病［M］．北京：科学出版社，2014.

[18] 王永广，周子鹏，梁锐坚．软体家具制造技术及应用［M］．北京：高等教育出版社，2014.

[19] 沈兆鹏．动物饲料中的螨类及其危害［J］．饲料博览，1996，8：21－22.

[20] 李隆术，赵志模．我国仓储昆虫研究和防治的回顾与展望［J］．昆虫知识，2000，37（2）：84－88.

[21] 罗佛全，刘志刚．螨变应原的研究进展［J］．中国寄生虫学与寄生虫病杂志，2002，20（6）：368－371.

[22] 孙劲旅，陈军．尘螨过敏原分子生物学特性［J］．国外医学寄生虫病分

册，2003，30（5）：196－202.

［23］张洪杰，张金桐，商成杰，等. 防尘螨药物的实验室药效测试方法［J］. 昆虫知识，2004，41（3）：275－278.

［24］孙劲旅，张宏誉，陈军，等. 尘螨与过敏性疾病的研究进展［J］. 北京医学，2004，26（3）：199－201.

［25］孙劲旅，陈军，张宏誉，等. 尘螨控制方法研究进展［J］. 国际呼吸杂志，2004，24（1）：47－50.

［26］李隆术. 储藏产品螨类的危害与控制［J］. 粮食储藏，2005，34（5）：3－7.

［27］李朝品，贺骥，王慧勇，等. 储藏中药材滋生粉螨的研究［J］. 热带病与寄生虫学，2005，3：143－146.

［28］刘婷，金道超. 螨类信息素研究进展［J］. 贵州农业科学，2005，33（2）：97－99.

［29］崔玉宝，何珍，李朝品. 居室环境中螨类的滋生与疾病［J］. 环境与健康杂志，2005，22（6）：500－502.

［30］杨庆贵，李朝品，等. 室内粉螨污染及控制对策［J］. 环境与健康杂志，2006，23（1）：81－82.

［31］练玉银，杨杏芬. 尘螨变应原含量检测研究进展［J］. 热带医学杂志，2006，6（5）：603－605.

［32］贾家祥，陈逸君，胡梅，等. 居室螨虫的危害及有效防治［J］. 中国洗涤用品工业，2007，3：58－61.

［33］练玉银，刘志刚，王红玉，等. 室内空调机滤尘网及空气中浮动尘螨变应原的测定［J］. 中国寄生虫学与寄生虫病杂志，2007，25（4）：325－328.

［34］商成杰，芳锡江. 纺织品防螨性能试验和评定标准的研究［J］. 纺织标准与质量，2008，1：31－35.

［35］吴桂华，刘志刚，孙新. 粉尘螨生殖系统形态学研究［J］. 昆虫学报，2008，51（8）：810－816.

［36］裴伟，海凌超，廖桂福，等. 粉尘螨和屋尘螨饲养及分离技术研究进展［J］. 中国病原生物学杂志，2009，4（8）：633－635.

［37］侯翠芳. 纺织品防螨技术的研究进展［J］. 江苏工程职业技术学院学报，2009，9（2）：13－17.

［38］李静，吴海强，刘志刚. 丁香花蕾油对粉尘螨杀灭活性的研究［J］. 中国寄生虫学与寄生虫病杂志，2009，27（6）：492－497.

［39］李静，吴海强，刘志刚. 肉桂提取物对粉尘螨杀灭的实验研究［J］. 中国人兽共患病学报，2009，25（10）：964－967.

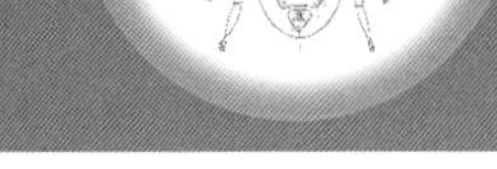

[40] 刘晓宇，吴捷，王斌，等. 中国不同地理区域室内尘螨的调查研究 [J]. 中国人兽共患病学报，2010，4：310－314.

[41] 裴伟，松冈裕之. 尘螨分离技术的研究进展 [J]. 热带医学杂志，2010，10 (9)：1149－1152.

[42] 刘晓宇，刘瑞涛，赖仞，等. 粉尘螨抗细菌活性物质的分离与鉴定 [J]. 热带医学杂志，2011，11 (5)：524－526.

[43] 裴伟，林贤荣，松冈裕之. 防治尘螨危害方法研究概述 [J]. 中国病原生物学杂志，2012，7 (8)：632－636.

[44] 马忠校，刘晓宇，杨小猛，等. 空气净化器降低室内尘螨过敏原含量及其免疫反应性的实验研究 [J]. 中国人兽共患病学报，2013，29 (2)：133－137.

[45] 付亚南，向莉. 室内尘螨过敏原监控及其对儿童哮喘防控效果研究进展 [J]. 环境与健康杂志，2013，30 (3)：274－278.

[46] 高学平，白学礼，马立名. 宁夏中气门螨调查报告（蜱螨亚纲）(7) [J]. 疾病预防控制通报，2014，29 (6)：18－21.

[47] 党敏，陆雅芳，王建平. 国内外功能性家用纺织品测试技术及标准的发展与应用 [J]. 纺织导报，2014，10：106－112.

[48] 甄辉，杨冠东，杜少平，等. 医用空气过滤装置对粉尘螨杀灭的实验研究 [J]. 江西师范大学学报（自然版），2017，41 (3)：238－241.

[49] ABBOTT J, CAMERON J, TAYLOR B. House dust mite counts in different types of mattresses, sheepskins and carpets, and a comparison of brushing and vacuuming collection methods [J]. Clin allergy, 1981, 11 (6): 589－595.

[50] ABIDIN S Z, MING H T. Effect of a commercial air ionizer on dust mites Dermatophagoides pteronyssinus and Dermatophagoides farinae (Acari: Pyroglyphidae) in the laboratory [J]. Asian Pac J Trop biomed, 2012, 2 (2): 156－158.

[51] BRONSWIJK J E VAN. Dermatophagoides pteronyssinus (Trouessary, 1897) in mattress and floor dust in a temperate climate (Acari: Pyroglyphidae) [J]. J Med entomol, 1973, 10 (1): 63－70.

[52] BURGES G E, LANG P G JR. Atopic dermatitis exacerbated by inhalant allergens [J]. Arch dermatol, 1987, 123 (11): 1437－1438.

[53] BECK H I, KORSGAARD J. Atopic dermatitis and house dust mites [J]. Br J dermatol, 1989, 120 (2): 245－251.

[54] BISCHOFF E, FISCHER A. New methods for the assessment of mite numbers and results obtained for several textile objects [J]. Aerobiologia, 1990, 6: 23－27.

[55] BISCHOFF E, FISCHER A, LIEBENBERG B. Assessment and control of house dust mite infestation [J]. Clin Ther, 1990, 12 (3): 216 - 220.

[56] BIGLIOCCHI F, FRUSTERI L, CARRIERI M P, et al. Distribution and density of house dust mites Dermatophagoides spp. (Acarina: Pyroglypidae) in the mattresses of two areas of Rome, Italy [J]. Parassitologia, 1996, 38 (3): 543 - 546.

[57] BOOR B E, SPILAK M P, CORSI R L, et al. Characterizing particle resuspension from mattresses: chamber study [J]. Indoor air, 2015, 25 (4): 441 - 456.

[58] BEERES D T, RAVENSBERGEN S J, HEIDEMA A, et al. Efficacy of ivermectin mass-drug administration to control scabies in asylum seekers in the Netherlands: A retrospective cohort study between January 2014-March 2016 [J]. PLoS Negl Trop Dis, 2018, 12 (5): e0006401.

[59] CAMIN J H. Observations on the life history and sensory behavior of the snake mite, Ophionyssus natricis (Gervais) (Acarina: Macronyssidae) [J]. Spec Publ Chicago Acad Sci, 1953, 10: 1 - 75.

[60] CUNNINGTON A M, GREGORY P H. Mites in bedroom air [J]. Nature, 1968, 217: 1271 - 1272.

[61] CHAPMAN M D, PLATTS-MILLS T A. Purification and characterization of the major allergen from Dermatophagoides pteronyssinus-antigen P1 [J]. J immunol, 1980, 125 (2): 587 - 592.

[62] CARSWELL F, ROBINSON D W, OLIVER J, et al. House dust mites in Bristol [J]. Clin allergy, 1982, 12 (6): 533 - 545.

[63] COLLOFF M J. Use of liquid nitrogen in the control of house dust mite populations [J]. Clin allergy, 1986, 16: 41 - 47.

[64] COLLOFF M J. Effects of temperature and relative humidity on development times and mortality of eggs from laboratory and wild populations of the European house-dust mite Dermatophagoides pteronyssinus (Acari: Pyroglyphidae) [J]. Exp Appl acarol, 1987, 3 (4): 279 - 289.

[65] CHAPMAN M D, HEYMANN P W, WILKINS S R, et al. Monoclonal immunoassays for major dust mite (Dermatophagoides) allergens, Der p I and Der f I, and quantitative analysis of the allergen content of mite and house dust extracts [J]. J allergy clin immunol, 1987, 80 (2): 184 - 194.

[66] CHARPIN D, BIRNBAUM J, HADDI E, et al. Altitude and allergy to house-dust mites: a paradigm of the influence of environmental exposure on allergic sensitization [J]. Am Rev respir Dis, 1991, 143: 983 - 986.

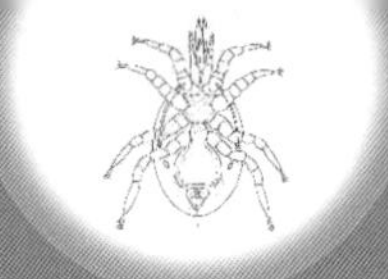

[67] COLLOFF M J, STEWART G A, THOMPSON P J. House dust acarofauna and Der f I equivalent in Australia: the relative importance of Dermatophagoides pteronyssinus and *Euroglyphus maynei* [J]. Clin Exp allergy, 1991, 21: 225 -230.

[68] COLLOFF M J, AYRES J, CARSWELL F, et al. The control of allergens of dust mites and domestic pets: a position paper [J]. Clin Exp allergy, 1992, 22: 1 -28.

[69] CHANT D A. Trends in the discovery of new species and adult setal patterns in the family Phytoseiidae (acari: gamasina), 1839 - 1989 [J]. International journal of acarology, 1992, 18: 323 -362.

[70] COLLOFF M, TAYLOR C, MERRETT T G. The use of domestic steam cleaning for the control of house dust mites [J]. Clin Exp allergy, 1995, 25 (11): 1061 -1066.

[71] CUSTOVIC A, GREEN R, SMITH A, et al. New mattresses: how fast do they become a significant source of exposure to house dust mite allergens? [J] Clin Exp allergy, 1996, 26 (11): 1243 -1245.

[72] Carswell F, Oliver J, Weeks J. Do mite avoidance measures affect mite and cat airborne allergens? [J] Clin Exp allergy, 1999, 29 (2): 193 -200.

[73] CAMERON M M, HILL N. Permethrin-impregnated mattress liners: a novel and effective intervention against house dust mites (Acari: Pyroglyphididae) [J]. J Med entomol, 2002, 39 (5): 755 -762.

[74] CHANT D A, MCMURTRY J A. A review of the subfamily Amblyseiinae Muma (Acari: Phytoseiidae): Part I. Neoseiulini new tribe [J]. International journal of acarology, 2003, 29: 3 -46.

[75] CHANG C F, WU F F, CHEN C Y, et al. Effect of freezing, hot tumble drying and washing with eucalyptus oil on house dust mites in soft toys [J]. Pediatr allergy immunol, 2011, 22 (6): 638 -641.

[76] CRUMP A. Ivermectin: enigmatic multifaceted "wonder" drug continues to surprise and exceed expectations [J]. J antibiot (Tokyo), 2017, 70 (5): 495 -505.

[77] CHEN I S, KUBO Y. Ivermectin and its target molecules: shared and unique modulation mechanisms of ion channels and receptors by ivermectin [J]. J physiol, 2018, 596 (10): 1833 -1845.

[78] CASLEY L S, GODEC T, LOGAN J G, et al. How clean is your house? A study of house dust mites, allergens and other contents of dust samples collected from households [J]. Int J environ health Res, 2018, 28 (4): 341 -357.

[79] DUSBÁBEK F. Population structure and dynamics of the house dust mite Dermatophagoides farinae (Acarina: Pyroglyphidae) in Czechoslovakia [J]. Folia parasitol (Praha), 1975; 22 (3): 219-231.

[80] DANDEU J P, LE MAO J, LUX M, et al. Antigens and allergens in Dermatophagoïdes farinae mite. II. Purification of AG f1, a major allergen in Dermatophagoïdes farinae [J]. Immunology, 1982, 46 (4): 679-687.

[81] DE BOER R, VAN DER GEEST L P. House-dust mite (Pyroglyphidae) populations in mattresses, and their control by electric blankets [J]. Exp Appl acarol, 1990, 9 (1-2): 113-122.

[82] DE BLAY F, HEYMANN P W, CHAPMAN M D, et al. Airborne dust mite allergens: comparison of group II allergens with group I mite allergens and cat-allergen Fel d I [J]. J allergy clin immunol, 1991, 88: 919-926.

[83] DE BOER R, KULLER K. Mattresses as a winter refuge for house-dust mite populations [J]. Allergy, 1997, 52 (3): 299-305.

[84] DE OLIVEIRA C H, BINOTTI R S, MUNIZ J R, et al. Comparison of house dust mites found on different mattress surfaces [J]. Ann allergy asthma immunol, 2003, 91 (6): 559-562.

[85] DEMITE P R, MCMURTRY J A, DE MORAES G J. Phytoseiidae database: a website for taxonomic and distributional information on phytoseiid mites (Acari) [J]. Zootaxa, 2014, 3795: 571-577.

[86] EHARA S. Illustrations of the mites and ticks of Japan [J]. First Edition. Tokyo: ZenKoKu NoSon KyoIKu KyoKai, 1980.

[87] ERNIEENOR F C, HO T M. Effects of microwave radiation on house dust mites, Dermatophagoides pteronyssinus and Dermatophagoides farinae (Astigmata: Pyroglyphidae) [J]. Southeast Asian J Trop Med public health, 2010, 41 (6): 1335-1341.

[88] EL-GHITANY E M, ABD EL-SALAM M M. Environmental intervention for house dust mite control in childhood bronchial asthma [J]. Environ health Prev Med, 2012, 17 (5): 377-384.

[89] ELHAWARY N M, SOROUR SSGH, EL-ABASY M A, et al. A trial of doramectin injection and ivermectin spot-on for treatment of rabbits artificially infested with the ear mite "Psoroptes cuniculi" [J]. Pol J Vet Sci, 2017, 20 (3): 521 - 525.

[90] FURUMIZO R T. The biology and ecology of the house-dust mite Dermatophagoides farinae hughes, (Acarina: Pyroglyphidae). In: Ph. D. Disssertation, University of California, America [J]. Riverside, 1961: 143.

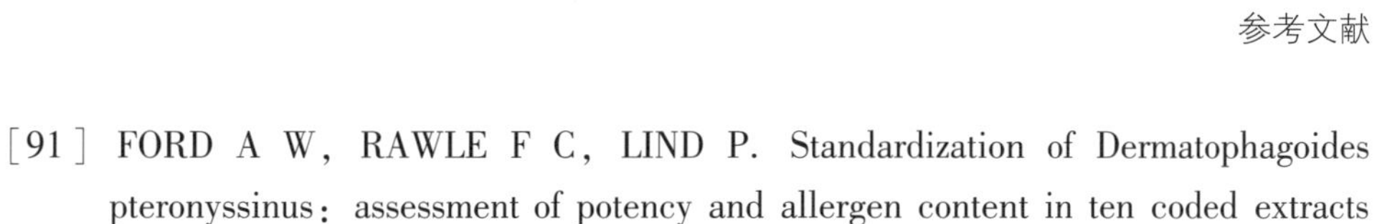

[91] FORD A W, RAWLE F C, LIND P. Standardization of Dermatophagoides pteronyssinus: assessment of potency and allergen content in ten coded extracts [J]. Int Arch allergy Appl immunol, 1985, 76 (1): 58 -67.

[92] FAIN A, HART B J. A new, simple technique for extraction of mites, using the difference in density between ethanol and saturated NaCl [J]. Acarologia, 1986, 27: 255 -256.

[93] FLEMING D M, CROMBIE D L. Prevalence of asthma and hay fever in England and Wales [J]. Br Med J, 1987, 294 (6567): 279 -283.

[94] FURUNO T, TERADA Y, YANO S, et al. Activities of leaf oils and their components from Lauraceae trees against house dust mites [J]. Mokuzai Gakkaishi, 1994, 40: 78 -87.

[95] FENG M, YANG Z, PAN L, et al. Associations of early life exposures and environmental factors with asthma among children in rural and urban areas of Guangdong, China [J]. Chest, 2016, 149 (4): 1030 -1041.

[96] GUTGESELL C, HEISE S, SEUBERT S, et al. Double-blind placebo-controlled house dust mite control measures in adult patients with atopic dermatitis [J]. Br J dermatol, 2001, 145 (1): 70 -74.

[97] GEHRING U, DE JONGSTE J C, KERKHOF M, et al. The 8-year follow-up of the PIAMA intervention study assessing the effect of mite-impermeable mattress covers [J]. Allergy, 2012, 67 (2): 248 -256.

[98] HUGHES T E. The functional morphology of the mouthparts of the mite Anoetus sapromyzarum Dufour, 1839, compared with those of the more typical Sarcoptiformes [J]. Proc Acad Sci Amst, 1953, 56C: 278 -287.

[99] HAMMEN L VAN DER. Notes on the morphology of Alycus roseus C. L. Koch [J]. Zool Meded, 1969, 43: 177 -202.

[100] HAMMEN L VAN DER. A revised classification of the mites (Arachnidea, Acarida) with diagnoses, a key, and notes on phylogeny [J]. Zool Meded, 1972, 47: 273 -292.

[101] HUGHES A M, MAUNSELL K. A study of a population of house dust mite in its natural environment [J]. Clin allergy, 1973, 3 (2): 127 -131.

[102] HELLER-HAUPT A, BUSVINE J R. Tests of acaricides against house dust mite [J]. J Med Ent, 1974, 11 (5): 551 -558.

[103] HAMMEN, L VAN DER. A new classification of Chelicerata [J]. Zool Meded, 1977, 51: 307 -319.

[104] HEYMANN P W, CHAPMAN M D, PLATTS-MILLS T A. Antigen Der f I from the dust mite Dermatophagoides farinae: structural comparison with Der p

I from Dermatophagoides pteronyssinus and epitope specificity of murine IgG and human IgE antibodies [J]. J immunol, 1986, 137 (9): 2841 -2847.

[105] HART B J, FAIN A. A new technique for isolation of mites exploiting the difference in density between ethanol and saturated NaCl: Qualitative and quantitative studies [J]. Acarologia, 1987, 28 (3): 251 -254.

[106] HURTADO I, PARINI M. House dust mites in Caracas, Venezuela [J]. Ann allergy, 1987, 59 (2): 128 -130.

[107] HORN N, LIND P. Selection and characterization of monoclonal antibodies against a major allergen in D. pteronyssinus: species-specific and common epitopes in three Dermatophagoides species [J]. Int Arch allergy immunol, 1987, 83: 404 -409.

[108] HEYMANN P W, CHAPMAN M D, AALBERSE R C, et al. Antigenic and structural analysis of group II allergens (Der f II and Der p II) from house dust mites (Dermatophagoides spp.) [J]. J allergy clin immunol, 1989, 83: 1055 -1067.

[109] HARVING H, KORSGAARD J, DAHL R. House dust mites and atopic dermatitis: a case-control study on the significance of house dust mites as etiologic allergens in atopic dermatitis [J]. Ann allergy, 1990, 65 (1): 25 -31.

[110] HOYET C, BESSOT J C, LE MAO J, et al. Comparison between Der p I plus Der f I content determinations and guanine measurements in 239 house dust samples [J]. J allergy clin immunol, 1991, 88 (4): 678 -680.

[111] HAYDEN M L, ROSE G, DIDUCH K B, et al. Benzyl benzoate moist powder: Investigation of acarical activity in cultures and reduction of dust mite allergens in carpets [J]. J allergy clin immunol, 1992, 89 (2): 536 -545.

[112] HILL M R. Quantification of house-dust-mite populations [J]. Allergy, 1998, 53 (48): 18 -23.

[113] HANIFAH A L, AWANG S H, MING H T, et al. Acaricidal activity of Cymbopogon citratus and Azadirachta indica against house dust mites [J]. Asian Pac J Trop biomed, 2011, 1 (5): 365 -369.

[114] HASHIMOTO T, MOTOYAMA N, MIZUTANI K. Evaluation of the acaricidal efficacy of sixteen chemicals to three species of house dust mite, Dermatophagoides farinae, Tyrophagus putrescentiae and Blomia tropicalis, by filter paper contact method [J]. Medical entomology zoology, 2016, 50: 349 -354.

[115] IKEDA H, ISHIKAWA J, HANAMOTO A, et al. Complete genome sequence and comparative analysis of the industrial microorganism Streptomyces avermitilis [J]. Nat biotechnol, 2003, 21 (5): 526 -531.

[116] JEONG K Y, JIN H S, OH S H, et al. Monoclonal antibodies to recombinant Der f 2 and development of a two-site ELISA sensitive to major Der f 2 isoallergen in Korea [J]. Allergy, 2002, 57 (1): 29 – 34.

[117] JEONG K Y, LEE I Y, REE H I, et al. Localization of Der f 2 in the gut and fecal pellets of Dermatophagoides farinae [J]. Allergy, 2002, 57 (8): 729 – 731.

[118] JANG Y S, LEE C H, KIM M K, et al. Acaricidal activity of active constituent isolated in Chamaecyparis obtusa leaves against Dermatophagoides spp [J]. J agric food chem, 2005, 53 (6): 1934 – 1937.

[119] JEONG E Y, KIM M G, LEE H S. Acaricidal activity of triketone analogues derived from Leptospermum scoparium oil against house-dust and stored-food mites [J]. Pest Manag Sci, 2009, 65 (3): 327 – 331.

[120] JEON J H, YANG J Y, CHUNG N, et al. Contact and fumigant toxicities of 3-methylphenol isolated from Ostericum koreanum and its derivatives against house dust mites [J]. J agric food chem, 2012, 60 (50): 12349 – 12354.

[121] JEON J H, KIM M G, LEE H S. Acaricidal activities of bicyclic monoterpene ketones from Artemisia iwayomogi against Dermatophagoides spp [J]. Exp Appl acarol, 2014, 62 (3): 415 – 422.

[122] JEON J H, YANG J Y, LEE H S. Evaluation of the acaricidal toxicities of camphor and its structural analogues against house dust mites by the impregnated fabric disc method [J]. Pest Manag Sci, 2014, 70 (7): 1030 – 1032.

[123] JOHANNA E M H VAN BRONSWIJK. House Dust Biology. Interuniversity Task Group "Home and Health" [J]. The Netherlands, 1990.

[124] KORSGAARD J. Preventive measures in hose-dust allergy [J]. Am Rev respir Dis, 1982, 125 (1): 80 – 84.

[125] KORSGAARD J. House-dust mites and absolute indoor humidity [J]. Allergy, 1983, 38 (2): 85 – 92.

[126] KORSGAARD J. Mite asthma and residency. A case-control study on the impact of exposure to house dust mites in dwellings [J]. Am Rev respir Dis, 1983, 128 (2): 231 – 235.

[127] KAINKA E, UMBACH K H, MÜSKEN H. Encasing evaluation: studies of dust retention and water permeability [J]. Pneumologie, 1997, 51 (1): 2 – 9.

[128] KWON J H, AHN Y J. Acaricidal activity of butylidenephthalide identified in Cnidium officinale rhizome against Dermatophagoides farinae and Dermatophagoides pteronyssinus (Acari: Pyroglyphidae) [J]. J agric food chem, 2002,

50 (16): 4479 -4483.

[129] KWON J H, AHN Y J. Acaricidal activity of Cnidium officinale rhizome-derived butylidenephthalide against Tyrophagus putrescentiae (Acari: Acaridae) [J]. Pest Manag Sci, 2003, 59 (1): 119 -123.

[130] KIM E H, KIM H K, AHN Y J. Acaricidal activity of clove bud oil compounds against Dermatophagoides farinae and Dermatophagoides pteronyssinus (Acari: Pyroglyphidae) [J]. J agric food chem, 2003, 51 (4): 885 - 889.

[131] KIM H K, TAK J H, AHN Y J. Acaricidal activity of Paeonia suffruticosa root bark-derived compounds against Dermatophagoides farinae and Dermatophagoides pteronyssinus (Acari: Pyroglyphidae) [J]. J agric food chem, 2004, 52 (26): 7857 -7861.

[132] KANG S W, KIM H K, LEE W J, et al. Toxicity of bisabolangelone from Ostericum koreanum roots to Dermatophagoides farinae and Dermatophagoides pteronyssinus (Acari: Pyroglyphidae) [J]. J agric food chem, 2006, 54 (10): 3547 -3550.

[133] KIM S I, KIM H K, KOH Y Y, et al. Toxicity of spray and fumigant products containing cassia oil to Dermatophagoides farinae and Dermatophagoides pteronyssinus (Acari: Pyroglyphidae) [J]. Pest Manag Sci, 2006, 62 (8): 768 -774.

[134] KIM H K, YUN Y K, AHN Y J. Toxicity of atractylon and atractylenolide III Identified in Atractylodes ovata rhizome to Dermatophagoides farinae and Dermatophagoides pteronyssinus [J]. J agric food chem, 2007, 55 (15): 6027 -6031.

[135] KIM H K, YUN Y K, AHN Y J. Fumigant toxicity of cassia bark and cassia and cinnamon oil compounds to Dermatophagoides farinae and Dermatophagoides pteronyssinus (Acari: Pyroglyphidae) [J]. Exp Appl acarol, 2008, 44 (1): 1 -9.

[136] KIM J R, SHARMA S. Acaricidal activities of clove bud oil and red thyme oil using microencapsulation against HDMs [J]. J microencapsul, 2011, 28 (1): 82 -91.

[137] KHAN M A, JONES I, LOZA-REYES E, et al. Interference in foraging behaviour of European and American house dust mites Dermatophagoides pteronyssinus and Dermatophagoides farinae (Acari: Pyroglyphidae) by catmint, Nepeta cataria (Lamiaceae) [J]. Exp Appl acarol, 2012, 57 (1): 65 -74.

[138] KIM C R, JEONG K Y, YI M H, et al. Crossreactivity between group-5 and-21 mite allergens from Dermatophagoides farinae, Tyrophagus putrescentiae and Blomia tropicalis [J]. Mol Med Rep, 2015, 12 (4): 5467 - 5474.

[139] KIM J R, PERUMALSAMY H, KWON M J, et al. Toxicity of hiba oil constituents and spray formulations to American house dust mites and copra mites [J]. Pest Manag Sci, 2015, 71 (5): 737 - 743.

[140] KIM J R, PERUMALSAMY H, SHIN H M, et al. Toxicity of Juniperus oxycedrus oil constituents and related compounds and the efficacy of oil spray formulations to Dermatophagoides farinae (Acari: Pyroglyphidae) [J]. Exp Appl acarol, 2017, 73 (3 - 4): 385 - 399.

[141] KIM J R. Eucalyptus oil-loaded microcapsules grafted to cotton fabrics for acaricidal effect against Dermatophagoides farinae [J]. J microencapsul, 2017, 34 (3): 262 - 269.

[142] KIDO N, AKUTA T, TARUI H, et al. New techniques to collect live Sarcoptes scabiei and evaluation of methods as alternative diagnostics for infection [J]. Parasitol Res, 2017, 116 (3): 1039 - 1042.

[143] LIND P, KORSGAARD J, LØWENSTEIN H. Detection and quantitation of Dermatophagoides antigens in house dust by immunochemical techniques [J]. Allergy, 1979, 34 (5): 319 - 326.

[144] LIND P. Demonstration of close physicochemical similarity and partial immunochemical identity between the major allergen, Dp42, of the house dust mite, D. pteronyssinus and corresponding antigens of D. farinae (Df6) and D. microceras (Dm6) [J]. Int arch allergy Appl immunol, 1986, 79 (1): 60 - 65.

[145] LIND P. Enzyme-linked immunosorbent assay for determination of major excrement allergens of house dust mite species D. pteronyssinus, D. farinae and D. microceras [J]. Allergy, 1986, 41 (6): 442 - 451.

[146] LUCZYNSKA C M, ARRUDA L K, PLATTS-MILLS T A E, et al. A two-site monoclonal antibody ELISA for the quantitation of the major Dermatophagoides spp. allergens, Der p I and Der f I [J]. J immunol meth, 1989, 118: 227 - 235.

[147] LE MAO J, PAULI G, TEKAIA F, et al. Guanine content and Dermatophagoides pteronyssinus allergens in house dust samples [J]. J allergy clin immunol, 1989, 83 (5): 926 - 933.

[148] LAU S, FALKENHORST G, WEBER A, et al. High mite-allergen exposure increases the risk of sensitization in atopic children and young adults [J]. J al-

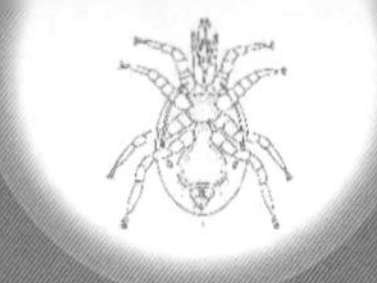

lergy clin immunol, 1989, 84 (5): 718 - 725.

[149] LOMBARDERO M, HEYMANN P W, PLATTS-MILLS T A, et al. Conformational stability of B cell epitopes on group I and group II Dermatophagoides spp. allergens. Effect of thermal and chemical denaturation on the binding of murine IgG and human IgE antibodies [J]. J immunol, 1990, 144: 1353 - 1360.

[150] LAU S, WAHN J, SCHULZ G, et al. Placebo-controlled study of the mite allergen-reducing effect of tannic acid plus benzyl benzoate on carpets in homes of children with house dust mite sensitization and asthma [J]. Pediatr allergy immunol, 2002, 13 (1): 31 - 36.

[151] LEE H S. p-Anisaldehyde: acaricidal component of Pimpinella anisum seed oil against the house dust mites Dermatophagoides farinae and Dermatophagoides pteronyssinus [J]. Planta Med, 2004, 70 (3): 279 - 281.

[152] LEE H S. Acaricidal effects of quinone and its congeners and color alteration of Dermatophagoides spp. with quinone [J]. J microbiol biotechnol, 2007, 17 (8): 1394 - 1398.

[153] LIM J H, KIM H W, JEON J H, et al. Acaricidal constituents isolated from Sinapis alba L. seeds and structure-activity relationships. J agric food chem, 2008, 56 (21): 9962 - 9966.

[154] LEE C H, LEE H S. Acaricidal activity and function of mite indicator using plumbagin and its derivatives isolated from Diospyros kaki Thunb. roots (Ebenaceae) [J]. J microbiol biotechnol, 2008, 18 (2): 314 - 321.

[155] LEE C H, KIM H W, LEE H S. Acaricidal properties of piperazine and its derivatives against house-dust and stored-food mites [J]. Pest Manag Sci, 2009, 65 (6): 704 - 710.

[156] LEE J H, KIM J R, KOH Y R, et al. Contact and fumigant toxicity of Pinus densiflora needle hydrodistillate constituents and related compounds and efficacy of spray formulations containing the oil to Dermatophagoides farinae [J]. Pest Manag Sci, 2013, 69 (6): 696 - 702.

[157] LEE M J, PARK J H, LEE H S. Acaricidal toxicities and synergistic activities of Salvia lavandulifolia oil constituents against synanthropic mites [J]. Pest Manag Sci, 2018, 74 (11): 2468 - 2479.

[158] MATSUMOTO K, ANBE K, SATO K, et al. Breeding and protection of Tyrophagus Dimidiatus in tatami [J]. Journal of Tokyo Women's Medical University, 1966, 36 (4): 145 - 150.

[159] MAUNSELL K, WRAITH D G, CUNNINGTON A M. Mites and house dust allergy in bronchial asthma [J]. Lancet, 1968, 1: 1267 - 1270.

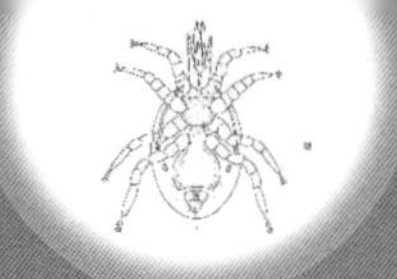

[160] MULLA M S, HARKRIDER J R, GALANT S P, et al. Some house-dust control measures and abundance of Dermatophagoides mites in southern California (Acari: Pyroglyphidae) [J]. J Med entomol, 1975, 12 (1): 5-9.

[161] MIYAMOTO J, OUCHI T. Ecological studies of house dust mites. Seasonal changes in mite populations in house dust in Japan [J]. Jpn J sanit zool, 1976, 27 (3): 251-259.

[162] MUMCUOGLU Y. The biology of the house dust mite Dermatophagoides pteronyssinus (Trouessart, 1897) (Acarina: Astigmata). I. Colonization of mites on new matresses [J]. Allerg immunol (Leipz), 1976, 22 (2): 127-131.

[163] MANTON S M (1977). The Arthropoda. Habits, functional morphology, and evolution [M]. Oxford: Oxford Univ. Press, 1977: xxii+527

[164] MURRAY A B, FERGUSON A C. Dust-free bedrooms in the treatment of asthmatic children with house dust or house dust mite allergy: a controlled trial [J]. Pediatrics, 1983, 71 (3): 418-422.

[165] MITCHELL E B, WILKINS S R, DEIGHTON J M, et al. Reduction of house dust allergen levels in the home: use of acaricide pirimiphos-methyl [J]. Clin allergy, 1985, 15: 235-240.

[166] MOSBECH H, LIND P. Collection of house dust for analysis of mite allergens. Allergen-reducing effect of a self-administered procedure [J]. Allergy, 1986, 41 (5): 373-378.

[167] MOSBECH H, KORSGAARD J, LIND P. Control of house dust mites by electrical heating blankets [J]. J allergy clin immunol, 1988, 81 (4): 706-710.

[168] MORIYA K. Extractions of mites from house dust and an introduction of a simple and efficient method [J]. Pest control Res, 1988, 3: 1-8.

[169] MOSBECH H, JENSEN A, HEINIG J H, et al. House dust mite allergens on different types of mattresses [J]. Clin Exp allergy, 1991, 21 (3): 351-355.

[170] MAHAKITTIKUN V, BOITANO J J, TOVEY E, et al. Mite penetration of different types of material claimed as mite proof by the Siriraj chamber method [J]. J allergy clin immunol, 2006, 118 (5): 1164-1168.

[171] MAHAKITTIKUN V, BOITANO J J, NINSANIT P, et al. Effects of high and low temperatures on development time and mortality of house dust mite eggs [J]. Exp Appl acarol, 2011, 55 (4): 339-347.

[172] MAHAKITTIKUN V, SOONTHORNCHAREONNON N, FOONGLADDA S, et

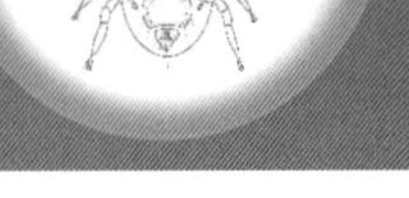

al. A preliminary study of the acaricidal activity of clove oil, Eugenia caryophyllus [J]. Asian Pac J allergy immunol, 2014, 32 (1): 46 –52.

[173] MANUYAKORN W, PADUNGPAK S, LUECHA O, et al. Assessing the efficacy of a novel temperature and humidity control machine to minimize house dust mite allergen exposure and clinical symptoms in allergic rhinitis children sensitized to dust mites: a pilot study [J]. Asian Pac J allergy immunol, 2015, 33 (2): 129 –135.

[174] MOUNSEY K E, WALTON S F, INNES A, et al. In Vitro Efficacy of Moxidectin versus Ivermectin against Sarcoptes scabiei [J]. Antimicrob agents chemother, 2017, 61 (8). pii: e00381 –17.

[175] NEWKIRK R A, KEIFER H H (1971). Eriophyid studies C –5. Revision of types of Eriophyes and Phytoptus [J]. Agr. Res. Serv. U. S. Dept. Agr. 1971: 1 –24.

[176] NORRIS P G, SCHOFIELD O, CAMP R D. A study of the role of house dust mite in atopic dermatitis [J]. Br J dermatol, 1988, 118 (3): 435 –440.

[177] NATUHARA Y. New wet sieving method for isolating house dust mites [J]. Jpn J sanit zool, 1989, 40 (4): 333 –336.

[178] NAGAI K, SUNAZUKA T, SHIOMI K, et al. Synthesis and biological activities of novel 4-alkylidene avermectin derivatives [J]. Bioorg Med chem lett, 2003, 13 (22): 3943 –3946.

[179] NAM H S, LEE S H, CHOI Y J, et al. Effect of Activated Charcoal Fibers on the Survival of the House Dust Mite, Dermatophagoides pteronyssinus: A Pilot Study [J]. ISRN allergy, 2012, 2012: 868170.

[180] OSHIMA S. Observations of floor mites collected in Yokohama 1. On the mites found in several schools in summer [J]. Jap J sanit zool, 1964, 15 (4): 233 –244.

[181] OSHIMA S. Mite fauna in house dust collected from all around Japan, with a particular reference for mealia spp. dominant in the house dust [J]. Ann Rep Yokohama Inst Hlth, 1967, 6: 55 –60.

[182] OSHIMA S. Studies on the mite fauna of the house-dust of Japan and Taiwan with special reference to house-dust allergy [J]. Jap sanit zool, 1970, 21 (1): 1 –17.

[183] OSHIMA S. A method of determining mite from house dust [J]. Clinical examination, 1974, 18 (4): 73 –82.

[184] OWEN S, MORGANSTERN M, HEPWORTH J. Control of house dust mite antigen in bedding [J]. Lancet, 1990, 335: 396 –397.

[185] OVSYANNIKOVA I G, VAILES L D, LI Y, HEYMANN P W, et al. Monoclonal antibodies to group II Dermatophagoides spp. allergens: murine immune response, epitope analysis, and development of a two-site ELISA [J]. J allergy clin immunol, 1994, 94 (3): 537 -546.

[186] OOSTING A J, DE BRUIN-WELLER M S, TERREEHORST I, et al. Effect of mattress encasings on atopic dermatitis outcome measures in a double-blind, placebo-controlled study: the Dutch mite avoidance study [J]. J allergy clin immunol, 2002, 110 (3): 500 -506.

[187] OH M S, YANG J Y, LEE H S. Acaricidal toxicity of 2′-hydroxy-4′-methylacetophenone isolated from angelicae Koreana roots and structure-activity relationships of its derivatives [J]. J agric food chem, 2012, 60 (14): 3606 -3611.

[188] ONG K H, LEWIS R D, DIXIT A, et al. Inactivation of dust mites, dust mite allergen, and mold from carpet [J]. J occup environ hyg, 2014, 11 (8): 519 -527.

[189] OH M S, YANG J Y, KIM M G, et al. Acaricidal activities of β-caryophyllene oxide and structural analogues derived from Psidium cattleianum oil against house dust mites [J]. Pest Manag Sci, 2014, 70 (5): 757 -762.

[190] PLATTS-MILLS T A, MITCHELL E B, ROWNTREE S, et al. The role of dust mite allergens in atopic dermatitis [J]. Clin Exp dermatol, 1983, 8 (3): 233 -247.

[191] PLATTS-MILLS T A, HEYMANN P W, CHAPMAN M D, et al. Cross-reacting and species-specific determinants on a major allergen from Dermatophagoides pteronyssinus and D. farinae: development of a radioimmunoassay for antigen P1 equivalent in house dust and dust mite extracts [J]. J allergy clin immunol, 1986, 78 (3): 398 -407.

[192] PLATTS-MILLS TAE, CHAPMAN M D. Dust mites: Immunology, allergic disease, and environmental control [J]. J allergy clin immunol, 1987, 80: 755 -775.

[193] PLATTS-MILLS T A, HAYDEN M L, CHAPMAN M D, et al. Seasonal variation in dust mite and grass-pollen allergens in dust from the houses of patients with asthma [J]. J allergy clin immunol, 1987, 79 (5): 781 -791.

[194] PAULI G, DIETEMANN A, OTT M, ET AL. Levels of mite allergens and guanine after use of an acaricidal preparation or cleaning solution in highly infested mattresses and dwellings [J]. J allergy clin immunol, 1991, 87: 321.

[195] PLATTS-MILLS T A E, SPORIK R B, WARD G W, et al. Dose-response re-

lationship between asthma and exposure indoor allergens [J]. Prog allergy clin immunol, 1995, 84: 718 -725.

[196] PORTNOY J, MILLER J D, WILLIAMS P B, et al. Environmental assessment and exposure control of dust mites: a practice parameter [J]. Ann allergy asthma immunol, 2013, 111 (6): 465 -507.

[197] PERUMALSAMY H, KIM J Y, KIM J R, et al. Toxicity of basil oil constituents and related compounds and the efficacy of spray formulations to Dermatophagoides farinae (Acari: Pyroglyphidae) [J]. J Med entomol, 2014, 51 (3): 650 -657.

[198] PANAHI Y, POURSALEH Z, GOLDUST M. The efficacy of topical and oral ivermectin in the treatment of human scabies [J]. Ann parasitol, 2015, 61 (1): 11 -16.

[199] RANSOM J H, LEONARD J, WASSERSTEIN R L. Acarex test correlates with monoclonal antibody test for dust mites. J allergy clin immunol, 1991, 87: 886 -888.

[200] REE H I, LEE I Y, KIM T E, et al. Mass culture of house dust mite, Dermatophagoides farinae and D. pteronyssinus (Acari: Pyroglyphidae) [J]. Med entomol zool, 1997, 48 (2): 109 -116.

[201] RIJSSENBEEK-NOUWENS L H, OOSTING A J, DE BRUIN-WELLER M S, et al. Clinical evaluation of the effect of anti-allergic mattress covers in patients with moderate to severe asthma and house dust mite allergy: a randomised double blind placebo controlled study [J]. Thorax, 2002, 57 (9): 784 -790.

[202] RIM I S, JEE C H. Acaricidal effects of herb essential oils against Dermatophagoides farinae and D. pteronyssinus (Acari: Pyroglyphidae) and qualitative analysis of a herb Mentha pulegium (pennyroyal) [J]. Korean J parasitol, 2006, 44 (2): 133 -138.

[203] RAHEL J, JONASOVA E, NESVORNA M, et al. The toxic effect of chitosan/metal-impregnated textile to synanthropic mites [J]. Pest Manag Sci, 2013, 69 (6): 722 -726.

[204] SASA M, MATSUMOTO K, MIURA A, et al. Saturated saline floatation method, a new and simple technic for the detection of grain mites in stored food products and drugs [J]. Jap J Exp Med, 1961, 31: 341 -349.

[205] SASA M, MATSUMOTO K, MIURA A, et al. The detection of acaridae in stored food and drug by saturated saline floatation method [J]. Food hygiene research, 1961, 11 (9): 3 -5.

[206] SPIEKSMA F T, SPIEKSMA-BOEZEMAN M I. The mite fauna of house dust with particular reference to the house-dust mite Dermatophagoides pteronyssinus (Trouessart, 1897) (Psoroptidae: Sarcoptiformes) [J]. Acarologia, 1967, 9 (1): 226 -241.

[207] SHINOHARA S, SASA M, MIYAMOTO J, et al. Comparative studies on the methods for detection of mites from house dust and straw. Jap sanit zool, 1970, 21 (3): 166 -171.

[208] SASA M, MIYAMOTO J, SHINOHARA S, et al. Studies on mass culture and isolation of Dermatophagoides farinae and some other mites associated with house dust and stored food. Jpn J Exp Med, 1970, 40 (5): 367 -382.

[209] SHAMIYEH N B, WOODIEL N L, HORNSBY R P, et al. Isolation of mites from house dust. J Econ entomol, 1971, 64: 53 -55.

[210] SMITH J W, H B BOUDREAUX. An autoradiographic search for the site of fertilization in spider mites. Ann Ent Soc Amer, 1972, 65: 69 -74.

[211] SAVORY T. Arachnida [M]. 2nd Ed. London: Academic Press, 1997: xi +340.

[212] STEWART G A, TURNER K J. Physicochemical and immunochemical characterization of the allergens from the mite Dermatophagoides pteronyssinus [J]. Aust J Exp Biol Med Sci, 1980, 58 (3): 259 -274.

[213] SWANSON M C, AGARWAL M K, REED C E. An immunochemical approach to indoor aeroallergen quantitation with a new volumetric air sampler: studies with mite, roach, cat, mouse, and guinea pig antigens [J]. J allergy clin immunol, 1985, 76 (5): 724 -729.

[214] SAKAGUCHI M, INOUYE S, YASUEDA H, et al. Measurement of allergens associated with dust mite allergy. II. concentrations of airborne mite allergens (Der I and Der II) in the House [J]. Int arch allergy immunol, 1989, 90: 190 -193.

[215] SAKAKI I, ITO H, SUTO C, et al. An improved floatation method with saturated sodium chloride solution for isolating house dust mites [J]. Jpn J sanit zool, 1991, 42 (1): 43 -46.

[216] SCHOBER G, KNIEST F M, KORT H S, et al. Comparative efficacy of house dust mite extermination products [J]. Clin Exp allergy, 1992, 22 (6): 618 -626.

[217] SHARMA M C, OHIRA T, YATAGI M. Extractives of Neolitsea sericea — a new hydroxy steroidal ketone, and other compounds from the heartwood of Neolitsea sericea [J]. Mokuzai Gakkaishi, 1993, 39: 939 -943.

[218] SÁNCHEZ-RAMOS I I, CASTAÑERA P. Acaricidal activity of natural monoterpenes on Tyrophagus putrescentiae (Schrank), a mite of stored food [J]. J stored prod Res, 2000, 37 (1): 93 - 101.

[219] SCHEI M A, HESSEN J O, LUND E. House-dust mites and mattresses. Allergy, 2002, 57 (6): 538 - 542.

[220] SIDENIUS K E, HALLAS T E, POULSEN L K, et al. House dust mites and their allergens in Danish mattresses-results from a population based study [J]. Ann agric environ Med, 2002, 9 (1): 33 - 39.

[221] SIDENIUS K E, HALLAS T E, BRYGGE T, et al. House dust mites and their allergens at selected locations in the homes of house dust mite-allergic patients [J]. Clin Exp allergy, 2002, 32 (9): 1299 - 1304.

[222] SAAD EL-Z, HUSSIEN R, SAHER F, et al. Acaricidal activities of some essential oils and their monoterpenoidal constituents against house dust mite, Dermatophagoides pteronyssinus (Acari: Pyroglyphidae) [J]. J Zhejiang Univ Sci B, 2006, 7 (12): 957 - 962.

[223] SKELTON A C, CAMERON M M, PICKETT J A, et al. Identification of neryl formate as the airborne aggregation pheromone for the American house dust mite and the European house dust mite (Acari: Epidermoptidae) [J]. J Med entomol, 2010, 47 (5): 798 - 804.

[224] SONG H Y, YANG J Y, SUH J W, et al. Acaricidal activities of apiol and its derivatives from Petroselinum sativum seeds against Dermatophagoides pteronyssinus, Dermatophagoides farinae, and Tyrophagus putrescentiae [J]. J agric food chem, 2011, 59 (14): 7759 - 7764.

[225] SCHALLER M, GONSER L, BELGE K, et al. Dual anti-inflammatory and anti-parasitic action of topical ivermectin 1% in papulopustular rosacea [J]. J Eur Acad dermatol venereol, 2017, 31 (11): 1907 - 1911.

[226] TOVEY E R, CHAPMAN M D, PLATTS-MILLS T A. Mite faeces are a major source of house dust allergens [J]. Nature, 1981, 289 (5798): 592 - 593.

[227] TOVEY E R, CHAPMAN M D, WELLS C W, et al. The distribution of dust mite allergen in the houses of patients with asthma [J]. Am Rev respir Dis, 1981, 124 (5): 630 - 635.

[228] TEMPELS-PAVLICA Z, OOSTING A J, TERREEHORST I, et al. Differential effect of mattress covers on the level of Der p 1 and Der f 1 in dust [J]. Clin Exp allergy, 2004, 34 (9): 1444 - 1447.

[229] TOBIAS K R, FERRIANI V P, CHAPMAN M D, et al. Exposure to indoor allergens in homes of patients with asthma and/or rhinitis in southeast Brazil:

effect of mattress and pillow covers on mite allergen levels [J]. Int arch allergy immunol, 2004, 133 (4): 365 - 370.

[230] TAK J H, KIM H K, LEE S H, et al. Acaricidal activities of paeonol and benzoic acid from Paeonia suffruticosa root bark and monoterpenoids against Tyrophagus putrescentiae (Acari: Acaridae) [J]. Pest Manag Sci, 2006, 62 (6): 551 - 557.

[231] UEHARA S, FRANZOLIN M R, CHIESA S, et al. Effectiveness of house dust mite acaricide tri-n-butyl tin maleate on carpets, fabrics and mattress foam: a standardization of methodology [J]. Rev Inst Med Trop Sao Paulo, 2006, 48 (3): 171 - 174.

[232] VAN BRONSWIJK J E. Dermatophagoides pteronyssinus (Trouessary, 1897) in mattress and floor dust in a temperate climate (Acari: Pyroglyphidae) [J]. J Med entomol, 1973, 10 (1): 63 - 70.

[233] VAN HAGE-HAMSTEN M, JOHANSSON S G O, HOGLUND S, et al. Storage mite allergy is common in a farming population [J]. Clin allergy, 1985, 15: 555 - 564.

[234] VAN BRONSWIJK J E. Guanine as a hygienic index for allergologically relevant mite infestations in mattress dust [J]. Exp Appl acarol, 1986, 2 (3): 231 - 238.

[235] VAN DER ZEE J S, VAN SWIETEN P, JANSEN H M, et al. Skin tests and histamine rélease with P_1-depleted Dermatophagoides pteronyssinus body extracts and purified P_1 [J]. J allergy clin immunol, 1988, 81: 884 - 896.

[236] VAN BRONSWIJK J E, BISCHOFF E, SCHIRMACHER W, et al. Evaluating mite (Acari) allergenicity of house dust by guanine quantification [J]. J Med entomol, 1989, 26 (1): 55 - 59.

[237] VAN DER BREMPT X, HADDI E, MICHEL-NGUYEN A, et al. Comparison of the ACAREX test with monoclonal antibodies for the quantification of mite allergens [J]. J allergy clin immunol, 1991, 87: 130 - 132.

[238] VAN STRIEN R T, VERHOEFF A P, VAN WIJNEN J H, et al. Der p I concentrations in mattress surface and floor dust collected from infants' bedrooms [J]. Clin Exp allergy, 1995, 25 (12): 1184 - 1189.

[239] VAN DER HEIDE S, KAUFFMAN H F, DUBOIS A E, et al. Allergen-avoidance measures in homes of house-dust-mite-allergic asthmatic patients: effects of acaricides and mattress encasings [J]. Allergy, 1997, 52 (9): 921 - 927.

[240] VISITSUNTHORN N, CHIRDJIRAPONG V, POOTONG V, et al. The accu-

mulation of dust mite allergens on mattresses made of different kinds of materials [J]. Asian Pac J allergy immunol, 2010, 28 (2-3): 155-161.

[241] WHARTON G W, KNÜLLE W. A device for controlling temperature and relative humidity in small chambers [J]. Ann entomol Soc Am, 1966, 59 (4): 627-630.

[242] WHARTON G W. Mites and commercial extracts of house dust [J]. Science, 1970, 167 (3923): 1382-1383.

[243] WHARTON G W. House dust mites [J]. J Med entomol, 1976, 12: 577-621.

[244] WASSENAAR D P. Effectiveness of vacuum cleaning and wet cleaning in reducing house-dust mites, fungi and mite allergen in a cotton carpet: a case study [J]. Exp Appl acarol, 1988, 4 (1): 53-62.

[245] WATANABE F, RADAKI S, TAKAOKA M, et al. Killing activities of the volatiles emitted from essential oils for Dermatophagoides pteronyssinus, Dermatophagoides farinae and Tyrophagus putrescentiae [J]. Shoyakugaku zasshi, 1989, 43: 163-168.

[246] WOOD R A, EGGLESTON P A, MUDD K E, et al. Indoor allergen levels as a risk factor for allergic sensitization [J]. J allergy clin immunol, 1989, 83: 199.

[247] WEEKS J, OLIVER J, BIRMINGHAM K, et al. A combined approach to reduce mite allergen in the bedroom [J]. Clin Exp allergy, 1995, 25 (12): 1179-1183.

[248] WICKMAN M, PAUES S, EMENIUS G. Reduction of the mite-allergen reservoir within mattresses by vacuum-cleaning. A comparison of three vacuum-cleaning systems [J]. Allergy, 1997, 52 (11): 1123-1127.

[249] WU H Q, LI J, HE Z D, et al. Acaricidal activities of traditional Chinese medicine against the house dust mite, Dermatophagoides farinae [J]. Parasitology, 2010, 137 (6): 975-983.

[250] WANG Z, KIM H K, TAO W, et al. Contact and fumigant toxicity of cinnamaldehyde and cinnamic acid and related compounds to Dermatophagoides farinae and Dermatophagoides pteronyssinus (Acari: Pyroglyphidae) [J]. J Med entomol, 2011, 48 (2): 366-371.

[251] WU F F, WU M W, PIERSE N, et al. Daily vacuuming of mattresses significantly reduces house dust mite allergens, bacterial endotoxin, and fungal β-glucan [J]. J asthma, 2012, 49 (2): 139-143.

[252] WU H, LI J, ZHANG F, et al. Essential oil components from Asarum siebol-

dii Miquel are toxic to the house dust mite Dermatophagoides farinae [J]. Parasitol Res, 2012, 111 (5): 1895 - 1899.

[253] YOSHIKAWA M. Mite and practical prevention (edited by Sasa M). Mites from house dust [J]. Kawasaki, Japan, Japan environmental center, 1984.

[254] YASUEDA H, MITA H, YUI Y, et al. Comparative Analysis of Physicochemical and Immunochemical Properties of the Two Major Allergens from Dermatophagoides pteronyssinus and the Corresponding Allergens from Dermatophagoides farinae [J]. Int Arch allergy immunol, 1989, 88: 402 - 407.

[255] YASUEDA H, MITA H, YUI Y, et al. Measurement of allergens associated with dust mite allergy. I. Development of sensitive radioimmunoassays for the two groups of Dermatophagoides mite allergens, Der I and Der II [J]. Int arch allergy Appl immunol, 1989, 90 (2): 182 - 189.

[256] YATAGAI M, NAKATANI N. Antimite, antifly, antioxidative, and antibacterial activities of pisiferic acid and its congeners [J]. Mokuzai Gakkaishi, 1994, 40: 1355 - 1362.

[257] YANG J Y, LEE H S. Acaricidal activities of the active component of Lycopus lucidus oil and its derivatives against house dust and stored food mites (Arachnida: Acari) [J]. Pest Manag Sci, 2012, 68 (4): 564 - 572.

[258] YUN Y K, KIM H K, KIM J R, et al. Contact and fumigant toxicity of Armoracia rusticana essential oil, allyl isothiocyanate and related compounds to Dermatophagoides farinae [J]. Pest Manag Sci, 2012, 68 (5): 788 - 794.

[259] YANG J Y, LEE H S. Verbenone structural analogues isolated from Artemesia aucheri as natural acaricides against Dermatophagoides spp. and Tyrophagus putrescentiae [J]. J agric food chem, 2013, 61 (50): 12292 - 12296.

[260] YANG J Y, KIM M G, LEE H S. Acaricidal toxicities of 1-hydroxynaphthalene from Scutellaria barbata and its derivatives against house dust and storage mites [J]. Planta Med, 2013, 79 (11): 946 - 951.

[261] YANG J Y, KIM M G, LEE S E et al. Acaricidal activities against house dust mites of spearmint oil and its constituents [J]. Planta Med, 2014, 80 (2 - 3): 165 - 170.

[262] 足立雅彦, 上田彬博ら. 家屋内ダニ類の季節消長 [J]. 京都府衛公研年報, 1988, 33: 77 - 84.

[263] 荒川良, 上村清, 五十嵐隆夫ら. 昆虫, ダニアレルギー症対策に関する基礎的研究 [J]. 屋内害虫. 1984, 21: 48 - 57.

[264] 細谷英夫, 久郷準. 各種食品に発生するダニ類について [J]. 日公雑誌, 1956, 3: 263 - 265.

[265] 飯田鈴吉. 食糧倉庫におけるコナダニ類の大量発生例について [J]. 公衆衛生, 1953, 13: 47 -49.

[266] 石井明. 日本におけるヒョウヒダニ類とアレルギーの研究 [J]. 衛生動物, 1975, 26: 173 -179.

[267] 齋藤 明美, 鈞木澤尚実, 押方智也子ら. 日本における空気中ダニアレルゲン測定法としてのシャーレ法の評価 [J]. アレルギー, 2012, 61 (11): 1657 -1664.

[268] 高橋宣好, 中川博文, 笹間康弘ら. 新規殺ダニ剤「シフルメトフェン」の開発 [J]. Journal of pesticide science, 2012, 37 (3): 275 -282.

[269] 生嶋昌子, 岡田文寿, 高岡正敏ら. 埼玉県における15歳以下のアレルギー性疾患と生活環境に関する調査 [J]. 小児アレルギー, 2005, 54 (5): 676 -686.

[270] 生嶋昌子, 高岡正敏, 河橋幸恵ら. 埼玉県山間部の小中学生における特異 IgE 抗体保有状況調査 [J]. アレルギー, 55 (6): 662 -640.

[271] 久米井晃子, 中山秀夫. マントルピースの薪に由来したシラミダニ刺咬症の親子例 [J]. 臨床皮膚科, 2012, 66 (13): 1103 -1108.

[272] 松本克彦. コナダニ類の繁殖条件の研究. 1. ケナガコナダニの繁殖と湿度及び水分含量の関係 [J]. 衛生動物, 1961, 12: 262 -271.

[273] 松本克彦. コナヒョウヒダニの繁殖条件の研究. 3. 飼料内の脂質と繁殖率の関係について [J]. 衛生動物, 1975, 26: 121 -127.

[274] 松本克彦. コナダニ類の繁殖条件の研究. 4. ケナガコナダニ, ムギコナダニ, サヤアシコナダニの繁殖条件の比較 [J]. 衛生動物, 1963, 14: 82 -88.

[275] 松本克彦, 岡本雅子, 和田芳武. コナヒョウヒダニ, ヤケヒョウヒダニの生活史に及ぼす湿度の影響 [J]. 衛生動物, 1986, 37: 79 -90.

[276] 松本克彦, 桑原保正, 和田芳武ら. コナダニ類の持つ忌避物質について [J]. 衛生動物, 1976, 27 (1): 36.

[277] 松本克彦, 山口昇. 各種飼料におけるコオノホシカダニの繁殖状況 [J]. 衛生動物, 1972, 22 (4): 256.

[278] 松本克彦, 和田芳武. 各種コナダニ類のAlarm pheromoneについて [J]. 東京女子医科大学雑誌, 1976, 46 (9): 843.

[279] 桑原保正, 深海浩, 石井象二郎ら. コナダニ類のフェロモン研究. II ケナガコナダニにおける警報フェロモンの存在とその分泌腺 [J]. 衛生動物, 1979, 30 (4): 309 -314.

[280] 桑原保正, 深海浩, 石井象二郎ら. コナダニ類のフェロモン研究. III: 4 種のコナダニ類からのシトラールの単離と同定およびその役割 [J].

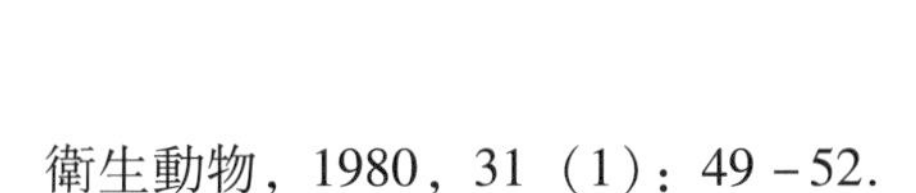

衛生動物，1980，31（1）：49－52.

［281］桑原保正，松本克彦，和田芳武. コナダニ類のフェロモン研究. Ⅳ：4種のコナダニにおける組成，警報フェロモン機能および分泌腺［J］. 衛生動物，1980，31（2）：73－80.

［282］桑原保正. コナダニ類のフェロモン研究：アルコールデヒドロゲナーゼの基質特異性［J］. 衛生動物，1984，35（2）：205.

［283］桑原保正. 昆虫フェロモンの抽出法［J］. 動物生理，1985，2（3）：106－112.

［284］桑原保正. コナダニの化学生態［J］. 化学と生物，1986，24（2）：101－103.

［285］桑原保正. 家屋害虫，とくにコナダニ類のフェロモンと応用の可能性（化学物質）［J］. 家屋害虫，1989，11（2）：107－115.

［286］桑原保正. コナダニ類を有機化学的にみれば：とくに後胴体部腺（油腺）分泌物と体表成分［J］. 日本農薬学会誌，1990，15（4）：613－619.

［287］桑原保正，レアルバルターリアレス，鈴木隆久. 無気門ダニ類のフェロモン研究：XXVI. コナヒョウヒダニとヤケヒョウヒダニでの揮発性成分の比較［J］. 衛生動物，1990，41（1）：23－28.

［288］桑原保正. コナダニ類の情報化学と化学分類［J］. 衛生動物，1990，41（2）：175.

［289］桑原保正，越井たか子，鈴木隆久ら. 無気門ダニ類の化学生態学：XXX. イエニクダニの警報フェロモンとしてのネラールの同定［J］. 衛生動物，1991，42（1）：29－32.

［290］岡本雅子. サトウダニの生活史に及ぼす繁殖条件の研究. 1. 個別飼育における相対湿度の影響［J］. 衛生動物，1984，35：269－275.

［291］岡本雅子，松本克彦，和田芳武ら. コナダニ類の alarm pheromone citral の抗カビ作用の研究. 1. Citral の抗カビ作用の検定［J］. 衛生動物，1978，29：255－260.

［292］岡本雅子，松本克彦，和田芳武ら. コナダニ類の alarm pheromone citral の抗カビ作用の研究. 2. 各種コナダニ類のヘキサン抽出物ならびに citral 近縁化合物の抗カビ作用［J］. 衛生動物，1981，32：265－270.

［293］岡本雅子，松本克彦，和田芳武ら. コナダニ類の alarm pheromone citral の抗カビ作用の研究. 3. 種々のカビに対する citral の作用［J］. 衛生動物，1982，33：27－31.

［294］和田芳武，松本克彦，岡本雅子ら. ミナミツメダニ（*Chelacaropsis moorei*）の飼育成績［J］. 衛生動物，1990，41（2）：176.

[295] 和田芳武. 日本産コウモリに寄生するダニに関する研究. I：Listrophoridae（ズツキダニ科）の一新種［J］. 衛生動物，1967，18（1）：1－3.

[296] 松本隆二，高岡正敏，丹野瑳喜子. 埼玉県におけるアレルギー性疾患の有症率と関連因子［J］. 日本公衛誌，2009，56（1）：25－34.

[297] 宮本詢子，大内忠行. 新築家屋，一般家屋での室内塵ダニ類の季節変動について［J］. 衛生動物，1976，27：251－257.

[298] 中島重徳. アレルギー性疾患は増加しつづけるのか—21世紀に向けた予測—環境要因からの検討［J］. アレルギー，1998，47：214.

[299] 西間三馨. 西日本小学児童のアレルギー性疾患罹患率調査［J］. 日本小児アレルギー学会誌，1993，7：59－72.

[300] 大島司郎. 室内塵中の日本産チリダニ属（Mealia）3種について［J］. 衛生動物，1968，19：165－191.

[301] 大島司郎. 室内塵性ダニ類の季節変動とその変動要因［J］. 小児アレルギー，1975，7：461－468.

[302] 大島司郎. 新築団地における集団虫咬症とダニ［J］. 横浜衛研年報，1971，9：63－66.

[303] 大島司郎. 最近のヒゼンダニ症［J］. モダンメディア，1980，6：343－355.

[304] 夏原由博，蓑城昇次. 大阪市と周辺の居住家屋における室内塵ダニの調査［J］. 生活衛生，1986，30：142－149.

[305] 宮本詢子，大内忠行. 新築家屋、一般家屋での室内塵ダニ類の季節変動について［J］. 衛生動物，1976，27（3）：251－259.

[306] 森谷清樹. 室内塵からのダニ検出方法および単純で効率の高い方法の紹介［J］. ペストロジー研究会，1988，3（1）：1－8.

[307] 大島司郎. プレパラートトラップ法による室内塵性ダニ捕集効率［J］. 横浜衛研年報，1973，12：75－82.

[308] 大島司郎. 室内塵のダニの検査法［J］. 臨床検査，1974，18：373－382.

[309] 佐々学，松本克彦，三浦昭子，武田植人. 食品や薬品に繁殖する粉ダニ類の飽和食塩水浮遊法による検出［J］. 食品衛生研究，1961，11（9）：3－5.

[310] 高岡正敏，山本徳栄，浦辺研一，中沢清明，久米井晃子，中山秀夫. 室内塵からの簡便ダニ検査法［J］. 埼玉衛研報，1990（24）：64－69.

[311] 大滝倫子ら. 実験的ツメダニ皮膚炎［J］. 衛生動物，1984，35（3）：283－291.

[312] 大滝倫子. 疥癬の流行［J］. 衛生動物. 1998，49：15－26.

[313] 大滝倫子，宮元千寿，篠永哲ら. 実験的ツメダニ皮膚炎［J］. 衛生動

物，1984，35（3）：283－291.

［314］大谷武司，衣川直子，飯倉洋治ら．小児気管支喘息児の住居内環境とダニの分布［J］．アレルギー，1984，33：454－462.

［315］大内忠行，石井明，高岡正敏ら．小児ぜんそく患者の生活環境のダニ相について［J］．衛生動物，1977，28：377－383.

［316］佐々木聖．ダニ駆除法とその効果［J］．小児科診療，1991，54：1133－1138.

［317］須藤千春，彭城郁子，伊藤秀子ら．コナヒョウヒダニとヤケヒョウヒダニの個体群動態に関する比較研究［J］．衛生動物，1991，42：129－140.

［318］須藤千春，彭城郁子，伊藤秀子ら．ヒョウヒダニ類の生息状況に及ぼす部屋の用途および床材の影響［J］．衛生動物，1993，44：247－255.

［319］須藤千春．コナヒョウヒダニとヤケヒョウヒダニの生息状況に影響する要因の比較［J］．ペストロジー学会誌，1996，11（1）：1－8.

［320］レカ シェル アフザル，須藤千春，山口守．コナヒョウヒダニにおける集合フェロモンの証明［J］．衛生動物，1992，43（4）：339－341.

［321］青木 哲，水谷章夫，須藤千春．高層集合住宅における階層の室内塵性ダニ類の分布に及ぼす影響［J］．日本生気象学会雑誌，1998，35（4）：133－144.

［322］高岡正敏，石井明，椛沢靖弘ら．小児喘息患者の室内塵中のダニ相について［J］．衛生動物，1977，28（2）：237－244.

［323］高岡正敏，椛沢靖弘，岡田正次郎．小児喘息患児の住居内のチリダニ科Pyroglyphidaeの季節消長及び日内変動と喘息発作頻度について［J］．アレルギー の臨床，1984，4：63－67.

［324］高岡正敏，大滝倫子，浦辺研一ら．住居内で発生した虫咬症と室内塵中ダニ相との関係［J］．埼玉衛研報，1984，18：59－67.

［325］高岡正敏，岡田正次郎．埼玉県下における家屋内ダニ相の生態学的研究［J］．衛生動物，1984，35（2）：129－137.

［326］高岡正敏．住居内で起こるダニ害とその発生実態［J］．環境管理技術，1988，6（3）：146－153.

［327］高岡正敏．室内塵からの簡便なダニ検査について［J］．アレルギーの臨床，1992，12（13）：56－58.

［328］高岡正敏．屋内環境アレルゲン－ダニアレルゲン［J］．遺伝，1994，48（11）：21－27.

［329］高岡正敏，浦辺研一，中沢清明．埼玉県衛生研究所に依頼されたダニの苦情及びその考察［J］．埼玉衛研所報，1995，29：91－95.

[330] 高岡正敏. 特集, ダニとアレルギー, ダニと住環境 [J]. Allergology, 1997, 4 (4): 367 –373.
[331] 高岡正敏. ほこりの中にも花粉はある [J]. 臨床と薬物と治療, 1999, 128 (12): 1088.
[332] 高岡正敏. 総説 –わが国における室内塵ダニ調査と検出種の概観 [J]. 日本ダニ学会誌, 2000, 9 (2): 93 –103.
[333] 高岡正敏. 気管支喘息と室内アレルゲン対策について (ダニ対策を中心に) [J]. 埼玉県医学会誌, 2001, 36 (2): 233 –238.
[334] 高岡正敏, 程雷, 殷敏ら. 中国呉江市及び日本仙台市の一般住宅における室内塵中のダニ調査とその比較 [J]. 耳鼻と臨床, 2003, 49 (2): 123 –132.
[335] 館野幸司. 環境アレルゲンとその対策 –ダニを焦点として [J]. 感染と炎症と免疫, 1989, 19: 111 –127.
[336] 當麻孝子, 宮城一郎, 岸本真知子ら. 沖縄圏那覇市近郊の気管支喘息患者を含む家屋内のダニ相と季節的消長について [J]. 衛生動物, 1993, 44 (3): 223 –235.
[337] 富沢秀雄, 飯田順, 岩武博也ら. 外耳道ダニ寄生による耳鳴の1 症例 [J]. 耳鼻咽喉科, 1999, 71 (4): 276 –278.
[338] 浦辺研一, 高岡正敏, 山本徳栄ら. 埼玉県におけるツツガムシ類の生息調査 [J]. 埼玉衛研所報, 1998, 32: 130 –150.
[339] 浦辺研一. 食品混入した虫について [J]. 埼玉衛研所報, 2000, 34: 28 –36.
[340] 浦辺研一, 野本かほる, 高岡正敏ら. 虫による食品への異物混入 [J]. 埼玉衛研所報, 1998, 35: 86 –93.
[341] 脇誠治, 松本克彦. コナヒョウヒダニの繁殖条件の研究. 1. 温度湿度条件と繁殖率の関係について [J]. 衛生動物, 1973, 23: 159 –163.
[342] 脇誠治, 松本克彦. コナヒョウヒダニの繁殖条件の研究. 2. 各種飼料における繁殖状況について [J]. 衛生動物, 1973, 24: 117 –121.
[343] 山田美奈. 痒疹と虫刺症患者宅中のダニ検索 [J]. 東京女子医科大学雑誌, 1988, 58 (11): 1127 –1131.
[344] 山本憲嗣, 前田啓介, 大野まさきら. アトピー性皮膚炎患者の生活環境内における家塵ダニの計測 [J]. 皮膚, 1989, 31 (6): 153 –158.
[345] 安枝浩. ダニアレルゲンの定量法について [J]. アレルギーの臨床, 1993, 13: 464 –467.
[346] 横井寛昭, 堀義宏. 名古屋市の室内塵中のダニ類について. 第 1 報 [J]. 名古屋市衛研所報, 1995, 41: 57 –59.

[347] 吉田彦太郎. アトピー性皮膚炎と家塵ダニ [J]. アレルギー, 1989, 38: 517 - 523.
[348] 吉川翠. 家屋内生息性ダニ類の生態及び防除に関する研究 (1) [J]. 家屋内害虫, 1991, 13 (2): 75 - 85.
[349] 吉川翠. 家屋内生息性ダニ類の生態及び防除に関する研究 (2) [J]. 家屋内害虫, 1992, 14 (1): 13 - 25.
[350] 吉川翠. 家屋内生息性ダニ類の生態及び防除に関する研究 (3) [J]. 家屋内害虫, 1992, 14 (2): 88 - 101.
[351] 吉川翠. 家屋内生息性ダニ類の生態及び防除に関する研究 (4) [J]. 家屋内害虫, 1993, 15 (1): 21 - 32.
[352] 吉川翠. ダニによるアレルギ - 問題 (特集: 住居とアレルギ -) [J]. 公衆衛生研究, 1998, 47: 7 - 12.
[353] 吉川翠. Dermatophagoides microceras の最低生息湿度および乾燥空気中での水分の蒸散について [J]. 衛生動物, 1979, 30 (3): 271 - 276.
[354] 吉川翠. 羽毛布団使用による刺咬被害とダニ・昆虫相変化 (ダニ・昆虫) [J]. 家屋害虫, 1988, (33, 34): 41 - 46.
[355] 吉川翠. 超音波ノミ・ダニ撃退器に対するダニの忌避効果評価 [J]. 家屋害虫, 1995, 17 (2): 111 - 118.
[356] 吉川翠. 市販のジャスミン精油によるダニ忌避効果と殺ダニ効果 (特集植物の香りシリーズ (13) ジャスミンとその精油の生理・心理的作用と効用について) [J]. Aromatopia, 2010, 19 (5): 21 - 23.
[357] 清水勲, 平口哲夫, 吉川 翠. アレルギ源としての家ダニの自動計測法 [J]. 空気清浄, 1995, 33 (1): 1 - 6.
[358] 阪口雅弘, 井上栄, 池田耕一. 家庭における空中ダニ主要アレルゲン (DF1, DP1) の測定 [J]. アレルギー, 1988, 37 (8): 648.
[359] 平社俊之助. イエダニに対するDiazinon, Malathion, Lindane, Dieldrin, DDTの効力比較 [J]. 衛生動物, 1959, 10: 286 - 288.
[360] 角田隆, 森樊須, 島田公夫. ヤケヒョウヒダDermatophagoides pteronyssinus (Astigmata: Pyroglyphidae) の過冷却点と耐寒性に関する研究 [J]. 日本応用動物昆虫学会誌, 1992, 36: 1 - 4.
[361] 竹田茂, 稲田貴嗣. ハウスダストとフケ・アカを餌として生育させた条件下におけるコナヒョウヒダニの繁殖力とアレルゲン蓄積量の推移 [J]. 衛生動物, 2007, 58 (1): 19 - 28.
[362] 入江建久, 阪口雅弘, 難波英敬ら. 住居におけるダニアレルゲンの挙動に関する研究 [J]. 公衆衛生研究, 1991, 40 (3): 318 - 326.
[363] 橋本知幸, 田中生男, 上村清. 一般住宅における屋内塵性ダニ類の発生

消長と環境要因の影響（屋内塵性ダニ類の諸問題）[J]. 衛生動物，1992，43（4）：399.

[364] 橋本知幸，田中生男. 屋内塵中の昆虫類 [J]. 衛生動物，1993，44（2）：163.

[365] 橋本知幸，田中生男，上村清. コナヒョウヒダニとヤケヒョウヒダニの出現パターンに及ぼす温湿度の影響 [J]. 衛生動物，1993，44（3）：185－195.

[366] 橋本知幸，武藤敦彦，田中生男ら. 一般住宅における害虫類調査. 2. 屋内塵中の昆虫破片等の調査 [J]. 衛生動物，1994，45（2）：202.

[367] 橋本知幸，皆川 恵子. ヒョウヒダニ 2 種の各発育ステージにおける薬剤感受性の差異 [J]. 衛生動物，1997，48（2）：163.

[368] 橋本知幸，田島文忠，石井明ら. カーペットの使用期間と室内塵性ダニ類の発生の関係について [J]. 衛生動物，1998，49（2）：150.

[369] 橋本知幸，田中生男，田島文忠. カーペットの使用期間と屋内塵性ダニ類の発生の関係について [J]. 日本ダニ学会誌，1998，7（2）：115－125.

[370] 橋本知幸，皆川恵子，水谷澄ら. 残渣接触法によるコナヒョウヒダニの薬剤感受性の評価 [J]. 衛生動物，1999，50（2）：187.

[371] 橋本知幸，本山直樹，水谷 澄. ろ紙接触法による屋内塵性ダニ類 3 種に対する16 薬剤の殺ダニ効力の評価 [J]. 衛生動物，1999，50（4）：349－354.

[372] 橋本知幸，本山直樹，水谷 澄ら. 7 種薬剤のコナヒョウヒダニおよびケナガコナダニの行動に及ぼす影響 [J]. 衛生動物，2000，51（4）：275－281.

[373] 橋本知幸，高田直也，本山直樹. ケナガコナダニにおける ATPase 活性と殺ダニ剤による阻害 [J]. 衛生動物，2000，51：68.

[374] 橋本知幸，水谷 澄，新庄 五朗. 殺ダニ剤の屋内塵性ダニ類に対する忌避効果とダニの行動への影響 [J]. 衛生動物，2001，52（2）：149.

[375] 橋本知幸. コナヒョウヒダニ Der Iアレルゲンの飼育培地中における蓄積とその安定性の評価 [J]. 日本環境衛生センター所報，2001，28：56－62.

[376] 橋本知幸. 薬剤 4 種のコナヒョウヒダニ卵に対する孵化抑制効果 [J]. 衛生動物，2002，53：49.

[377] 橋本知幸，皆川恵子，小泉智子ら. カーペットに生息するコナヒョウヒダニに対する S－1955 エアゾール剤の増殖抑制効果 [J]. 衛生動物，2003，54：27.

[378] 橋本知幸，小泉智子，皆川恵子ら．ヒョウヒダニ類の数とアレルゲンの量的関係［J］．衛生動物，2010，61（4）：345－351．

[379] 橋本知幸．屋内塵性ダニ類とカビの関係［J］．かびと生活，2013，6（2）：90－94．

[380] 田中生男，小宮山素子，緒方一喜．コナヒョウヒダニ Dermatophagoides farinae の数種殺虫剤に対する感受性［J］．衛生動物，1983，34（2）：122．

[381] 伊藤靖忠，田中生男．電気掃除機による床面のダニの捕集効率に関する検討［J］．衛生動物，1986，37（2）：172．

[382] 元木 貢，伊藤弘文，石井明．布団洗浄によるヒョウヒダニ抗原除去効果の検討［J］．衛生動物，1989，40（2）：155．

[383] 元木貢，中村正聡，伊藤弘文ら．喘息患者宅の環境整備によるダニアレルゲン除去の試み［J］．ペストロジー学会誌，1993，8（1）：39－41．

[384] 元木貢，高増哲也，内田明彦．気管支喘息患児の生活環境におけるダニアレルゲン除去効果の検討［J］．衛生動物，2007，58（3）：175－181．

[385] 元木貢，佐々木健，楠木浩文ら．東京都内の29小中学校の環境アレルゲンとしてのダニ数およびアレルゲン調査（続報）［J］．ペストロジー，2011，26（1）：1－6．

[386] 森樊須．4種のハダニ類（Bryobia praetiosa，Panonychus ulmi，Tetranychus viennensis，T. telarius）の温度反応（細胞遺伝・生態）［J］．動物学雑誌，1960，69：59．

[387] 森樊須．ハダニ類に対するリンゴの抵抗性［J］．日本応用動物昆虫学会誌，1962，6（2）：163－165．

[388] 森樊須．カブリダニ類によるハダニ類の生物的防除［J］．植物防疫，1968，22（12）：517－522．

[389] 森樊須．植物寄生性ダニ類研究の現状と問題点［ダニ類（特集）］［J］．植物防疫，1974，28（3）：87－90．

[390] 森谷清樹．ホテルと旅館における室内塵中のダニ調査［J］．衛生動物，1988，39（2）：204．

[391] 森谷清樹．室内じん中のダニ個体数推定［J］．衛生動物，1985，36（2）：167．

[392] 水谷 澄．家屋内にみられるダニと防除対策：特に畳から発生するダニについて（ダニ）［J］．家屋害虫，1982，（13，14）：82－92．

[393] 石橋肇子，小宮山素子，田中生男．25数種殺虫剤のケナガコナダニ・コナヒョウヒダニに対する忌避性［J］．衛生動物，1984，35（2）：205．

［394］松岡裕之，加藤裕子，青木誠．ふとんの丸洗いによりヒョウヒダニ抗原を除けるか?［J］衛生動物，1994，45（2）：202.
［395］松岡裕之，鎮西康雄，三浦健ら．高分子量分画に着目したヒョウヒダニ虫体のアレルゲン分析［J］．衛生動物，1990，41（2）：161.
［396］松木秀明，中村勤，河村研一．防ダニふとんのダニアレルゲン低減効果に関する研究［J］．アレルギー，2006，55（11）：1409－1420.
［397］栗山恵都子，今井恵子，田中辰明．寝具からの発塵による空中浮遊菌およびダニアレルゲンに関する考察［J］．日本家政学会誌，2004，55（11）：867－875.
［398］安倍弘，青木淳一，後藤哲雄ら．ダニ亜綱の高次分類群に対する和名の提案［J］．日本ダニ学会誌，2009，18（2）：99－104.
［399］青木淳一．土壌中にすむササラダニに魅せられて50 年［J］．日本動物分類学会誌，2008，（25）：1－11.
［400］青木淳一．ほとんどは無害なダニ類［J］．広領域教育，2004，（56）：20－27.
［401］安富和男，梅谷献二．衛生害虫と衣食住の害虫［M］．東京：日本農村教育協会，2007.
［402］松岡裕之．衛生動物学の進歩．［M］津市：三重大学出版会，2016.
［403］青木淳一．ダニの生物学［M］．東京：東京大学出版会，2001.
［404］江原昭三．ダニ類（Acarina）［J］．動物系統分類学 7（中 A）．1966：139－194.
［405］江原昭三．農業ダニ学（江原，等），第 1 章　総論［M］．東京：全国農村教育協会，1975：5－23.
［406］江原昭三．ダニのはなしⅠ．生態から防除まで［M］．東京：技報堂出版社，1990.
［407］江原昭三．ダニのはなしⅡ．生態から防除まで［M］．東京：技報堂出版社，1994.
［408］江原昭三，後藤哲雄．原色植物ダニ検索図鑑［M］．東京：全国農村教育協会，2009.
［409］江原昭三，高田伸弘．ダニと病気のはなし［M］．東京：技報堂出版社，1997.
［410］佐々・青木．芝実　日本 産前気門ダニ類 Prostigmata の分類．ダニ学の進歩［M］．東京：図鑑の北隆館，1977：119－178.
［411］馬場錬成．大村智—2 億人を病魔から守った化学者［M］．東京：中央公論新社，2012.
［412］馬場錬成．大村智ものがたり（苦しい道こそ楽しい人生）［M］．東京：

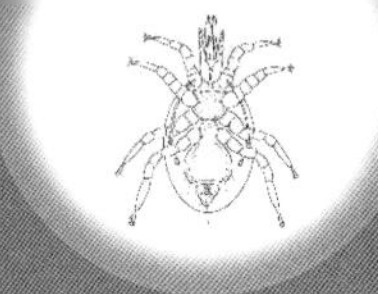

毎日新聞出版社，2016.
［413］森谷清樹．家の中のダニ［M］．東京：裳華房，1989.
［414］ヨハンナ　バン　ブロンスウイック．（訳者：森谷清樹）ハウスダストの生物学—虫，ダニ，カビの生態と居住環境の衛生のために［M］．新潟：西村書店，1990.
［415］吉川翠，阿部恵子，小峯裕己，松村年郎．室内汚染とアレルギー［M］．東京：井上書院，1999.
［416］吉川翠，戸矢崎紀紘，田中正敏，須貝高．寝室寝具のダニカビ汚染［M］．東京：井上書院，1991.
［417］吉川翠，倉田浩．暮らしと体のダニカビ撃退法［M］．東京：主婦の友社，1991.
［418］吉川翠，芦澤達，山田雅士．ダニとカビと結露［M］．東京：井上書院，2005.
［419］市川栄一，吉川翠．家のカビダニ退治法［M］．東京：主婦と生活社，1986.
［420］市川幸充，吉川翠．住まいの新しいカビダニ退治法［M］．東京：主婦と生活社，2001.
［421］林晃史．新しい害虫防除のテクニック［M］．東京：南山堂，1995.
［422］林晃史．“食”の害虫トラブル対策［M］．東京：八坂書房，2011.
［423］小峯裕己．室内微生物汚染ダニカビ完全対策［M］．東京：井上書院，2007.
［424］島野智之．ダニマニア——チーズをつくるダニから巨大ダニまで［M］．東京：八坂書房，2012.
［425］島野智之．高久元．ダニのはなし一人間との関わり［M］．東京：朝倉書店，2016.
［426］赤松清，藤井昭治，林陽．動物忌避剤の開発［M］．東京：シーエムシー出版社，2004.
［427］加納六郎，大滝倫子，篠永哲，内川公人，大滝哲也．節足動物と皮膚疾患［M］．東京：東海大学出版会，1999.
［428］小西淑人，塚常敬彦．家庭内公害—ハウスダスト［M］．東京：現代書林，1996.
［429］西川勢津子，吉川翠．害虫追い出し百科［M］．東京：近代文芸社，1997.
［430］石井明，鎮西康雄，太田伸生．標準医動物学［M］．東京：医学書院，1998.
［431］夏秋優．Dr. 夏秋の臨床図鑑 - 虫と皮膚炎［M］．東京：秀潤社，2013.

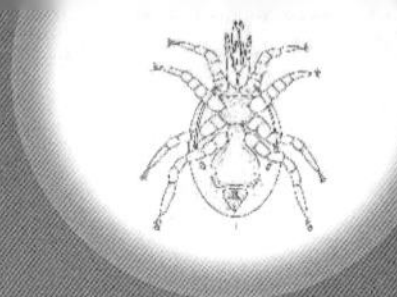

［432］柳原保武．ダニと新興再興感染症［M］．東京：全国農村教育協会，2007.
［433］高野健人，前田博，長田泰公．セミナー健康住居学［M］．東京：清文社，1987.
［434］中山秀夫，高岡正敏．ダニが主な原因、アトピー性皮膚炎の治し方［M］．東京：合同出版株式会社，1992.
［435］南部光彦．アレルギーから子どもを守る［M］．東京：東京図書出版，2016.

后　记

蜱螨作为生物在地球上已经存在了很久，有学者认为其生存了4亿年，我们暂且不去讨论其存在的具体历史发展过程与进化演变的状况。对普通读者而言，读完本书后，是否会有这样或者那样的感觉？譬如，蜱螨是如此的令人厌恶，给我们带来了诸多不便，能否设法消灭它们，创造一个没有蜱螨的环境呢？在这里，我们可以相信，诸如柏氏禽刺螨、鸡皮刺螨等螨类，如果在有限的环境（如家庭、单位、公司等）内，完全可以彻底地消灭它们。因为它们原本寄生于老鼠、鸡、燕子等的身上，只要清除了这些动物，就可以免遭上述螨类的侵害。

然而，由于蜱螨的种类繁多，要在地球上使其完全绝迹，是不可能完成的任务，也无此必要。在居家生活中，只要有贮藏的食品与药品（中药材等），如果放置不得当，就会滋生粉螨。由于受污染的是食品与药品，不太适合使用农药进行预防和杀灭。食品与药品的贮藏环境应保持清洁、干燥，放置的容器应密闭，少留或者不留缝隙。长期食用的食物和调味品，尽管难于保管，但在食用前宜加热，以杀灭螨类。粉螨不耐热，60 ℃加热 1 min即刻死亡。奶酪不可保存于高温环境中，应置于电冰箱中。粉螨在低温状态下停止繁殖，但并没有死亡。一旦将被粉螨污染的食物拿到常温下时，粉螨会立即恢复繁殖状态。食品进入冷冻状态时，螨类会被冻死。导致螨类死亡的最低温度也各不相同。

在居家环境中，除了厨房等处的粉螨以外，还有尘螨，尘螨以人的头皮屑为食物。在生活中即使用吸尘器除螨，吸尘器吸入口不能到达的区域，仍然有尘螨残留。粉螨和尘螨不会刺伤人的皮肤，而当居室内的尘螨密度增高时，捕食性螨——肉食螨的密度会增高，也会发生螨类刺伤、咬伤人的皮肤的现象。居室内的螨很难消除，居室外生存的螨就更难消除了，可以说是束手无策。而居室外的蜱虫也很难根除。因此，在野外劳作时，需特别注意防护，以避免被蜱虫咬伤而患病。此外，农作物上的叶螨和瘿螨，由于其侵害农作物，是农业上的害螨。尽管防治花费巨大，但治理的效果不太明显。

尘螨和粉螨在居家环境中生长繁殖，最常见且聚集最多的场所是：凉席、地毯、寝具、贮藏的食品和药品。因此，我们在清理家庭的时候，上述场所应当重点关注。可以说，人类的生产生活、学习工作与蜱螨有着千丝万缕的关系（见图1）。从这张图中我们可以看到，我们的环境周围生存着一些螨类，例如，蒲螨、椭圆食粉螨、粉螨、尘螨、肉食螨、柏氏禽刺螨、鸡皮刺螨、林禽刺螨、叶

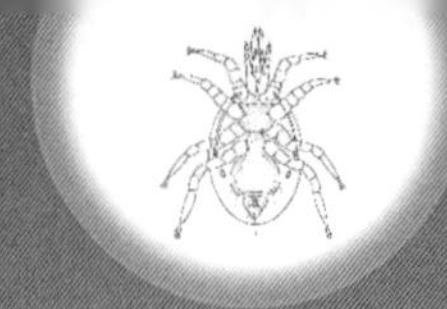

螨、瘿螨、大赤螨、神蕊螨（见图 2、图 3）、甲螨等；此外，还有蜱。我们如何与它们“和平”相处？自然，这也是一个绕不开的话题。

人类生活与螨

图 1　人类的居住生活与蜱螨的关系

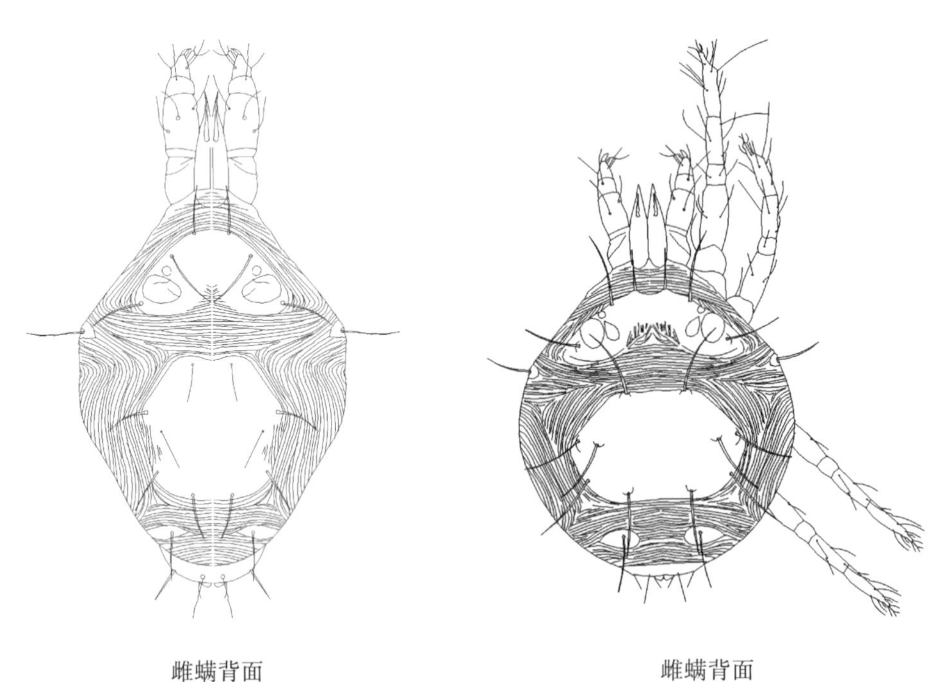

雌螨背面

图 2　细毛神蕊螨

雌螨背面

图 3　具瘤神蕊螨

螨在居家环境中世代繁衍，也带来了一些副产物，如螨的尸骸、蜕皮、粪便等。如前所述，在螨过敏原中，最重要的两组螨过敏原分别来源于粪便和虫体。螨刚排出的粪便为10～40μm，干燥后成粉末，大小约数微米，重量很轻，易悬浮于空中，也容易被吸入到气管、支气管中（图4）。而螨的虫体死后较重，约有1μg多，虫体厚重，不易形成粉末，虫体不易悬浮于空中，足和刚毛易于脱落。

图4 尘螨过敏原容易被吸入呼吸系统中

由此我们可以认为，来源于粪便的螨过敏原危害较大。原因是：

（1）螨的粪便体积较小，易于被吸入气管和支气管中。

（2）就螨的寿命来说，粪便的量比虫体的量要多，一只尘螨一生约排便500个，因此地面上的绝大多数过敏原是来源于螨的粪便的。

（3）粪便来源的过敏原较虫体来源的过敏原的生物活性高，更易于引起人的过敏反应。

居家环境中，在没有人和宠物、空气不流通的房间内，粪便来源的过敏原（Der 1）的量接近于零（低于 1 pg/m^3）。在客厅内，Der 1 水平平均达到 30 pg/m^3（过敏原量的范围为7.6～116 pg/m^3），而在卧室内，Der 1 水平平均达到 100 pg/m^3，在床的枕头边，Der 1 水平甚至可达 650 pg/m^3（平均水平为 220 pg/m^3）。一个尘螨的粪便约有 0.3 ng Der 1，普通人一小时的肺活量大约为 0.6 m^3，如果每天睡眠时间按照 8 h 计算，理论上每人每晚吸入的 Der 1 量将达

3.12 ng，相当于吸入了10个尘螨粪便。

让我们来看看卧具的情况，卧具包括床单、被套、枕套、垫被、盖被、枕头。这些都是生活必需品。在比较了每件物品表面的尘螨数之后，根据数据得到了这张图（见图5）。据图得知，枕头和枕套的尘螨数量较多。分析这些结果，研究人员得出的结论是：在卧具中存在着引诱尘螨的物质。在展开了一系列的筛选后，终于找到了答案。在醛类物质中，壬醛对尘螨的引诱率较高；而在脂肪酸中，棕榈酸对尘螨的引诱率较高。在远处爬行的尘螨被高挥发的壬醛吸引，向壬醛发生处靠近，在将要靠近时被低挥发的棕榈酸引诱。尘螨非常喜好棕榈酸。也就是说，尘螨被人体分泌的壬醛和棕榈酸所引诱，短时间内聚集于枕头附近，排出粪便，当睡眠者翻身或者转头时，Der 1 飞散开来导致此处的过敏原量增加所致（见图6）。因而，床和床垫的头部休息区域相较于其他区域存在和停留的尘螨数量比较高（见表1）。在居室内，距离床和床垫越近的地面，尘螨的密度越高，数量亦越多；反之，则越少（见图7、表2）。

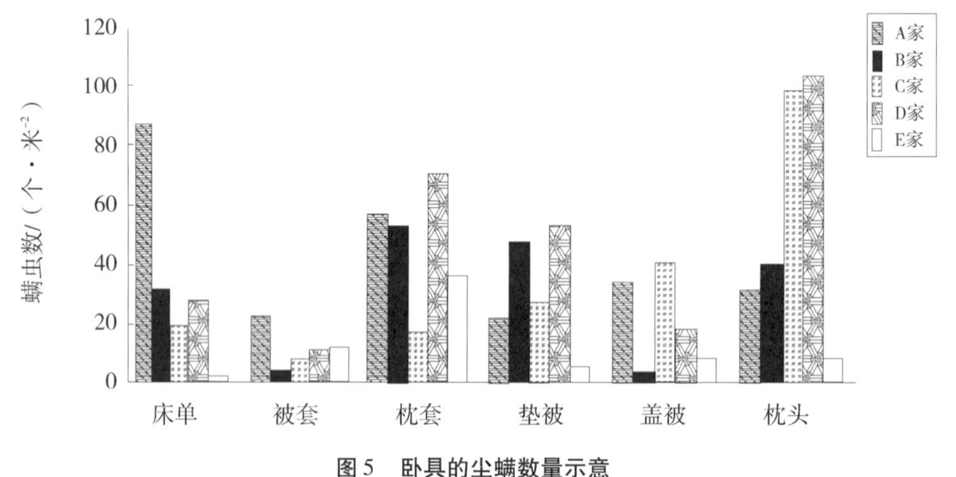

图5 卧具的尘螨数量示意

表1 床垫与周围地面的尘螨滋生状况

床垫的序号	1	2	3	4	5
床垫的头部休息区	300	365	44	96	89
床垫的脚部休息区	100	357	36	79	10
头部休息区的地面	337	87	34	1170	90
脚部休息区的地面	139	45	23	677	45

注：①数值是1 mL乙醇中的尘螨数（取0.25 m^2 范围内的灰尘，将其溶于乙醇中）。

②1，2，4：地毯；3：地板；5：毛毡。

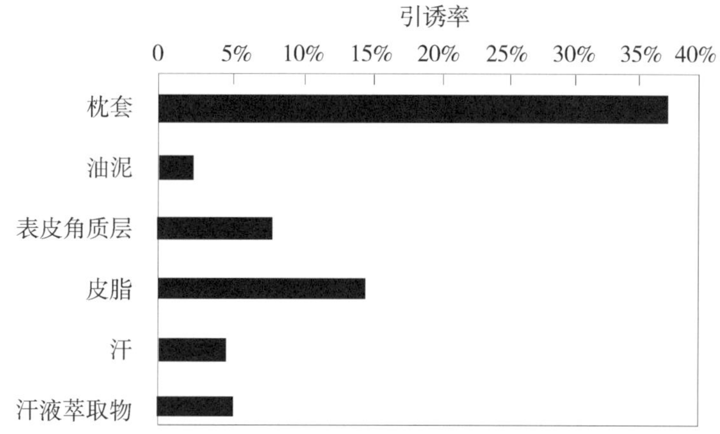

图 6　人体分泌物和寝具对尘螨的引诱率

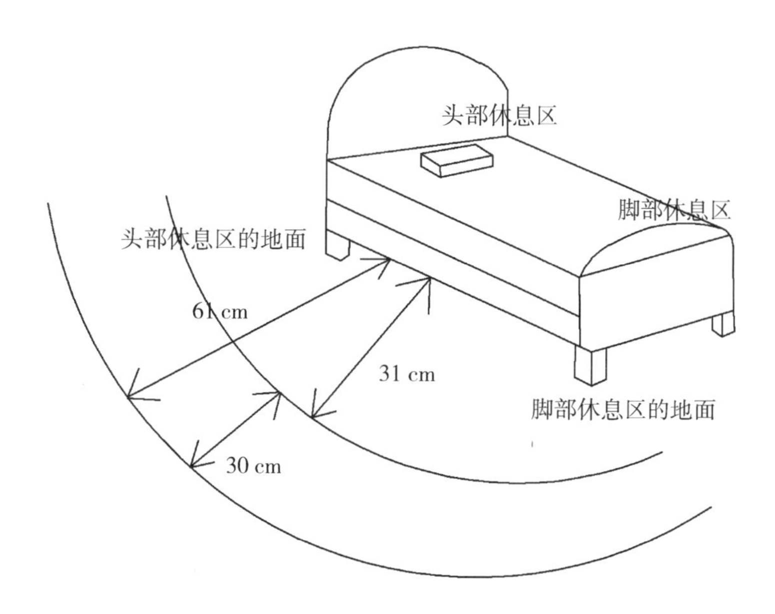

图 7　床与地面尘螨的区域划分示意

表 2　床与地面尘螨滋生的关系

床 的 序 号	1	2	3	4	5	6
至床边 31 cm 的范围	330	96	33	136	16	827
至床边 31 ～ 61 cm 的范围	253	71	10	53	2	309
其他地点的地面	226	10	0	0	0	24

（续上表）

床的序号	1	2	3	4	5	6
合计	809	177	43	189	18	1160

注：①数值是 1 mL 乙醇中的尘螨数（取 0.25 m^2 范围内的灰尘，将其溶于乙醇中）。
②1，6：地毯；3，4，5：毛毡；2：地板。

综观整个蜱螨世界，我们发现在自然界中给人类带来损害与伤害的蜱螨仅仅是少数，其所占比例不到 10%，这类螨被称为害螨，它们侵害植物与作物，寄生于人、宠物、家畜、鸟类身体，还可携带植物、人、宠物、家畜以及鸟类的病原体，传播各类疾病；而绝大部分蜱螨对人类而言是无害的，这部分蜱螨的比例可达 90% 以上，这类螨被称为益螨，它们分解森林的枯枝落叶，使土壤营养再循环，还捕食害虫。而且，有些螨类对维持生态环境的健康有序发展起到了关键性作用，如甲螨可处理动植物的尸骸和残体，有利于净化环境，保持生态平衡，我们不能抹杀螨类的这些功劳（见图 8）。另外，从自然界“食物链”的角度来看，也难以想象，在食物链中处于低端的生物如细菌真菌等，一旦失去了蜱螨类的制约与限制，会毫无节制地繁殖下去；而处于食物链中相对高端的生物如蜘蛛、蜈蚣和蚰蜒等，会因此而缺少食物，缺少食物会带来怎样的后果？谁也无法预料得到。总之，这样的结果对于生态系统而言绝非有益之事，最终也会影响人类自身。因此，“无螨的世界”是不符合自然规律的，也是没有任何意义的。

事实上，蜱螨与我们的生活密不可分，这个世界上到处都有它们的踪迹。蜱螨与昆虫相仿，对环境的适应性较强，能生存于任何环境中。自然界里存在的某些蜱螨可能会令你耳目一新。例如，在日本新潟县的某温泉里，生存着一种螨，名称为“*Trichothyas japonica*”，我们暂且称其为“温泉螨”吧！它生存的环境是 40 ℃的温泉（见图 9）。在寒冷的南极，也生存着一种螨，它的名称是“*Nanorchestes ant-arcticus*”，它有着极强的耐寒能力。在现实情况下，有耐真空能力的动物不太多见，褐黄血蜱（*Haemaphysalis flava*）就是其中的一例，它具有较强的耐真空能力。将褐黄血蜱用导电胶带固定，置于扫描型电子显微镜的真空环境中观察。褐黄血蜱在真空环境下依然健壮，并不停地活动着自己的足，保持着存活的状态。观察结束后，将其移回到一个大气压的环境下时，它仍然存活，与未接受真空试验的蜱一样，在自由地爬行（见图 10）。有些蜱，耐饥饿的能力极强，当外界环境的湿度适宜时，不吸血也能长期存活。长角血蜱（*H. longicorn-is*）的成虫，不吸血能存活 200 天以上，若虫则可达到约 100 天，幼虫也能达到 50 天以上。还有一些蜱，耐低温的能力较强，北岗血蜱（*H. kitaokai*）（见图 11）和巨棘血蜱（*H. megaspinosa*）（见图 12）的成虫，在冬季 0 ℃以下时也能在植被上频繁活动。蜱的生命周期各有不同，在热带，闪光革蜱（*Dermacentor nitens*）的生活史周期较短，约 8 周。而在温带或者寒冷气候条件

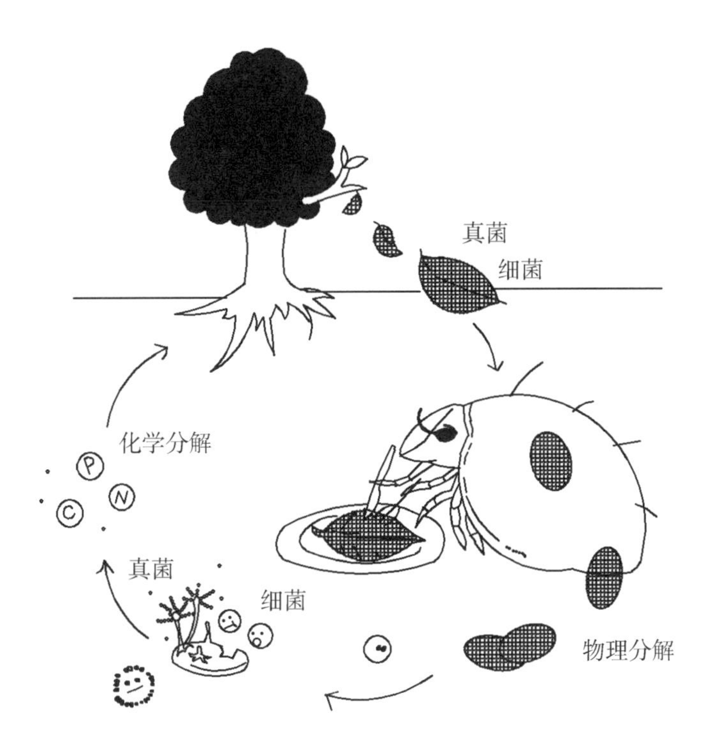

图 8　甲螨在自然界中发挥的作用

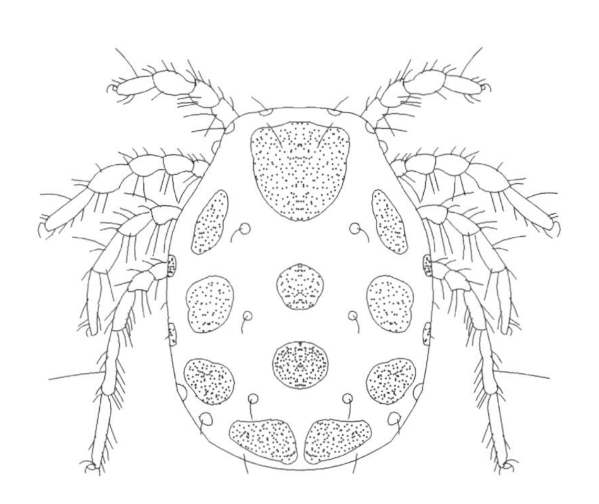

40 ℃温泉中孳生的螨（*Trichothyas japonica*）

图 9　温泉螨

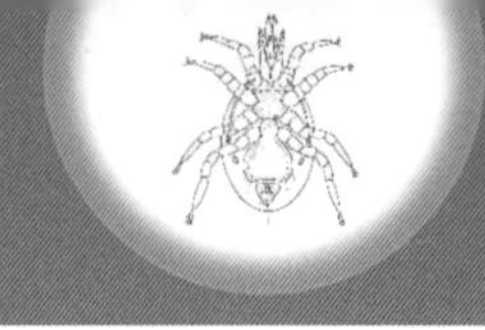

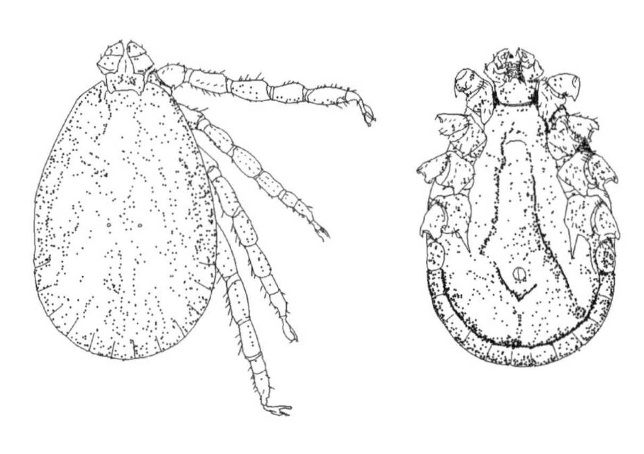

左：雄蜱背面；右：雄蜱腹面

图 10　褐黄血蜱

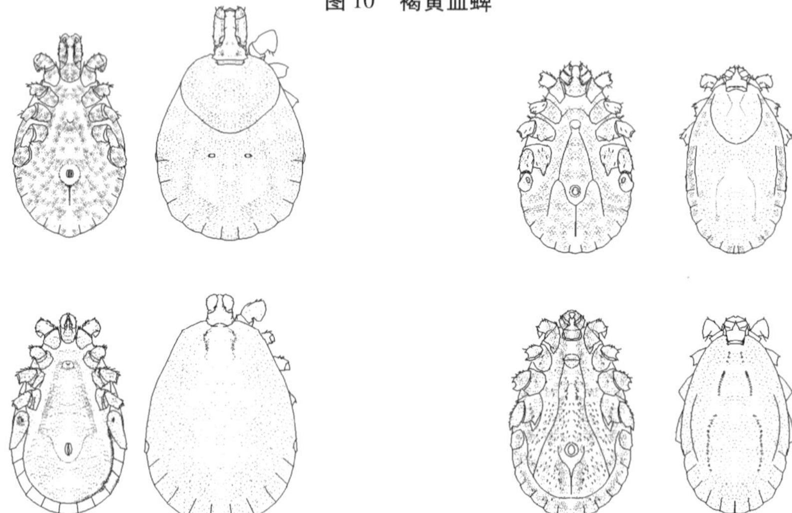

左上：雌蜱腹面；右上：雌蜱背面。左下：雄蜱腹面；右下：雄蜱背面

图 11　北岗血蜱

左上：雌蜱腹面；右上：雌蜱背面。左下：雄蜱腹面；右下：雄蜱背面

图 12　巨棘血蜱

下，篦子硬蜱（*Ixodes ricinus*）和尿硬蜱（*Ixodes uriae*）完成一个生活史周期甚至需要 2 ～ 7 年时间。

在自然界中，生物与生物之间都存在着“共生共存”的关系，蜱螨也是一样。在印度尼西亚某地的蚂蚁巢穴中，发现一种甲螨，螨的名称是“*Aribates javensis*”，螨体如气球一样。这种甲螨与当地的蚂蚁一起生存，它在巢穴中翻滚，几乎不走动，每天吃着蚂蚁从外面搬进来的食物。当它产卵时，蚂蚁在一旁帮忙，助其娩出螨卵。另外，当蚂蚁的巢穴被毁坏时，蚂蚁首先考虑的是这些甲

螨，会首先救助它们，让它们到安全的地方避险，甲螨俨然成了蚂蚁的重点看护对象。那么，为什么蚂蚁会如此厚待甲螨呢？答案令人颇感意外。当蚂蚁的巢穴里没有食物时，蚂蚁会吃掉这些甲螨以充饥。甲螨成了蚂蚁保存的食物或者称为“家畜”。不仅是蚂蚁，而且鼹鼠、老鼠、鸟等的巢穴中，也存在着许多蜱螨。这些蜱螨与宿主一起生存，各自的目的并不相同，有的是吸吮宿主的血；有的是进食宿主的粪便；有的是进食宿主食物的残渣；有的是进食宿主巢穴里的真菌，使得巢穴干净整洁；有的如同家畜一样，在宿主巢穴里充当食物。这些侧面的知识反映了自然界中蜱螨的生存状况。

在人类居住的环境中，也存在着这样的状况。蜱螨为了生存，每天也在找寻着各自最喜欢的“巢穴”。因而，在我们生活着的环境中，也少不了这些“共生者”的踪影，接下来就是如何“与其共生”的问题。蜱螨作为生物不太可能绝迹，我们运用关键防控技术，在局部环境下控制其密度，减少其危害，也就达成了共生共存的目的。这也是未来我们必须持续完成的课题。

在螨类中，还有一个广受关注的领域，就是信息素，其正在被各国学者深入研究。信息素是影响螨类生物个体行为和活动的一类重要化学物质，通过研究，有些物质已经被确认和证实（例如，确定其化学结构式），而有些物质依然未被破解，更无从得知其详细的生物学性质与功能作用。简单分类有种内信息素和种间信息素两大类；种内信息素大致包括性信息素、标记信息素、报警信息素、群集性信息素等；种间信息素包括利他素、利己素、互益素等。鉴于螨类信息素的特殊功用，其在生产生活实践中具有极高的应用价值和商业前景，关于它的类型、化学性质、生物学活性、作用机理、在螨体内的合成途径、与螨类龄期之间的关系等，都是未来研究的重点领域。有些螨类如甲螨，其分泌的信息素牻牛儿醛，在高浓度时为报警信息素，在低浓度时则为聚集信息素（见图 13）；另外，牻牛儿醛本身还具有防霉的作用。此外，在甲螨的分泌物质中，还包含有防御外

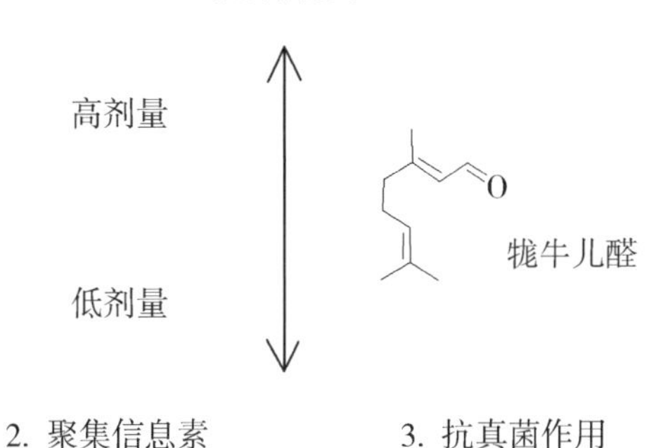

图 13 *Nothrus palustris* **分泌的牻牛儿醛的多种作用**

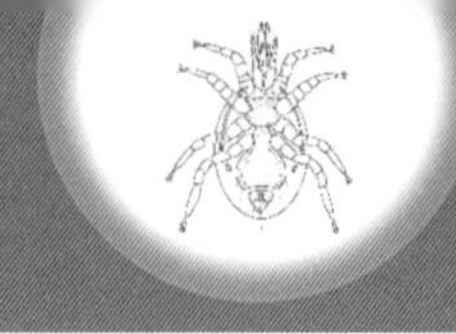

敌的忌避物质，以保证自身不被外敌吃掉。甲螨的螨体中存在的牻牛儿醛和橙花醛，在构造上互相对称，维持着一定的平衡。自螨体分泌后，在一定时间内，两者可以发生互变。这些发现也证实了信息素的多功能作用。另外，因为粉螨的信息素为橙花醛，甲螨与粉螨拥有非常相似的信息素，由此可以推断，两者之间存在有亲缘关系。

此外，在研究中甚至发现，即使是同一种螨，若螨与成螨的分泌物也并非一致。例如，*Nothrus palustris* 的若螨（第二若螨、第三若螨）的分泌物为牻牛儿醛，而其成螨不分泌牻牛儿醛。从这一点来看，对螨信息素的深入研究，不仅有应用价值的考量，还有对螨类生理机能探索的需要。未来，对螨信息素进行系统的分类与功能区分是必不可少的。